Althauser/Schmitz/Venema
Demografie – Engpass Personal

Demografie – Engpass Personal

von

Ulrich Althauser

Marcus Schmitz

Charlotte Venema

Luchterhand

eine Marke von Wolters Kluwer Deutschland

Bibliografische Information der Deutschen Bibliothek
Die Deutsche Bibliothek verzeichnet diese Publikation in der Deutschen Nationalbibliografie; detaillierte bibliografische Daten sind im Internet über http://dnb.ddb.de abrufbar.

ISBN 978-3-472-07479-3

www.wolterskluwer.de
www.personalwirtschaft.de

Lektorat: Dipl.-Kfm. Richard Kastl, Freiburg
Herstellung: Michael Dullau, Köln

Umschlaggestaltung: Konzeption & Design, Köln
Cover-Illustration: Ute Helmbold
Satz: Satz- und Verlags-Gesellschaft mbH, Darmstadt
Druck und Binden: Drukkerij Wilco, NL-Amersfoort

Gedruckt auf säurefreiem, alterungsbeständigem und chlorfreiem Papier.

Sie finden uns auch im Internet unter: www.personal-buecher.de

Vorwort

Dieses Buch beschreibt die Auswirkungen der demografischen Entwicklung auf die Unternehmensstrategie und die Personalpolitik. Es bietet keine Patentrezepte, sondern zeigt, wie jedes Unternehmen seine eigene, unternehmensspezifische Lösung erarbeiten kann.

Patentrezepte helfen bei einfachen Problemen. Sie versagen, wenn Neues auftaucht. Genau das ist die demografische Veränderung der Bevölkerungsstruktur: Ein historisch einmaliger Vorgang, für den es keine vergleichbaren Präzedenzfälle gibt. Aber wir kennen die Ursachen der Veränderungen und können den weiteren Verlauf der demografischen Entwicklung über Jahrzehnte vorausberechnen. Nur: Was für gesellschaftliche und wirtschaftliche Folgen sie haben wird, wird von so vielen Variablen bestimmt, dass eine Prognose dem Versuch gleichkommt, das Wetter für die nächsten Jahrzehnte vorherzusagen.

Eine unserer zentralen Thesen lautet: Man kann sich nicht sinnvoll mit den demografischen Veränderungen und deren Folgen für Unternehmen auseinandersetzen, wenn man den internationalen, gesellschaftlichen und wirtschaftlichen Kontext nicht mitbetrachtet. Die Globalisierung der Wirtschaft, die Öffnung der Märkte nach dem Zusammenbruch der Sowjetunion, die Entwicklungen in China und Indien, die Digitalisierung aller Technologien und globale Datenautobahnen verändern, neben der demografischen Entwicklung, ebenfalls den Kontext, in dem Personalpolitik stattfindet. Die Probleme von Morgen werden nicht in den Strukturen und mit den Methoden von Heute gelöst. Wir sind mit einer multiplen Veränderung personeller Ressourcen konfrontiert.

Personal ist nicht mehr primär eine regionale Ressource, denn die Kommunikations- und Informationstechnologie relativiert Entfernungen. Entwicklungs- und Schwellenländer erhalten Zugang zu globalen Wissensressourcen und holen ihren technologischen Rückstand mit rasender Geschwindigkeit auf. Nicht nur Humanressourcen sind tendenziell global verfügbar, auch die Konkurrenz der Wirtschaftsstandorte hat eine neue Qualität erreicht.

Aber: Wir stehen nicht vor einem Katastrophenszenario. Katastrophal wären nur Ignoranz, Untätigkeit und das Verharren in alten Denkmustern, die ihre Lösungskompetenz verlieren. Auch einige Allgemeinplätze zur demografischen Entwicklung sollten kritisch hinterfragt werden. Nicht hektisches Agieren, sondern eine Überprüfung der Grundannahmen der Unternehmens- und Personalstrategie ist gefragt. Deshalb haben wir dieses Buch geschrieben. Es liefert die Hintergrundinformationen, die Basisüberlegungen für die Entwicklung neuer Strategien und Beispiele für pragmatische Lösungsansätze und hilft Ihnen damit, eigene und für Ihr Unternehmen passende Konzepte für eine neue Personalstrategie auf dem Hintergrund demografischer Veränderungen zu entwickeln.

Das Konzept zu diesem Buch ist in vielen Diskussionen gemeinsam entstanden und basiert auf unserer langjährigen Arbeit in oder mit Unternehmen. Dabei hat jeder Autor einen anderen Hintergrund und eine andere Sichtweise in die Arbeit eingebracht und einen der drei Teile des Buches federführend erarbeitet. Danach erwies es sich als notwendig, die Arbeitsergebnisse gegen die Kritik der beiden Mitautoren erfolgreich zu verteidigen oder neu zu überarbeiten. Diese Arbeitsweise war gleichzeitig ein wichtiger Praxistest durch zwei Experten. Den nächsten Praxistest machen Sie. Wir freuen uns über jede Rückmeldung.

Ulrich Althauser
Marcus Schmitz
Charlotte Venema

Einleitung

Dieses Buch nähert sich dem Thema Demografie und Personalpolitik bewusst aus einer differenzierten Perspektive. Der erste Teil stellt einige provokante Thesen zur Demografie vor. Die sogenannte demografische Bedrohung aus anderen Blickwinkeln zu sehen als lediglich in einer eher von Weltuntergang geprägten Diskussion, eröffnet den Blick auf die möglichen Chancen, die damit einhergehen. Den demografischen Wandel geografisch weiter zu sehen, hat genauso Konsequenzen für das Demografie-Management wie die Verbindung von Unternehmensstrategie, Zukunftssicherung und Verfügbarkeit sowie Steuerbarkeit menschlicher Ressourcen.

Teil 2 arbeitet die Handlungsfelder heraus, die für die konkrete Arbeit am Thema Demografie für Unternehmen bedeutsam sind. Nicht die einzelne, schnelle Aktion steht im Mittelpunkt, sondern eine vernetzte, strategisch aufgebaute, zukunftsorientierte Vorgehensweise. Angesichts knapper menschlicher Ressourcen wächst die Bedeutung der Personalstrategie. Denn eine aus den Unternehmenszielen abgeleitete Personalstrategie muss unter dem Blickwinkel der demografischen Entwicklung neu justiert, die Personalinstrumente müssen neu überdacht und im Zusammenhang gesehen werden. Eine Unternehmensentwicklung ohne Einbeziehung demografischer Rahmenbedingungen ist in Zukunft grob fahrlässig.

Die neun definierten Handlungsfelder des zweiten Teils bilden einen Rahmen, den Sie auf die konkreten Verhältnisse im Unternehmen anwenden können. Wie mit einer Checkliste können Sie die Kernfragen des jeweiligen Handlungsfeldes prüfen und eine Priorisierung vornehmen. Über die Zusammenhänge zwischen den Handlungsfeldern ergeben sich für das Unternehmen die größten Ansatzpunkte und Hebelwirkungen.

Da jedes Unternehmen seinen spezifischen Markt hat, seine besondere gewachsene Kultur, Mitarbeiter- und Qualifikationsstruktur, sich in einem vorteilhaften oder weniger vorteilhaften Arbeitsmarkt bewegt, bedarf es auch einer spezifischen Vorgehensweise, um das Unternehmen demografiefest zu machen. Deshalb stellt Teil 3 Einzelstrategien beispielhaft en detail vor. Die individuellen Möglichkeiten und Varianten in den Lebenssituationen haben sich gegenüber dem alten »Lebensmodell« (Schule, Ausbildung, Beruf, Ruhestand) vervielfacht. Familienfreundlichkeit ist ein Schlagwort. Die Verlängerung der beruflich geprägten Lebensspanne führt zur Frage, wie die menschlichen Ressourcen mehrerer Generationen miteinander verknüpft und zum Vorteil des Einzelnen wie des Unternehmens genutzt werden können. Schließlich diskutieren wir als Einzelstrategie das Thema Gender. Die aktuelle Diskussion um weibliche Ingenieure (wie auch um die unterschiedliche Vergütung der Geschlechter) zeigt, dass hier Ressourcen brachliegen und Handlungsbedarf besteht.

Damit stellen wir eine Möglichkeit dar, den Zugang zur Demografiefestigkeit über ein spezielles Thema zu wählen, statt im ersten Schritt die gesamte Personalstrategie daraufhin auszurichten. Es gilt, den »richtigen« Pfad zu finden. In der abschließend vorgestellten Matrix lassen sich die Überlegungen konkret und unternehmensbezogen auf einen Blick zusammenfassen. Damit treffen Sie die strategische Entscheidung, in welche Handlungsfelder das Unternehmen investiert.

So machen Sie Ihr Unternehmen zukunftssicher. Wir wünschen Ihnen viel Erfolg!

Inhaltsverzeichnis

Teil 1 Demografie & Co.

Weshalb wir über menschliche Ressourcen neu nachdenken müssen
(Charlotte Venema)

1 Die zuverlässige Demografie

Demografie, die Wissenschaft von der Bevölkerungsentwicklung, ist auf den ersten Blick die vermutlich langweiligste existierende wissenschaftliche Disziplin. Auch auf den zweiten Blick entdeckt man nicht gleich wirklich Spannendes, Umwerfendes oder gar Überraschendes. Denn Menschen haben – ganz im Gegensatz zu den meisten Spezies, die diesen Planeten besiedeln – eine begrenzte, überschaubare Anzahl von Nachkommen, eine lange, eher noch länger werdende Lebensspanne und eine lange Generationenfolge. Sie wenden viel Zeit und Ressourcen auf, bevor der wenige Nachwuchs auf eigenen Füßen steht. Kulturräume, die sich auf eine Qualitätsstrategie konzentrieren, sind erfolgreicher als Kulturen, die auf menschliche Massenproduktion zwecks Steigerung der Produktion setzen. Also gibt es mit zunehmendem kulturellem und technologischem Fortschritt eher weniger Kinder statt mehr.

Es dauert im Durchschnitt über 20 Jahre, bis Kinder selbst wieder Kinder bekommen. Deshalb haben demografische Entwicklungen einen langen Atem und kündigen sich rechtzeitig vorher an. Alles läuft auf einen einfachen Sachverhalt hinaus: Es werden mehr oder weniger Menschen geboren, die früher oder später (im Moment im Durchschnitt der deutschen Bevölkerung nach ca. 80 Jahren) sterben. Die wenigen Trends, die die demografische Struktur bestimmen, sind in der Regel langfristig stabil. In Deutschland liegt die Geburtenrate seit 30 Jahren bei ca. 1,4 Geburten pro Frau, bestandserhaltend wären 2,1 Geburten. Würden in diesem oder im nächsten Jahr deutlich mehr Kinder geboren, würde es trotzdem Jahrzehnte dauern, bis sich der Trend wieder umkehrt, denn die entscheidenden Jahrgänge sind bereits ausgedünnt. Aber die Geburtenrate und die durchschnittliche Lebenserwartung ändern sich nicht von heute auf morgen. Sie schleichen sich eher jahrelang in die eine oder andere Richtung oder bleiben – noch einfacher – über Jahre und Jahrzehnte konstant. Für die Industrieländer gilt seit Jahrzehnten: Die Geburtenraten sind etwa in den 60er/70er Jahren gesunken und seitdem hartnäckig auf einem niedrigen Stand geblieben. Selbst wenn sich die Geburtenraten ändern würden, wären die Veränderungen in der Gesamtzahl der Bevölkerung erst nach Jahren signifikant.

Deshalb ist die Demografie eine der wenigen Wissenschaften, in denen Langfristprognosen legitim und zuverlässig sind (Berlin-Institut 2007 S. 15). Die UN hat 1950 die globale Bevölkerungszahl für 2000 mit einer Fehlerquote von weniger als 3,5% vorausberechnet. Derzeitige Prognosen dürften eher noch solider sein. Auch auf nationaler Ebene sind die Fehlerquoten, bezogen auf die Planungszeiträume von Unternehmen, schlicht zu vernachlässigen. Es gibt wohl kaum einen anderen Faktor in der wirtschaftlichen Entwicklung, der so berechenbar und kalkulierbar ist wie die Bevölkerungsentwicklung und damit die Entwicklung der potenziellen Kunden, Endverbraucher oder Mitarbeiter. Gleiches gilt für deren Altersstruktur und das Geschlechterverhältnis. Die langfristigen Bevölkerungsprognosen – langfristig bedeutet hier über mehrere Jahrzehnte – unterscheiden sich in den Varianten, die durch die Annahme unterschiedlicher Entwicklungen entstehen. Die Differenzen zwischen den einzelnen Prognosen liegen in aller Regel deutlich unter 10%. Es besteht also ausreichend Zeit, um Prognosefehler zu korrigieren und gegenzusteuern.

Vor 5, 10 oder 20 Jahren war der heutige Stand mit ein wenig Mathematik berechenbar. Also ist auch die Entwicklung der nächsten 5, 10 oder 20 Jahre kein Geheimnis, da im Wesentlichen der Bevölkerungsstand von heute fortgeschrieben wird (Berlin-Institut 2007, S. 25). Die demografische Entwicklung der Bevölkerung ist wesentlich mehr von den Bestandszahlen als von verhaltensbedingten Komponenten abhängig. Bevölkerungen, ganz im Gegensatz zum Sprachgebrauch, explodieren nicht. Sie implodieren auch nicht und verschwinden oder altern nicht urplötzlich. Es dauert ein Jahr, bis ein Mensch ein Jahr älter wird. Daran ändert auch eine schnelllebige Zeit nichts. Da die Altersstruktur und die durchschnittliche Lebenserwartung bekannt sind, sind auch der Altersquotient, die Sterberate und damit die Bestandsentwicklung der nächsten 10 oder 20 Jahre wirklich keine Überraschung.

Veränderungen sind nur im Zeitlupentempo der Generationenfolge möglich.

Trotzdem können bei kleinteiliger regionaler Betrachtung (Niedergang einer Industrie entzieht einer Region die Lebensgrundlage) und bei großräumigen politischen Umwälzungen (Fall der Mauer, Halbierung der Geburtenrate in der ehemaligen DDR) Brüche auftreten, die wie Kriege markante Dellen in der Bevölkerungskurve hinterlassen. Da bleiben sie dann aber auch, bis sich die Generation ausgewachsen hat. In solchen Fällen findet die markantere Veränderung durch Wanderungen statt – die Bevölkerung ist noch da, aber woanders. Das sind dann die spannenden, weil eher seltenen Singularitäten der Demografie. Ist die Veränderung in der Geburtenkurve einmal eingetreten, lassen sich ihre Folgen für die nächsten Jahrzehnte unschwer vorhersagen. Eine Trendumkehr verläuft wie die Kursänderung eines Supertankers auf hoher See: Mit großer zeitlicher Verzögerung, einem langen Bremsweg und einem riesigen Wendekreis.

Hat ein Unternehmen die für seine Produkt- und Personalmärkte relevanten demografischen Daten und Trends überprüft, besteht kein Grund, das Gleiche im nächsten Quartal wieder zu tun. Ein Check im Abstand von ein paar Jahren ist völlig ausreichend.

2 Demografie als Megathema?

Weshalb ist die demografische Entwicklung überhaupt zum Megathema geworden? Es gibt keine aktuelle Zukunftsstudie oder -prognose, die sich nicht an zentraler Stelle mit den Herausforderungen der demografischen Entwicklung beschäftigt. »Wird die deutsche Gesellschaft an ihrer unvermeidlichen Alterung dauerhaft erkranken, oder wird sie Wege finden, den Druck der demografischen Entwicklung auf Wirtschaft und Staatsfinanzen abzufedern?« (Deutsche Bank Research, Deutschland im Jahr 2020). Das Thema Demografie erlebt einen Boom. Die nachhaltigen Wirkungen und die öffentliche Aufmerksamkeit sind vergleichbar mit dem Zusammenbruch der Sowjetunion und dem Fall der Berliner Mauer. Obwohl beide Entwicklungen langfristige Wurzeln und Ursachen haben, unterscheiden sie sich doch in einem wichtigen Punkt: Jeder, der sich die Mühe machte, die Daten zu sichten, konnte die Veränderung der Bevölkerung erkennen. Aber rechtzeitig zu erkennen, dass ein politisches System nach sechs Jahrzehnten in sich zusammenbricht, erfordert ungleich viel mehr an Erkenntnis und Intuition. Trotzdem sind beide Entwicklungen in ihrer Tragweite vergleichbar. Nur wird die demografische Veränderung tiefer greifende und länger anhaltende Folgen haben. Der Zusammenbruch der Sowjetunion ist jedoch einfacher zu fassen: Man kann die Veränderung des eigenen Weltbildes an einem markanten Datum wie dem Fall der Berliner Mauer am 9.11.1989 festmachen. Die demografische Entwicklung hat kein solches Datum. Sie passiert ständig.

Nicht die demografischen Fakten und Entwicklungen sind erstaunlich, sondern die Art, wie eine Gesellschaft, ein volkswirtschaftliches System, damit umgeht. Die – sowohl in der Öffentlichkeit als auch in Unternehmen – plötzlich und reichlich spät einsetzende Diskussion über die »demografischen Veränderungen«, die in der Gesellschaft und vor allen Dingen in der Politik spätestens seit den 70er Jahren hätte geführt werden müssen und geführt werden können, ist nur verständlich, wenn man sich einige Faktoren bewusst macht, die unsere Wahrnehmung bestimmen.

Kontinuierliche Prozesse, die in vielen kleinen Schritten ablaufen, werden anders wahrgenommen als schlagartige Veränderungen. Auch wenn die Endergebnisse eines langsamen Prozesses und eines umwälzenden Ereignisses die gleichen sind, reagieren Menschen völlig unterschiedlich. Deshalb sind Katastrophen manchmal das Ergebnis schleichender Prozesse, die offen vor uns ablaufen. Dies gilt für Unternehmen genauso wie für politische Systeme. Wer diesen Effekt versteht, versteht besser mit dem umzugehen, was auf uns zukommt.

3 Der Frosch im Kochtopf

Eine Beobachtung aus der Biologie hat als Metapher Eingang in die Managementliteratur gefunden: Wir verhalten uns wie der Frosch im Kochtopf. Dazu machen wir ein kleines Experiment:

1. Setzen Sie einen Frosch in einen Topf mit heißem Wasser. Er wird sofort empört wieder herausspringen und das Weite suchen.
2. Setzen Sie einen Frosch in einen Topf mit Wasser, das eine angenehme, artgerechte Froschbadetemperatur hat. Er fühlt sich wohl. Dann erwärmen Sie das Wasser ganz, ganz langsam auf 100 Grad. Der Frosch wird sitzen bleiben, bis er kocht. Jede einzelne, kleine Temperaturänderung ist zu gering, um eine Reaktion auszulösen. Eben war es doch noch so angenehm, dann wird es auch weiter auszuhalten sein.
3. Seien sie intelligenter als ein Frosch! (Wenn Sie das Experiment unbedingt selbst überprüfen müssen, stellen Sie bitte *vorher* sicher, dass Presse und Greenpeace nichts davon erfahren.)

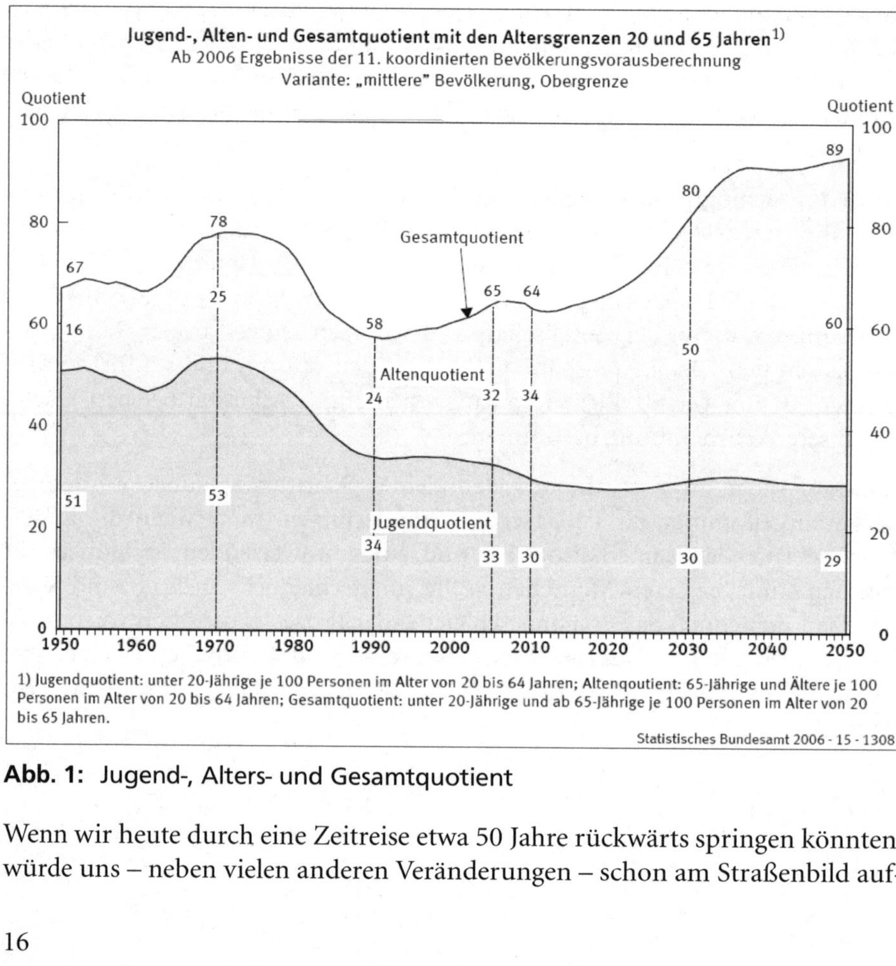

Abb. 1: Jugend-, Alters- und Gesamtquotient

Wenn wir heute durch eine Zeitreise etwa 50 Jahre rückwärts springen könnten, würde uns – neben vielen anderen Veränderungen – schon am Straßenbild auffallen, dass das Verhältnis von Jung und Alt völlig anders ist. So viele Kinder, so wenige Alte! Obwohl die Veränderungen täglich, jährlich, vor unseren Augen ablaufen, sind wir uns der Tatsache nicht bewusst, dass sich unsere Lebens- und Arbeitsumgebung dramatisch verändert hat und weiter verändert.

4 Die Hoffnung des Fensterputzers

Kontinuierliche, schleichende Prozesse müssen wir uns bewusst machen, um die Veränderungen in ihrer Tragweite einschätzen zu können. Wirklich? Ist es nicht völlig ausreichend, wenn wir uns in der schleichenden Entwicklung mit fortbewegen? Passen wir uns nicht permanent an? Die Altersheime nehmen Jahr für Jahr mehr Menschen auf, während die Kindergärten und Grundschulen sich längst auf die geringere Kinderzahl eingestellt haben. Auch in Unternehmen sind die Alterungsprozesse durch eine simple, vergleichende Altersstrukturanalyse bereits erkennbar, ohne dass dramatische Dinge passieren. Achtung! Die Erwartung, ein bisher stabiler, langsamer und kontinuierlicher Prozess könne keine Überraschungen bereithalten, entspricht der Hoffnung des Fensterputzers, der im 30. Stock aus dem Korb fällt und in Höhe der fünften Etage denkt: Bis hierher ging doch alles gut! Der Volksmund nennt das: Bäume wachsen nicht in den Himmel. Es gibt keine Entwicklung, die gradlinig immer weiter in eine Richtung geht. Es gibt Kulminationspunkte, an denen Trends brechen. Ob es danach stabil in eine andere Richtung weiter geht oder eine Phase von Turbulenzen auftritt, die die Entwicklung völlig unberechenbar macht, ist in einem komplexen Wirtschaftssystem nicht sicher vorherzusagen. Erfahrungswissen ist wertvoll, aber wenn es in langen, stabilen Phasen erworben wurde, ist es völlig kontraproduktiv, wenn diese Entwicklungen eines schönen Tages ihr Potenzial ausgeschöpft haben und ein neuer Trend entsteht.

Unser eingefahrenes Verständnis von Mitarbeiterrekrutierung – Berufseinsteiger, frisch von der Uni, jung, leistungsfähig, hoch qualifiziert, motiviert, bitte wenn's geht männlich, die gehen nicht in Mutterschutz … – kann genauso schnell Makulatur werden wie unsere Vorstellung vom durchschnittlichen Kunden und die Funktionsfähigkeit der betrieblichen Altersversorgung und des Rentensystems. Erst wird es schwieriger, Mitarbeiter nach alten Maßstäben zu finden. Also strengt man sich halt an. Dann noch ein bisschen mehr. Und merkt nicht, dass es irgendwann einfach nicht mehr funktioniert. Die ganze Anstrengung hat den alten Zustand zementiert und eine Umstellung auf völlig neue Ansätze nur verhindert! Der Stress, der entsteht, wenn man eine Vielzahl größer werdender Probleme zu lösen versucht, verhindert gleichzeitig ein distanziertes Nachdenken darüber, weshalb die Probleme überhand nehmen. Es nutzt nichts, über die richtigen Mitarbeiter zu reden und nach ihnen zu suchen. Man muss sie haben. Nicht irgendwelche. Wenn Plan A nicht mehr funktioniert, wird es Zeit für Plan B oder C.

Die demografische Entwicklung steuert auf einen Punkt zu, an dem viele gewohnte Denkmuster ihre Lösungskompetenz verlieren. Sie wurden unter anderen Bedingungen zur Lösung anderer Aufgaben erfunden. Gerade weil sie gute Dienste geleistet haben und auch noch in Grenzen dehnbar und strapazierbar sind, um auch in »schlechten« Zeiten etwas herzugeben, bleiben wir ihnen treu. Es sind aber keine »schlechten« Zeiten. Es sind andere Zeiten, die andere Denkmuster brauchen.

Die innere Logik der demografischen Entwicklung erfordert kein besonders schnelles oder gar hektisches Handeln. Wichtiger ist die Analyse der Grundannahmen, die die Geschäfts- und Personalstrategie bestimmen. Stimmen diese Grundannahmen mit den Rahmenbedingungen überein? Oder beruhen sie auf Erfahrungswerten, die nur in einer anderen demografischen Struktur Gültigkeit haben?

Eine Gesellschaft mit zurückgehender Bevölkerungszahl und einer ständig zunehmenden Quote von Menschen über 50 Jahren funktioniert nach anderen Regeln als eine Gesellschaft mit wachsender Bevölkerungszahl und einer Mehrheit an jungen Menschen. Sie wird andere Rollenmuster, andere Werte, Riten und Subsysteme entwickeln (Schirrmacher 2004). Die demografische Entwicklung, also die Veränderungen der Bevölkerungsstatistik, ist berechenbar. Aber die Folgen der demografischen Entwicklung können durchaus plötzlich und überraschend neue Denkmuster und Verhaltensweisen produzieren. Dies ist, ganz im Gegensatz zur statistischen Prognose, kaum vorhersehbar. An dieser Stelle sind Wachsamkeit und eventuell auch schnelle Reaktionen erforderlich.

Denkmuster
Wenn die Umwelt sich kontinuierlich ändert, passt sich auch das Unternehmen kontinuierlich an.
NEIN!

Bei langsamen und kontinuierlichen Entwicklungen können keine plötzlichen Risiken entstehen.
NEIN!

Risikofaktor Beharrungsvermögen und Trägheitsmoment

Die Risiken für Unternehmen liegen weniger in den Fakten an sich, sondern in der Tendenz, auch dann auf gewohnte Denkstrukturen und Annahmen zurückzugreifen, wenn sich die Fakten grundlegend ändern.

5 German Angst oder Gibt es eine demografische Normalität?

Die aktuelle Diskussion wird in der Regel mit einem warnenden Zeigefinger geführt. Im schlimmsten Fall hat die Mahnung einen moralischen Unterton. Wir werden zu bequem für Kinder, interessieren uns nur noch für's Vergnügen. Es läuft etwas aus dem Ruder! Menschen haben nicht nur weniger Kinder, sie werden auch noch so unverschämt alt, dass sie die Rentenkassen in den Ruin treiben. Dies suggeriert, dass mit der Demografie etwas falsch läuft, was korrigiert werden sollte. Gegensteuern! Für mehr Kinder sorgen und die Gesellschaft zur Familienfreundlichkeit und Opferbereitschaft ermahnen! Dagegen ist zwar nichts einzuwenden, aber alle gesellschaftlichen Interventionen für mehr Kinder beeinflussen die demografische Kurve allenfalls marginal. Unterschiede, wie z.B. zwischen Deutschland, Frankreich und Schweden, gehen nicht auf kurz- oder mittelfristige staatliche Lenkungsinstrumente zurück, sondern sind über Jahrzehnte gewachsen. Sie speisen sich aus anderen kulturellen Hintergründen in Kombination mit einer vielleicht etwas klügeren staatlichen Planung. Auch hier dauert es wieder Jahrzehnte, bis sich das generative Verhalten in die gewünschte Richtung verändert. Es gibt keine Garantie dafür, dass eine noch so gut gemachte staatliche Intervention – z.B. der Ausbau der Kleinkinderbetreuung – auch eine nachhaltige Wirkung zeigt.

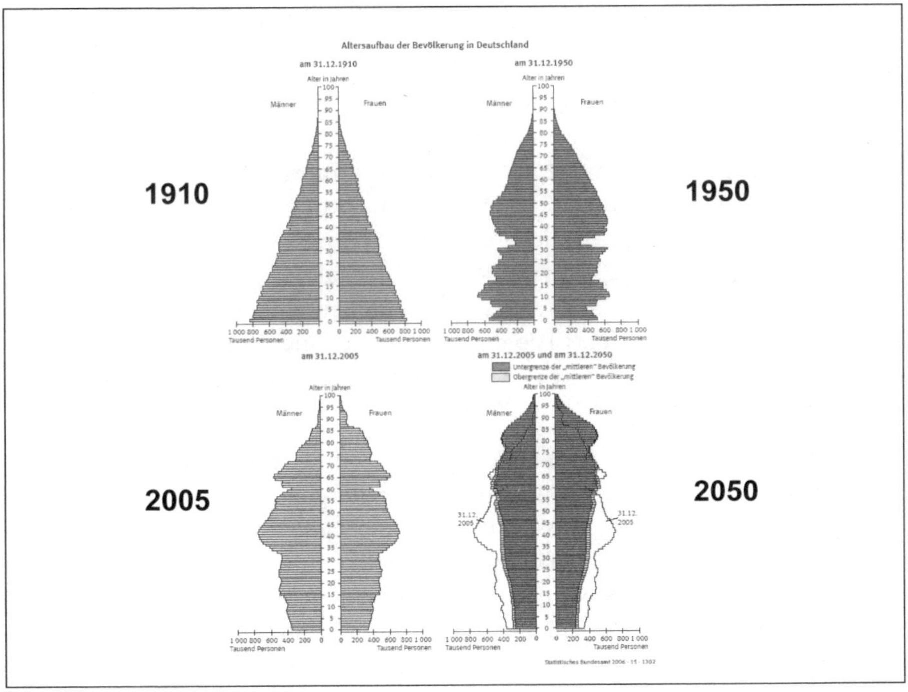

Abb. 2: Bevölkerungspyramiden

Die Bevölkerungspyramide war jahrtausendelang das Grundmuster der Demografie. Bereits die hohe Kindersterblichkeit, die unter »natürlichen«, d.h. unter Bedingungen auf einer relativ niedrigen Kulturstufe, normal ist, sorgte für einen breiten Sockel. Noch 1910 lag die durchschnittliche Lebenserwartung einer deutschen Frau unter 50 Jahren. Die Fortschritte der Wissenschaft, nie geahnte technologische Entwicklungen und in der Folge die Industrialisierung haben einige grundlegende Lebensbedingungen der Menschheit wie Hygiene, Ernährung, Wohnraum, Kleidung, Umwelt und medizinische Versorgung massiv verbessert. Damit entstand eine völlig logische Dynamik. Die Kindersterblichkeit und die Zahl der Kinder gingen zurück, die Lebenserwartung stieg kontinuierlich an. Also wird die Basis der Pyramide schmäler, gleichzeitig wächst sie in die Höhe. Da aber die »alte«, kinderreiche Generation noch vorhanden ist und zum ersten Mal kollektiv von verbesserten Lebensbedingungen profitiert, wandert sie wie ein Wohlstandsbauch an die Spitze der Pyramide, die sich inzwischen eher als Säule oder – völkisch-pessimistisch ausgedrückt – als Urne präsentiert. Für die westlichen Gesellschaften heißt das konkret, die Generation der Babyboomer wird kollektiv alt, die Gesellschaft marschiert historisch erstmalig durch eine Umbruchphase. Sie stellt sich auf ein neues demografisches Muster ein: Von der Pyramide über die umgedrehte Pyramide oder Urne zur Säule. Die Säule ist die logische Folge von wenig Geburten, geringer Kindersterblichkeit und hoher Lebenserwartung. Für diese Entwicklung gibt es keine Erfahrungswerte und keine Präzedenzfälle. Dennoch beziehen wir uns auf alte Erfahrungsmuster und ziehen die vielleicht falschen Schlüsse daraus.

Auf die Generation, die während der Phase der Umstellung der Pyramide von der Basis auf die Spitze lebt – Sie und wir – kommen tatsächlich einige besondere Probleme zu. Man kann darauf mit Alarmismus, moralischem Zeigefinger und Katastrophenszenarien reagieren. Diese Betrachtung ist nicht einmal völlig falsch, denn es geschehen wirklich gravierende Dinge. Aber diese Einstellung ist nicht besonders hilfreich. Die Pyramide war jahrtausendelang eher schmerzliche Normalität, bedeutete sie doch für viele Menschen einen frühen Tod und ein kurzes, krankheitsgefährdetes Leben. Das hat sich gravierend verändert. Aber der Fortschritt hat einen Preis: Die Umstellung auf eine andere demografische Struktur.

Niemand hat der Menschheit versprochen, dass ihre Erfolgsgeschichte als intelligente Spezies in ihrer Dynamik einfach so weitergeht, ohne dass sich mal ein paar Probleme entwickeln. Das Problem ist nicht die demografische Entwicklung. Die ist schlicht und ergreifend positiv und erfreulich – wir leben länger und sind gesünder. Das Problem sind die politischen, gesellschaftlichen und wirtschaftlichen Systeme, die wir nicht an diese Entwicklung anpassen. Die Politik, die hier besonders als steuernde Instanz gefragt ist, tendiert besonders hartnäckig dazu, den Ball an das Volk zurückzuspielen und warnt vor den Folgen einer niedrigen, nicht bestandserhaltenden Geburtenrate. Tatsächlich wäre alles einfacher, wenn das Volk sein generatives Verhalten *nicht* geändert hätte. Deshalb wird der Einfachheit halber die Erhöhung der Geburtenrate – etwa von 1,4 auf 1,7 – zum strategischen Ziel erklärt. Tatsächlich würden sich dann viele Probleme verflüchtigen oder abschwächen. Die Deutschen beharren aber – Kindergeld hin oder her – seit Jahrzehnten darauf, nicht mehr Kinder zu bekommen.

Da wir dieses Phänomen der sinkenden Geburtenrate in den meisten industrialisierten Ländern erleben, sind alle Strategien, die sich auf die Erhöhung der Kinderzahl konzentrieren, dazu verdammt, mehr oder weniger erfolglos zu sein. Es ist Wunschdenken, was sich hier breit macht. Auch wenn die Politik es nicht wahrhaben will: Keiner bekommt Kinder, um die Geburtenrate zu erhöhen. Die wirklich wichtige Frage lautet: Was muss geschehen, wenn die Entwicklung genau so eintritt, wie es die langfristigen Prognosen vorhersagen?

Der Chefdemograf und Direktor des Max-Planck Instituts für demografische Forschung, James Vaupel, rät zu mehr Gelassenheit: »*There is too much angst in Germany – and not enough hope.*« (Schwentker 2006).

Die Folgen der demografischen Entwicklung hängen für Unternehmen, nicht nur am Standort Deutschland, ganz entscheidend davon ab, ob und wie die Politik ihre Gestaltungsmöglichkeiten einsetzt. Die Fixierung auf die Erhöhung der Geburtenrate lenkt nur von den eigentlichen Aufgaben ab.

Kinderfreundlichkeit, Work-Life-Balance im Berufsleben, Kinderbetreuungseinrichtungen, staatlich finanziertes Elterngeld, Anspruch auf Freistellung zur Kindererziehung sind alles schöne, sinnvolle und wichtige Maßnahmen. Wenn sie ein paar der strukturellen Probleme mildern, weil die Geburtenrate in einer kinderfreundlichen Gesellschaft wieder etwas ansteigt, ist das ein positiver und erwünschter Effekt. Die Wirtschaft und einzelne Unternehmen können einen Beitrag dazu leisten.

6 Keine Kinder haben keine Kinder

Das alles beseitigt aber nicht die Folgen der demografischen Entwicklung. Kinder, die in den letzten 30 Jahren nicht geboren wurden, haben in den jeweils folgenden 30 Jahren keine Kinder. Es gibt keinen denkbaren neuen Babyboom, der den Effekt der steigenden Lebenserwartung der Babyboomer der 60er Jahre statistisch ausgleichen könnte. Dazu würden statt der aktuell ca. 670.000 jährlich 3,6 Mio neue Mitbürger gebraucht (*Schwentker 2006). Gäbe es die, hätten wir ein ernstes Überbevölkerungsproblem und damit nur ein Problem gegen ein genauso schwerwiegendes ausgetauscht. Es gibt keine Alternative. Nur die Modalitäten und Extreme sind beeinflussbar.*

Die demografische Struktur, die sich derzeit abzeichnet, ist keine abnorme, katastrophale oder korrekturbedürftige Abweichung von der Normalität oder Folge eines gesellschaftlichen Missstandes. Es gibt keinen demografischen Normalzustand. Was geschieht, ist die logische Konsequenz der technologischen Entwicklungen der letzten zwei Jahrhunderte und damit ein kleiner Preis, den wir für den Fortschritt bezahlen müssen.

Wenn wir statt von der demografischen Katastrophe von den demografischen Fakten sprechen, ist der Weg frei zu einer Konzentration auf die Chancen und eine vorbehaltlose Neuorientierung.

7 Globale Ungleichzeitigkeit

Die Veränderungen der demografischen Bevölkerungsstruktur sind ebenso wie die technologische und industrielle Entwicklung ein globales Phänomen. Die Weltbevölkerung wächst weiter, aber das Grundmuster der sogenannten »Rektangularisierung« oder »Versäulung« der Bevölkerungspyramide folgt der Globalisierung der Wirtschaft. Jedes Land, das in das globale Wirtschaftssystem integriert wird, erlebt eine Veränderung seiner demografischen Struktur. Aber obwohl das Grundmuster Rückgang der Geburtenrate und Anstieg der Lebenserwartung global zu beobachten ist, erlebt jedes Land seine eigene, individuelle Variante. Der Rückgang der Geburtenrate ist bereits in den europäischen Ländern unterschiedlich ausgeprägt. Die Italiener lieben ihre Kinder, aber sie haben die wenigsten. Allons les enfants: Die Franzosen haben mit 1,9 (Kinder je Frau) die höchste Geburtenrate in Europa. Allerdings, differenziert man in Frankreich diese Zahl nach Bevölkerungsgruppen, wird deutlich, dass wohlhabendere Gruppen im Vergleich zu maghrebinischen Einwanderern ebenfalls niedrigere Geburtenraten aufweisen. Die Situation in Frankreich wird mit den hohen Sozialtransfers und der hervorragenden Kinderbetreuung begründet. Aber läge es am Geld, müsste Deutschland, das vergleichbare Transferleistungen erbringt, ebenfalls eine vergleichbare Geburtenrate haben, die es aber nicht hat. Der Anstieg der Frauenerwerbsquote korreliert häufig mit dem Rückgang der Geburtenrate, ist aber nicht ursächlich für eine niedrige Geburtenrate. Schweden hat sowohl eine der höchsten Geburtenraten in Europa als auch eine hohe Frauenerwerbsquote und hohe Scheidungsraten. Einfache, plausibel klingende Erklärungsmuster beschreiben in Wirklichkeit nur Korrelationen, die mehr oder wenig häufig zusammen auftreten. Ursache und Wirkung lassen sich wohl nur in einer Kombination aus kulturellen, wirtschaftlichen und politischen Faktoren finden, die gegen einfache Erklärungsmuster resistent ist. Die Berufstätigkeit und steigende Qualifikation von Frauen jedenfalls sind nicht die Ursache – im Gegenteil.

Unterschiedliche ethnische Gruppen in einem Land können sich unterschiedlich entwickeln und so die Gewichte verschieben. Auch die Betrachtung von einzelnen Regionen fördert Unterschiede zu Tage. Zurzeit erleben die neuen Bundesländer einen Exodus junger, gut qualifizierter Frauen, die im Westen bessere Chancen suchen. Die reine Bevölkerungszahl ist daher nicht immer aussagekräftig. Entweder die Männer rappeln sich auf und ziehen hinterher oder sie bleiben kinderlos zurück (Berlin-Institut 2007, S. 25). Jedenfalls wird dieses Phänomen, wenn es anhält, den Bevölkerungsrückgang im Osten Deutschlands noch beschleunigen.

Auch international gibt es große Unterschiede zwischen den Industrieländern. Die USA haben eine Rate von 2,09, Japan von 1,23 Kindern pro Frau.

Es lohnt sich also, zwischen einzelnen Standorten und Märkten zu differenzieren und die demografischen Entwicklungen für jeden Standort und jeden Markt gesondert zu analysieren.

8 Die Phasen der demografischen Entwicklung

Wesentlich gravierender als die Unterschiede in den demografischen Profilen der klassischen Industrieländer sind die Verwerfungen, die sich im Verhältnis zu den Entwicklungs- oder besser Schwellenländern in Asien, Afrika und den arabischen Ländern des mittleren Ostens zeigen. Hier treffen nicht nur unterschiedliche gesellschaftliche und demografische Muster aufeinander. Die Schwellenländer stecken noch in einer früheren demografischen Entwicklungsphase. Ihre Bevölkerungspyramide hat (noch) eine breite Basis, die Lebenserwartung fängt erst an zu steigen. Mit dieser vor- oder frühindustriellen Bevölkerungsstruktur übernehmen diese Länder die hoch entwickelten Technologien des 3. Jahrtausends auf einer dünnen Basis klassischer Industrialisierung. Das bietet ihnen eine einmalige Chance: Zugang zu globalen Wissensressourcen für eine lern- und aufstiegshungrige junge Bevölkerung. Die »alten« Industrieländer werden mit »jungen« ehrgeizigen Nationen und Regionen konfrontiert.

A-6 Stand des demografischen Übergangs in verschiedenen Weltregionen 2002

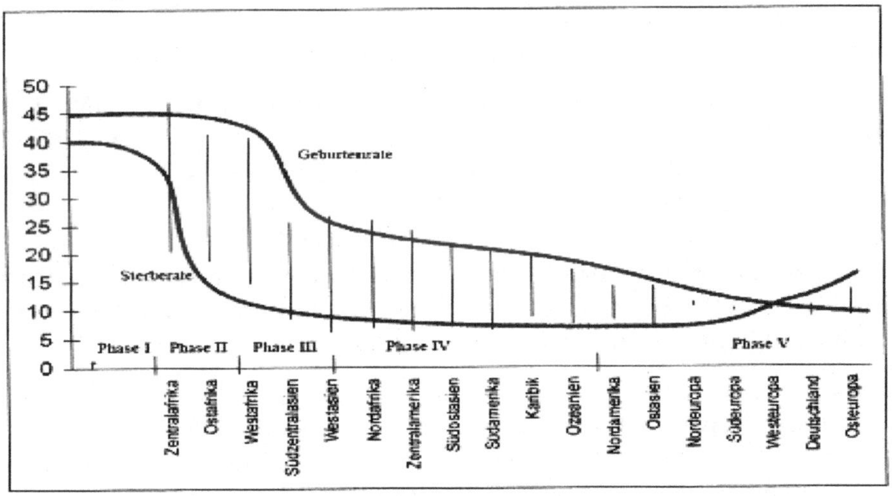

Region	rohe Geburtenziffer	rohe Sterbeziffer
Zentralafrika	47	20
Ostafrika	41	19
Westafrika	41	15
Südzentralasien	28	9
Westasien	27	6
Nordafrika	26	7
Zentralamerika	24	5
Südostasien	22	7
Südamerika	21	7

Region	rohe Geburtenziffer	rohe Sterbeziffer
Karibik	20	9
Ozeanien	17	8
Nordamerika	14	8
Ostasien	14	7
Nordeuropa	11	10
Südeuropa	10	10
Westeuropa	10	10
Deutschland	9	11
Osteuropa	9	13

Abb. 3: Phasen der demografischen Entwicklung (aus Baade 2005)

Diese Länder holen die Entwicklung zur Industrialisierung nur partiell nach und springen »aus dem Stand« in ein Zeitalter digitaler Technologien und globaler Vernetzung. Viel hängt dabei von den politischen Rahmenbedingungen ab.

Der Versuch, in den Schwellenländern das junge, gut ausgebildete Potenzial und Personal zu finden und dem deutschen demografischen Dilemma durch Offshoring zu entkommen, sollte allerdings gut überlegt werden. Zum Teil finden sich nur neue Probleme.

Der mittlere Osten verballert sein enormes wirtschaftliches Potenzial in religiösen und politischen Auseinandersetzungen mit sich selbst und dem Westen. Huntingtons »Clash of civilisations« (Huntington 1996) bekommt seine enorme Brisanz erst vor dem Hintergrund der extrem jungen demografischen Struktur der arabischen Länder. Aber diese Nationen könnten sich eines Tages besinnen und zu interessanten Partnern werden. Zum Teil tun sie das bereits.

Indien hat zwar eine junge Bevölkerung mit einem Durchschnittsalter von knapp 25 Jahren, aber bei Neugeborenen einen deutlichen Überschuss an Jungen (1000 zu 933 Mädchen). Ursache ist eine unheilige Allianz von pränataler Diagnostik mit der traditionell höheren Wertschätzung von männlichen Nachkommen. Eine Marginalie, die sicher das spätere Bevölkerungswachstum bremsen, aber auch gesellschaftliche Konsequenzen haben wird.

China stehen durch seine Ein-Kind-Politik in Zukunft ernstere demografische Probleme bevor als allen westlichen Ländern. Das ist der Preis, den es für die Kontrolle des Bevölkerungswachstums zahlt. Auch hier gibt es gerade wegen der Geburtenkontrolle regional unterschiedliche, zum Teil extreme Überschüsse an männlichen Nachkommen. Das immer noch vorhandene Wachstum der Bevölkerung ist eine Folge der steigenden Lebenserwartung. Die beschäftigungsfähige Bevölkerung wird ab 2011 nicht mehr ansteigen. China muss die technologische Aufholjagd schaffen, sonst wird es mit den Problemen nicht fertig.

Afrika ist bisher kaum im Fokus, wenn es um Offshoring und Kooperationen geht. Der Kontinent ist keineswegs ein monolithischer Block, sondern bietet neben einer schier unbegrenzten Menge an Problemen, Länder, die auf der Aufholspur sind und weiter Gas geben. Es hat eine junge Bevölkerung, leidet aber wie kein anderer Kontinent unter Aids und kämpft damit, die gravierenden gesellschaftlichen Folgen in den Griff zu bekommen.

Das sind nur Beispiele. Sie zeigen: Es gibt kein demografisches Paradies, das als perfekte Lösung für die deutschen oder europäischen Probleme taugt. Es gibt Länder mit wesentlich mehr und in Zukunft sicher auch hervorragend ausgebildeten jungen Menschen. Aber das sind Länder, denen die demografischen Umbrüche gerade bevorstehen. Zum Teil haben sie Probleme, die in Europa unbekannt sind. Ein sorgfältiger Blick in die Daten schützt vor Überraschungen.

9 Das Wachstum der Metropolregionen

Die Demografie teilt Regionen in Gewinner und Verlierer. Es entsteht ein neuer Kontrast zwischen wachsenden Metropolregionen und ländlichen Gebieten, die wegen der geringeren Erwerbschancen unter Abwanderung leiden. Sowohl der positive als auch der negative Trend haben dabei die Tendenz, sich selbst zu verstärken. Wer hat, dem wird gegeben. Wer einmal im Abwärtstrend steckt, kommt nur mit großen Anstrengungen wieder 'raus.

Aus den neuen Bundesländern sind nach der Wende 1,5 Millionen Menschen abgewandert, der Geburtenrückgang nach der Wende führt in den nächsten Jahren zu einem überproportionalen Mangel an jungen Nachwuchskräften. Zudem verliert der Osten vor allem in den bereits benachteiligten Regionen überproportional gut ausgebildete, junge Frauen.

Aber diese Entwicklung kennt Ausnahmen. Die Städte Leipzig, Dresden, Berlin und die Verkehrsachse Jena, Weimar, Erfurt, Eisenach entwickeln sich positiv. Die Entwicklungen lassen sich also durchaus beeinflussen. Die Verkehrsinfrastruktur, wirtschaftlich erfolgreiche, international vernetzte regionale Cluster, eine attraktive kulturelle Infrastruktur und eine weltoffene, für neue Entwicklungen aufgeschlossene Mentalität sind die Zutaten, die eine Trendumkehr begünstigen. Der Osten Deutschlands hat zudem das Pech, kaum Migranten zu haben – auch wenn das viele anders sehen. Die höhere Geburtenrate der Migrantengruppen begünstigt die Bevölkerungsentwicklung des Westens. Die Abschottung gegen Zuzug und die »Gefahren« der Globalisierung sind Indikatoren für Verliererregionen. Auch das süße Gift der Subvention zementiert eher alte Strukturen als den Regionen auf die Beine zu helfen. Während im Westen städtische und wirtschaftliche Zentren wie das Rhein-Main-Gebiet, München, Hamburg, Stuttgart etc. wie Bevölkerungsmagneten wirken und leicht wachsen, hat die jahrzehntelange Subvention des Bergbaus das Ruhrgebiet von der positiven Entwicklung der städtischen Räume Nordrhein-Westfalens abgekoppelt. Auch für die Küstenstädte hat sich die Subvention des Schiffbaus nicht ausgezahlt, sondern alternative Entwicklungen eher verhindert. Wo auch immer alte Industrien mit Subventionen stabilisiert und am Leben gehalten wurden, wachsen die Probleme.

Aber auch hier gibt es Ausnahmen. Demografische Entwicklungen sind kein Naturgesetz, sondern können aus scheinbar hoffnungslosen Ausgangssituationen heraus positiv gewendet werden. Das Paradebeispiel ist das weit von allen Boomregionen abgeschnittene Gebiet Cloppenburg-Vechta in Niedersachsen. Die Zahl der Erwerbstätigen steigt schneller als der Bundestrend, die Geburtenrate ist die höchste der Republik, Abwanderung ist kein Problem, die Sozialstrukturen sind intakt, die vielen jungen Menschen bleiben in der Region, weil sie ausreichend Zukunftschancen sehen.

Die deutsche Entwicklung spiegelt nur die weltweite Entwicklung. Metropolregionen mit guter internationaler Vernetzung, schneller Verkehrsanbindung, Einbindung in die entscheidenden Güterverkehrsströme und Datenautobahnen, einem gesunden industriellem Kern und Clusterstrukturen, die Unternehmen schnellen Zugang zu Zulieferern und Dienstleistern bieten, sind die Gewinner der Globalisierung. Zu dem kreativen Idealmix gehören zusätzlich noch hervorragende Hochschulen und Forschungszentren, ein gutes Bildungssystem, das einen generell hohen Qualifikationsstandard bietet, ein internationales kulturelles Leben und hohe Lebensqualität durch Sicherheit und eine attraktive Umgebung zum Leben. Eine florierende Region zieht Menschen an, Menschen ziehen Wirtschaft an.

Metropolregionen sind wie Kristallisationskerne, die weit in das Umland wirken. Aber die Entwicklung verändert die Bevölkerungsverteilung zu Gunsten der Ballungsräume und zu Lasten der ländlichen Regionen. Ballungsräume verjüngen sich nicht unbedingt aus der eigenen Bevölkerung, sondern aus dem Zuzug aus dem Inland oder durch internationale Wanderungen.

In Zukunft entscheidet sich die wirtschaftliche Entwicklung eines Landes über die Leistungs- und Konkurrenzfähigkeit seiner Metropolregionen. Die internationale Vernetzung relativiert die Bedeutung der Altersstruktur der ansässigen Bevölkerung sowohl durch die Attraktivität für den Zuzug als auch durch den möglichen schnellen Zugriff auf Ressourcen an anderen Standorten.

Was Deutschland für die Zukunft braucht, ist Offenheit, Vielfalt und Integration unterschiedlicher Mentalitäten. Das Letzte, was Deutschland in Zukunft gebrauchen kann, ist die Mentalität »Deutschland, Deutschland über alles, über alles in der Welt.« Außer beim Fußball, aber die Nationalmannschaft ist ohnehin schon international aufgestellt.

10 Statistik neu betrachtet

Die Beispielsrechnungen, die einen erschreckend erhöhten Altersquotienten in Deutschland und Europa zeigen, gehen von einer zweifelhaften Grundannahme aus oder sind zumindest interpretationsbedürftig. Sie unterstellen eine Grenze der Erwerbsfähigkeit auf Grund des Lebensalters mit dem 65sten Lebensjahr. Da die faktische Altersgrenze deutlich unter der rentenversicherungsrechtlichen Grenze liegt, erscheint uns diese Annahme sogar noch optimistisch. Die Frühverrentungswellen gehen jedoch auf ein Überangebot auf dem Arbeitsmarkt, Entlassungswellen und eine arbeitsmarktpolitische Strategie zurück, die glaubte, durch das Ausscheiden »Älterer« Arbeitsplätze für »Jüngere« zu gewinnen und so die Beschäftigungsprobleme zu lösen. Sie laufen konträr zu einer Entwicklung, in der Menschen nicht nur älter werden, sondern auch länger »jung und gesund« und leistungsfähig bleiben. Die ganze Arbeitsmarktstrategie lief darauf hinaus, Menschen, die immer länger leistungsfähig bleiben, immer früher in

Rente zu schicken. Sie hatten also nichts mit der Entwicklung der Leistungsfähigkeit der »Alten«, sondern viel mit einer fragwürdigen Umverteilungsideologie auf dem Arbeitsmarkt zu tun.

Vor 30 oder 40 Jahren sahen sich 60-jährige oder erst recht 70-jährige Männer und Frauen am Ende ihres Lebens. Rüstige, aktive »Greise«, die noch im Beruf oder Wirtschaftleben standen, waren seltene, bewunderte Ausnahmen (Adenauer). Die Alten kleideten sich wie »Alte«, sie verhielten sich wie »Alte«. Häufig war der körperliche Verfall bereits erkennbar. Die Gesellschaft erwartete von diesen Menschen, dass sie in Ruhe und Frieden für wenige, aber wohlverdiente Jahre ihre Rente genossen, mehr nicht.

Aber Bertolt Brechts »Unwürdige Greisin« über eine 72-jährige Witwe, die plötzlich zu leben anfängt, könnte heute so nicht mehr geschrieben werden. Die Welt ist voll von aktiven, gesunden und tatkräftigen Alten, die nicht im Traum dran denken, sich würdig oder »altersgerecht« zu benehmen.

»Die Gesellschaft wird gleichzeitig älter und jünger; der Kunde von morgen ist 60, sieht aus wie 50 und konsumiert wie ein 40-Jähriger.«
Stephan Scholtissek, Sprecher der Geschäftsleitung, Accenture Deutschland (VhU, Zukunft, S. 32)

Die Erhöhung des Rentenalters auf 67 ist ein Schritt in Richtung Synchronisierung der Rentengrenze mit der realen Entwicklung. Die Altersgrenze 65 Jahre besteht seit 1916. 1889, bei der Verabschiedung der Bismarck'schen Sozialgesetze, galt ein Rentenalter von 70 Jahren. Die Lebenserwartung lag damals bei ca. 44 Jahren für neugeborene Jungen, bei 48 Jahren für Mädchen.

Die Berechnungen der Altersquotienten mit der Stichzahl 65 Jahre sind natürlich korrekt, aber ihre Aussagekraft bezieht sich nur noch auf eine gesetzliche Grenze, die nichts mehr mit der tatsächlichen, durchschnittlichen Leistungsfähigkeit der Menschen zu tun hat. Menschen sind heute in der Regel mit 65 weder körperlich noch mental an einer Grenze, die Erwerbstätigkeit merklich erschwert oder unzumutbar macht. Sie erwarten, ihre Rente aktiv zu genießen und können dies statistisch gesehen für weitere 17 (Männer) bzw. 20 Jahre (Frauen). Die steigende Lebenserwartung der Menschen mag irgendwann an eine »natürliche«, biologische Grenze stoßen. Wenn es diese Grenze gibt, dann ist sie aber zur Zeit jedenfalls noch nicht erkennbar. Nicht nur das Alter steigt, auch die Leistungsfähigkeit bleibt erhalten. Die verlängerte Lebenszeit bedeutet keineswegs eine verlängerte Greisenzeit im Pflegeheim. Es ist gewonnene, aktive Lebenszeit. Ob diese als volkswirtschaftliches Potenzial genutzt wird, ist eine Frage politischer Setzungen und der Reformfähigkeit des Systems. Es gibt keine »biologische«, in der Natur des Alterns liegende Grenze bei 65 Jahren.

Die Wissenschaft spricht daher zweifach von der Rektangularisierung (Erbsland 2006): Zum einen meint dies die Entwicklung von der Bevölkerungspyramide zum Bevölkerungsquadrat. Daneben beschreibt der Begriff die gesundheitliche Entwicklung: Zu beobachten ist nicht ein stetiger Leistungsabfall der Menschen, sondern eine konstante Leistungsfähigkeit bis ins hohe Alter, gefolgt von einem krassen Abfall am Lebensende. Erst dies ist die Greisen- und Pflegephase. Sie wird nicht länger, sondern tritt später ein. Altersstudien in den USA zeigen, dass die Rate von Behinderungen im Alter seit 1982 deutlich zurückgegangen ist. Am deutlichsten ist der Effekt bei Personen mit einer hohen Qualifikation (Manton e.a., Changes 2001) Die Ergebnisse, die auf Daten von 2001 beruhten, wurden 2005 erneut bestätigt (Manton e.a. 2006, Change 2006). Die Geschwindigkeit des Rückgangs hatte sich noch erhöht. Der Anteil der Personen über 65, die nicht an chronischen Behinderungen leiden, stieg von 73,5% im Jahr 1982 auf 81% im Jahr 2005. Dies ist keine amerikanische Sonderentwicklung, sondern wird durch eine Studie in Spanien bestätigt. Die Theorie der »compression of morbidity« oder des »decellerated aging« gewinnt an Boden. Legt man eine erhöhte Altersgrenze zugrunde, ist der Rückgang des Erwerbspersonenpotenzials bis 2020 bereits überkompensiert.

John Shoven, Ökonom an der Stanford University in Kalifornien, schlägt vor, den Altersquotienten nicht an einer Schwelle, die in Jahren seit der Geburt festgemacht wird, sondern in statistisch noch zu erwartenden Lebensjahren oder ab einem bestimmten statistischen Sterberisiko zu berechnen. Damit würde die erhöhte Lebenserwartung nicht den Anteil der Alten statistisch erhöhen, sondern die Zahl der Menschen, die aktiv ihre Lebenszeit gestalten, würde zunehmen. Dies entspricht viel mehr den Fakten. Und schon stellt sich das Verhältnis Alt zu Jung weitaus unproblematischer dar.

The current practice of measuring age as years-since-birth, both in common practice and in the law, rather than alternative measures reflecting a person's stage in the lifecycle distorts important behavior such as retirement, saving, and the discussion of dependency ratios. Two alternative measures of age are explored: mortality risk and remaining life expectancy. With these alternative measures, the huge wave of elderly forecast for the first half of this century doesn't look like a huge wave at all. By conventional 65+ standards, the fraction of the population that is elderly will grow by about 66 percent. However, the fraction of the population that is above a mortality rate that corresponds to 65+ today will grow by only 20 percent. Needless to say, the aging of the society is a lot less dramatic with the alternative mortality-based age measures. In a separate application of age measurement, I examine the consequences of stabilizing labor force participation by age with alternative age definitions. If labor force participation were to remain as it is today with respect to remaining life expectancy (i.e. if the length of retirement stayed where it is today) rather than labor force participation remaining fixed by conventionally-defined age, then there would be 9.6 percent more total labor supply by 2050 in the U.S. This additional labor supply could help finance entitlement programs

> amongst other things. GDP would be between seven and ten percent higher by 2050 if retirement lengths stabilize. Several policies are examined that would encourage longer work careers.
> *(Shoven 2007)*

Die Altersgrenze der Bismark'schen Rentenversicherung passt in die Zeit wie eine Steinaxt zum Computer. Also enthält der Altersquotient nur in zwei Fällen eine brauchbare Aussage:

1. Wir schicken die Menschen weiter mit 65 oder 67, was eine marginale Korrektur ist, in Rente. Dann bleibt das Potenzial der Älteren ungenutzt. Sie verursachen stattdessen Kosten und die Gefahr der Überforderung des Systems wächst.

2. Die Rentengrenze wird nach oben verschoben, das Erwerbspersonenpotenzial nimmt zu und der Altersquotient wird auf einer neuen Basis berechnet, die näher an der statistisch wahrscheinlichen Schwelle zur Vergreisung ist. Dies erfordert eine gesellschaftliche Setzung, eine mutige, handlungsfähige Politik und die Bereitschaft der Wirtschaft, diesen Menschen Beschäftigungschancen zu geben.

Für ein Unternehmen besteht kein Grund, Menschen mit 65 »abzuschreiben«. Ein Unternehmen braucht Leistung. Mit welchen demografischen Rahmendaten die Mitarbeiter Leistung erbringen, ist eher nebensächlich und eine Detail- und Umsetzungsfrage. Die Altersstrukturanalyse allein ergibt keine brauchbare Aussage. Aber es ist hochrelevant, ob das politische System eines Landes eine möglichst lange Beschäftigung unterstützt oder erschwert bzw. für Arbeitnehmer unattraktiv macht. Auch der mentale, kulturelle Rahmen einer Gesellschaft ist entscheidend. Bisher gelten die Frühverrentungswellen und die Altersgrenze 65 für Unternehmen als willkommene Gelegenheit, die Belegschaft zu verjüngen. Auch Arbeitnehmer waren und sind gerne bereit, ihr Arbeitsleben gegen ein langes, gut abgesichertes Rentnerdasein zu tauschen. Noch gelten beide Strategien als vernünftig und sind sozial anerkannt. Aber nicht nur die gesetzlichen Rahmenbedingungen (Altersteilzeit, Sozialplanabfindungen) erodieren oder laufen aus. Die Rente wird für große Gruppen der Bevölkerung mit 65 Jahren nicht so hoch sein, dass sie ein gemütliches, langes Leben ohne Erwerbstätigkeit verspricht. Noch entspricht dies der gesellschaftlichen Erwartung der politischen Mehrheiten. Das könnte sich ändern. Dann erwarten und verlangen größer werdende Bevölkerungsgruppen Beschäftigungschancen, die ihrer Leistungsfähigkeit entsprechen. Obwohl diese im Prinzip vorhanden sind, kann das bisherige Konzept der Vollzeitbeschäftigung bei steigendem, mindestens stabilem Einkommensniveau jedoch nicht einfach fortgeschrieben werden. Es sind neue Modelle gefragt.

11 Die Demografie ist nicht allein

Ursache der demografischen Veränderungen ist die geänderte Geburtenrate und die steigende Lebenserwartung. Empirisch betrachtet ist beides eine Folge der Industrialisierung und der gesellschaftlichen Umwälzungen, die sie ausgelöst hat. Die Industrialisierung hat aber mehrere Entwicklungen gleichzeitig in Gang gesetzt: Globalisierte Wirtschaftsbeziehungen (jedenfalls dann, wenn nicht gerade Krieg, kalt oder warm, geführt wurde) und einen Entwicklungsschub in der Informationstechnologie, die ihr volles Potenzial gerade erst auszuschöpfen beginnt. Die Folgen der Industrialisierung und der Schwung der technologischen Entwicklung waren so groß, dass sich das industrielle Zeitalter inzwischen selbst beendet hat. Wir leben in einer postindustriellen Gesellschaft, der irgendwann, wenn sie fast wieder überholt ist, jemand mal einen treffenden Namen geben wird. Bis dahin begnügen wir uns hier zum Hausgebrauch mit Wissensgesellschaft. Also haben wir als Komponenten der Wissensgesellschaft:

1. Eine völlig veränderte demografische Struktur mit einer dramatisch erhöhten Lebenserwartung und – was wichtiger ist – Lebensqualität und Leistungsfähigkeit älterer Menschen.

2. In der Folge krasse Unterschiede in der demografischen Struktur zwischen Ländern und Kontinenten und Verschiebungen der Bevölkerungsgewichte. Hier Stagnation bis Rückgang der Bevölkerung, dort schnelles Wachstum.

3. Eine technologische Aufholjagd bisher nicht oder wenig industrialisierter Länder, die praktisch alle Phasen, durch die Europa in den letzten gut 100 Jahren gegangen ist, gleichzeitig erleben und deren Leistungsfähigkeit die alte Welt teilweise bereits überholt hat. Ein paar politische Strukturprobleme sind allerdings noch zu lösen, was als Bremse oder Konflikt- und Risikopotenzial nicht unterschätzt werden sollte.

4. Die Öffnung bisher abgeschotteter Märkte durch den Zusammenbruch eines gesellschaftlichen Systems, dass der dynamischen Entwicklung kapitalistischer Länder nicht gewachsen war und in der Folge ein Erstarken liberaler, marktwirtschaftlich orientierter Konzepte. Indien hat sich von einer sozialistisch angehauchten Bürokratie verabschiedet, China experimentiert mit wirtschaftlicher Liberalisierung und politischen Strukturen einer Kommandowirtschaft, viele Länder der Dritten Welt nähern sich marktwirtschaftlich-liberalen Konzepten.

5. Eine globalisierte Wirtschaft, d.h. globale Netzwerke, Produktionsketten und Kooperationen, die gerade dabei ist, auch die letzten Winkel noch einzubeziehen. Auch hier erweisen sich archaisch anmutende politische und kulturelle Auseinandersetzungen als letzte wirksame Bremse.

6. Einen globalen Daten- und Informationsaustausch und unbegrenzte Verfügbarkeit von Wissen. Das Internet und globale Datenautobahnen sind nicht

nur irgend so eine clevere Erfindung. Die Durchdringung der Wirtschaft und damit die Erschließung des vollen Potenzials des neuesten Stands der Informationstechnologie sind keineswegs abgeschlossen. Es ist eine neue Qualität der Globalisierung, die bisher relevante Barrieren (Entfernung, Zeitverlust, Transportkosten, Kommunikationsdefizite, beschränkter Zugang zu Wissen) nivelliert.

Es ist nicht sinnvoll, sich mit demografischen Veränderungen auseinander zu setzen ohne sich gleichzeitig mit diesen weiteren Folgen der technologischen und kulturellen Entwicklung zu beschäftigen. Wir sind mit einer multiplen Veränderung menschlicher Ressourcen konfrontiert. Die demografischen Herausforderungen von morgen werden nicht in den Strukturen von heute gelöst. Die Fortschritte in der Informationstechnologie haben ursächlich nichts mit der Alterung der Gesellschaft zu tun. Aber die Tatsache, dass das Internet in immer neuen, leistungsfähigeren Varianten in Kombination mit völlig neuen Softwareprodukten und globalen Datenautobahnen zur Verfügung steht, verändert alle denkbaren Lösungsmöglichkeiten radikal. Wirtschaftliche Bedeutung hat das Internet aber erst seit ca. 10 Jahren. Das Web 2.0, die zweite Generation mit virtuellen Welten wie Second Life steckt noch in den Kinderschuhen. Die Möglichkeiten für wirtschaftliche Tätigkeiten in oder in Kombination mit virtuellen Welten werden gerade von einigen Pionieren erprobt (Gierke, 2008). Auch wenn die Entwicklung sehr schnell vor sich geht, ist eine »Reife« der Technologie und ihrer wirtschaftlichen Nutzung noch nicht in Sicht. Die Durchdringung aller Geschäftsbereiche ist genauso wenig abgeschlossen wie die technologische Entwicklung der Informations- und Kommunikationstechnologie.

Die Karten wurden durch die Globalisierung und die Demografie neu gemischt, aber das Internet und die Informationstechnologie verteilen ständig neue Joker.

12 Der Globus ist flach

»The world is flat« tituliert Friedmann (Friedmann 2007) seine hochaktuelle und brisante Zusammenstellung der Tools, die in seiner plastischen Diktion eine komplizierte, runde Erde zur platten, einfachen Scheibe zusammenstauchen (Friedmann 2007). Die Digitalisierung aller technischen Systeme wirkt, als hätten Maschinen plötzlich eine einheitliche Sprache entwickelt. Es gibt keinen Prozess, der nicht prinzipiell mit einem anderen Prozess an beliebiger Stelle des Globus verbunden werden könnte. Internet, mobile Kommunikation, Workflow Software, Datenautobahnen und Wissenspools wie Wikipedia und viele andere, kostenlose oder nicht kostenlose Wissensdatenbanken bilden zusammen eine neue Qualitätsstufe der globalen Vernetzung der Wirtschaft und der Verfügbarkeit von Ressourcen. Die Globalisierung der Wirtschaft wurde erstmals 1848 von Karl Marx im Kommunistischen Manifest beschrieben. »Die Bourgeoisie reißt durch die rasche Verbesserung aller Produktionsinstrumente, durch *die unendlich erleichterten Kommunikationen*, auch die barbarischsten Nationen in die Zivilisation.« Es wirkt heute fast rührend, dass Marx in Zeiten der Dampfschifffahrt und der Anfänge des Telegraphen von »unendlich erleichterter Kommunikation« spricht. Aber damals wie heute ist Kommunikation ein Faktor, der über die Leistungsfähigkeit eines Wirtschaftssystems entscheidet. Heute gibt es in der Kommunikation keine technisch bedingte Zeitdifferenz oder sonstige Einschränkung mehr. Die Entwicklung, die mit der Telegraphie begann, hat einen Kulminationspunkt erreicht. Was in Ton, Schrift oder Bild ausgedrückt werden kann, ist in digitaler Fassung in Echtzeit überall verfügbar. Nicht der Zugang zu Information ist das Problem, sondern die Selektion und Bewertung von Information.

Deshalb ist Personal nicht nur in dem Sinne eine globale Ressource, dass Unternehmen Arbeitnehmer an unterschiedlichen Standorten beschäftigen. Personelle Dienstleistungen brauchen in noch nicht endgültig absehbarem Umfang überhaupt nicht mehr an einem Standort des Unternehmens erbracht werden. Die Kommunikationskosten sind vernachlässigbar. Deshalb ist das Call Center in Indien oder Schottland genauso Realität wie ein Entwicklungsteam, das über den Erdball verteilt ist. Buchhaltung, Nachhilfeunterricht, E-Learning mit Tutor, Hilfe bei Computerproblemen und Steuerklärungen sind andere Beispiele für Dienstleistungen, die via Internet und mit Unterstützung von Softwaretools beliebig verlagert werden. Was alles machbar ist, wird sich erst zeigen. Englischsprachige Länder haben es dabei leichter als andere, deren Sprache auf ein kleines Gebiet beschränkt ist. Aber Sprachbarrieren sind prinzipiell überwindbar. Der Aufhebung der lokalen Bindung folgt die Neugestaltung der vertraglichen Beziehungen. Der Mitarbeiter im Call Center ist kein Mitarbeiter des Unternehmens, mit dessen Namen er sich meldet.

Es gibt eine wachsende Zahl von Arbeitsprozessen oder deren Teilprozesse und -funktionen, die an fast beliebiger Stelle und in den unterschiedlichsten rechtlichen Rahmen erledigt werden können. Auch dies hat in Zukunft Einfluss auf die Entscheidung, welche Mitarbeiter oder Vertragspartner ein Unternehmen wo, wann und in welcher vertraglichen Beziehung braucht. Wenn eine Qualifikation auf dem deutschen oder dem regionalen Arbeitsmarkt nicht verfügbar ist, könnte sie durch eine völlig andersartige Kooperation ganz oder teilweise ersetzt werden. Natürlich erfordert vieles den persönlichen Kontakt. Vieles kommt jedoch auch ohne aus oder mit anderen Kommunikationsformen als dem persönlichen Gespräch unter Anwesenden. Man kann Arbeit nicht nur anders organisieren, man wird es in Zukunft mit hoher Wahrscheinlichkeit auch müssen. Aus Kostengründen oder aus Gründen der Verfügbarkeit von Humanressourcen.

13 Neue Wertschöpfungsmuster: Die Projektwirtschaft

Neue Produkte entstehen häufig durch die Konvergenz bisher getrennter Wissensgebiete. Deshalb »erfordern sie eine Kompetenz- und Wissensbreite, die von einzelnen Unternehmen nur noch selten allein bereitgestellt werden kann – zumal nicht in der Geschwindigkeit, mit der Märkte die nächste Produktgeneration verlangen.« (Deutsche Bank Research 2007, S. 22).

Die Antwort sind organisatorisch und oft auch rechtlich selbständige, zeitlich befristete Kooperationen zwischen Unternehmen oder von Unternehmen mit Universitäten, Wissenschaftlern oder Spezialisten. Die »Projektwirtschaft« entsteht. Netzwerke, die mit anderen Netzwerken verbunden sind und temporär Kooperationen eingehen, um sich mit dem notwendigen Know-how und Ressourcen zu versorgen. Netzwerke lösen sich wieder auf oder fügen sich anders zusammen, wenn ihre Aufgabe erfüllt ist. Sie sind fluide Gebilde.

Projektwirtschaft ist eher auf Teile der Wertschöpfungskette der Unternehmen spezialisiert und wird in den Produktionsprozess oder in komplexe Dienstleistungen integriert. Kooperationen sind folglich nicht auf sekundäre Prozesse beschränkt, sie werden regelmäßiger Teil des Kerngeschäfts. Nach Schätzungen von Deutsche Bank Research wird die neue Form der Arbeitsteilung bis 2020 von heute etwa 2% auf 15% wachsen. Für die Humanressourcen eines Unternehmens hat dies zwei Konsequenzen: Hochwertige Qualifikationen können und werden auch durch neue Vertragsgestaltungen gewonnen. Damit steigen jedoch im Unternehmen die Anforderungen an die Personen, die diese Projekte koordinieren und steuern. Die Projektwirtschaft ist keine Kommandowirtschaft, sondern ein komplexes Konstrukt aus wirtschaftlichen und rechtlichen Beziehungen.

Leider hat Deutschland eine gewisse Tradition darin, alles, was nicht ein klassisches Arbeitsverhältnis mit Kündigungsschutz und Lohnfortzahlung ist, mit äußerstem Misstrauen zu betrachten und allen möglichen Personen die Wohltaten des deutschen Arbeits- und Sozialversicherungsrechts aufzudrängen. Dazu dienen das Sozialversicherungsrecht mit komplizierten und schwer kalkulierbaren Regelungen, wann jemand selbständig und damit von den Wohltaten der Sozialversicherungssysteme befreit ist, das Arbeitsrecht mit dem Arbeitnehmerüberlassungsgesetz und das Steuerrecht. Ob die deutsche Politik die rechtlichen Rahmenbedingungen an neue Produktionsformen anpasst, bleibt abzuwarten.

Die sich entwickelnde Projektwirtschaft wird das so oder so nicht beeindrucken. Was in Deutschland oder in Europa nicht geht, findet im fiktiven »Elbonia« des Karikaturisten Scott Adams statt (http://en.wikipedia.org/wiki/Elbonia). Also irgendwo auf der Welt. Die Chance Deutschlands besteht darin, diese neue Form der Wertschöpfung vom Standort D aus zu steuern.

Die Projektwirtschaft wird Einfluss darauf haben, welche personellen Ressourcen ein Unternehmen selbst bereitstellen muss. Sie begünstigt neue Beschäftigungsformen jenseits des klassischen Arbeitsrechts. Auch wenn rechtlich selbständige Kooperationen als Arbeitgeber auftreten können, sind die Beziehungen nicht auf Dauer ausgelegt. Sie erfordert Menschen, die unabhängig von ihrer Vertragsgestaltung die Einstellung und die Fähigkeiten eines Entrepreneurs haben. Hochspezialisierte Experten und generalistische Netzwerker, die komplexe Prozesse steuern können, werden von der Entwicklung profitieren.

14 Licence to Operate, globale Nachbarschaft und Arbeitgeberimage

»Unternehmen können keine alten Arbeitnehmer gebrauchen. Sie sind unflexibel und sollten im Interesse des Unternehmens möglichst frühzeitig und kollektiv in Rente gehen«, war fast durchgängig die Botschaft der letzten 20 Jahre. Sie war so zum Allgemeingut geworden, dass Unternehmen, die gezielt das Know-how der Älteren, die Opfer der Entlassungswellen geworden waren, auf dem Markt einkauften und somit teilweise gegen den Strom schwammen, für Presseschlagzeilen sorgten. Einige davon mussten später lernen, dass diese anerkennende Form der öffentlichen Aufmerksamkeit eine Kehrseite hatte. Sie wurden von jüngeren, auf die sie ja keinesfalls verzichten wollten, nur noch als »Rentnerband« wahrgenommen. Da, wo die von gestern tanzen gehen. Aber erst einmal geriet das Image der Unternehmen und der Wirtschaft in eine kollektive Schräglage. Waren der Wirtschaft die gesellschaftlichen Folgen schlicht gleichgültig?

Unternehmen existieren immer in einem gesellschaftlichen Umfeld. Sie haben vielfältige und vielschichtige Beziehungen zu ihrer Umgebung und kommunizieren durch was auch immer sie tun eine Botschaft. Paul Watzlawicks »Man kann nicht nicht kommunizieren« (Watzlawick 2000) gilt auch für Unternehmen. Ein Unternehmen kann sich gegen die Umgebung abschotten oder einen offenen Stil pflegen – beides sind kommunikative Botschaften. Der Umgang mit der eigenen Belegschaft ist eine der nachhaltigsten und am wirkungsvollsten kommunizierten Botschaften überhaupt. Sie wird von den Betroffenen im positiven oder negativen Sinn nicht wieder vergessen. Sie lassen ihre Familie, Verwandtschaft, Freunde und Bekannten an ihren Erfahrungen teilhaben. Es sind ideale Multiplikatoren.

Ob die Kommunikation im Internet, im Betrieb oder am Werkstor stattfindet ist dabei zunächst gleichgültig.

Das Internet erlaubt aber einer unbegrenzten Zahl von »Nachbarn« (im Sinne von Adressaten und sonstigen Empfängern kommunikativer Botschaften) ihre Erkenntnisse und Erfahrungen auszutauschen. Die Kommunikationsmöglichkeit der »Nachbarn« ist genauso global oder lokal wie die Geschäftstätigkeit des Unternehmens. Die »Nachbarschaft« eines Unternehmens ist potenziell immer so global, wie Kunden oder wer sonst auch immer meint, betroffen zu sein, sich angesprochen fühlen. Positive Einflüsse eines Unternehmens auf die »Nachbarschaft« sind genauso denkbar wie negative. Die Reaktion der Umgebung wird dabei maßgebend von der jeweiligen Kultur bestimmt.

Für diese Beziehungsstruktur, die neben und jenseits der Frage der blanken Gesetzestreue eines Unternehmens existiert, hat sich der Begriff Corporate Social Responsibility etabliert. In einer Light-Variante wird CSR als Engagement eines Unternehmens für soziale Belange interpretiert, das über die eigentliche Geschäftstätigkeit hinausgeht. Aber es gibt kein Handeln und erst recht kein wirtschaftliches Handeln ohne moralische Implikation. Wer handelt, kommuniziert, bewusst oder unbewusst, Ziele und Wertmaßstäbe. Damit ist ein Unternehmen oder besser gesagt seine handelnden Personen für das verantwortlich, was sie tun und damit bewirken. Corporate Social Responsibility gilt erst recht und in erster Linie für die wirtschaftliche Kerntätigkeit eines Unternehmens. Engagement für die freiwillige Feuerwehr, benachteiligte Jugendliche, Altenbetreuung in der Gemeinde oder die Renovierung des Glockenturms ist jeweils ein schönes Zeichen des Unternehmens oder seiner Belegschaft. Der wesentliche Beitrag eines Unternehmens für die Gesellschaft ist aber nicht seine Wohltätigkeit, sondern seine Geschäftstätigkeit. Wohltätigkeit ist nur die Politur, die das Gesamtbild nicht korrigieren kann, wenn das Chassis rostet.

Das Risiko, ein negatives Menschenbild zu kommunizieren, ist überall gegeben. Harmlose Beispiele sind als kundenfreundlich getarnte Unverschämtheiten wie Hotlines, die dem genervten Kunden nach Eingabe von Ziffern zur Auswahl von mehreren Alternativen in einem unendlichen Entscheidungsbaum Musik oder Markenwerbung für das beanstandete Produkt vorspielen, denn »alle Leitungen sind zur Zeit besetzt«. Ernstere Fälle sind Produktmängel, Umweltschäden oder kriminelles Verhalten. Typische Fälle sind winzig gedruckte Beipackzettel oder Produktaufschriften und komplizierte elektronische Menuführungen für Gerätschaften mit einfachen Aufgaben wie Kaffeeautomaten oder DVD-Player, die Alte als Deppen dastehen lassen.

Das Problem bei diesem Blick auf die moralische Verantwortung von Unternehmen ist die große Varianz und Spannbreite dessen, was als moralisch korrekt gilt. Schweinezucht ist in Bayern eine moralisch einwandfreie wirtschaftliche Tätigkeit, in Ägypten aber eher ein Anlass zum Volksaufstand und religiös motivierten Unruhen. Während Windkraft in Deutschland von Naturschützern als moralisch-ökologisch gut propagiert wird, verteidigen Einwohner der windgeplagten Hebriden ihre heile Natur gegen die Verunstaltung durch einen Windpark. Im mittleren Westen der USA wäre der in Deutschland übliche Umgang mit Alkohol ein ernstes moralisch-religiöses Problem. Die Liste lässt sich ad infinitum fortsetzen. Die Unmöglichkeit, moralische Kriterien global zu definieren, spiegelt sich in über acht Millionen Antworten bei einer Eingabe von »Corporate Social Responsibility« in Google. Das Thema erlebt einen Boom, der im krassen Gegensatz zur erlebten Realität und den Schlagzeilen der Tagespresse steht.

Da die Orientierung in der Konfrontation mit unzähligen, auf dem Globus existierenden Moralvorstellungen, die sich nicht selten gegenseitig ausschließen oder gute Intentionen in ihr Gegenteil verkehren, praktisch unmöglich geworden ist, bleibt als Ausweg nur die Fokussierung auf das eigene Geschäftsmodell und die damit verbundene Tätigkeiten.

Die Frage für Unternehmen lautet: Haben wir die Zustimmung der für uns relevanten globalen oder lokalen Nachbarschaft? Dieses Konzept ist als »Licence to Operate« bekannt geworden. Es bietet mehr Orientierung als die etwas diffuse

CSR, die oft nur freiwilliges soziales Engagement meint und damit leicht als »kapitalistischer Ablasshandel« abgetan werden kann. Die »Licence to Operate oder Legitimation zum Tätigsein« wird ganz im Gegensatz zur Hollywood-007-Licence-to-Kill öffentlich erworben und vergeben. Sie geht also weit über die gesetzliche Lizenz hinaus, die nur die formale Legitimation vergeben kann. Ein Unternehmen, das die gesellschaftliche »Licence to Operate« verliert, ist langfristig in Schwierigkeiten. Es wird Probleme mit seiner Glaubwürdigkeit, Akzeptanz der Produkte, Kundenbindung und Akzeptanz am Standort haben, sein Prozessrisiko und das Risiko, zur Zielscheibe öffentlicher Kampagnen zu werden, steigen.

Hier interessiert der personalpolitische, demografiesensible Aspekt der »Licence«. Zunächst ist ein erstaunliches Langzeitgedächtnis der Öffentlichkeit zu beobachten. Die Industrie hat in vielen Entlassungswellen der 90er Jahre überwiegend ältere, gut qualifizierte Arbeitnehmer aus technischen Bereichen entlassen (Ingenieure, Forschung und Entwicklung, Fertigung). Der Internet-Hype bzw. sein plötzliches Ende in Kombination mit der Rezession nach nine/eleven haben die hoffnungsvollen Karrieren vieler IT-Fachleute und die Beschäftigungschancen junger Studienabgänger ins Wanken gebracht. Das so erworbene Image der Branchen oder der Berufe spiegelt sich mit zeitlicher Verzögerung in den Studienabgänger- und Studienanfängerzahlen. Bei den bereits viel zu dünn besetzten technischen Studiengängen sind Wellenbewegungen zu beobachten. Während die Abgängerzahlen noch steigen, fallen die Studienanfängerzahlen. Steigen die Anfängerzahlen, sind die Abgängerzahlen mal wieder im Keller.

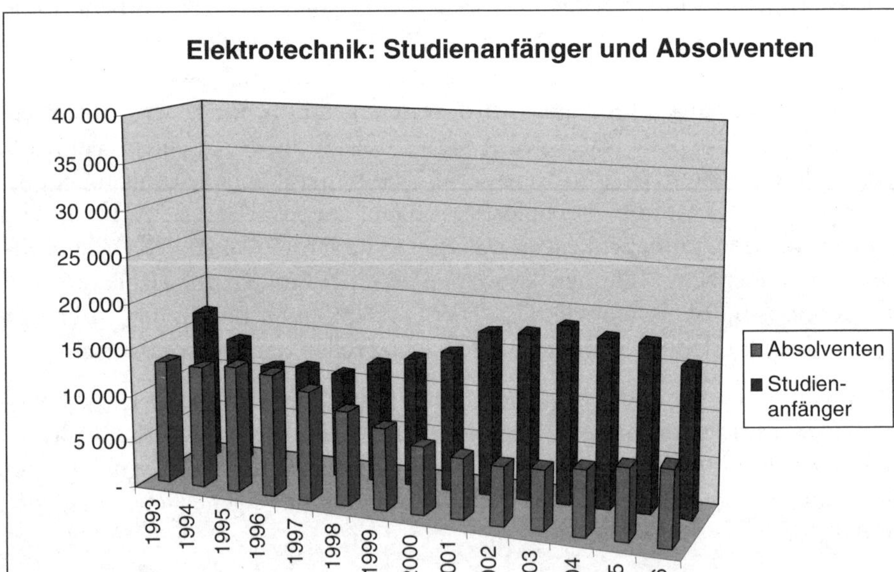

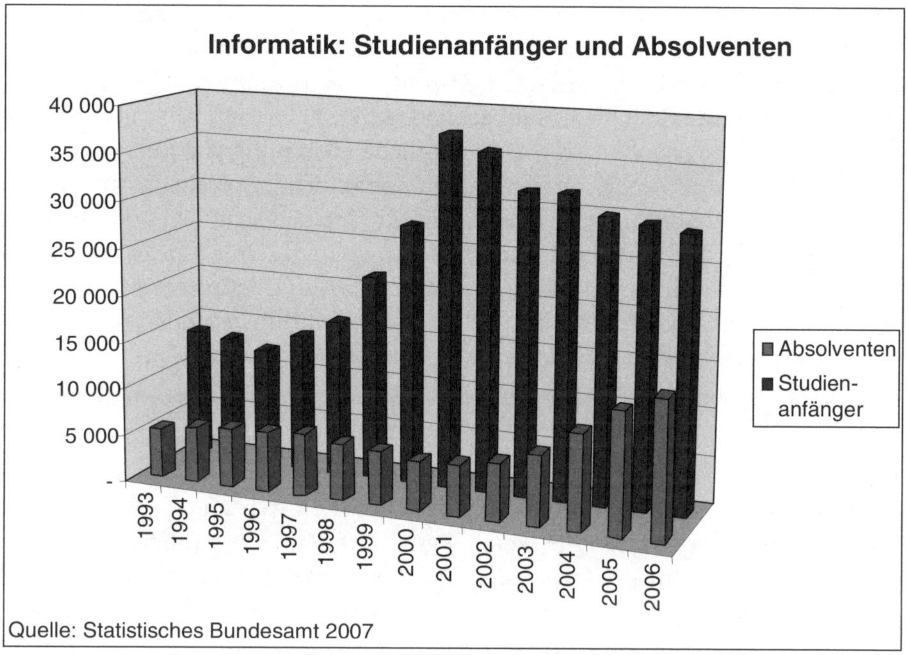

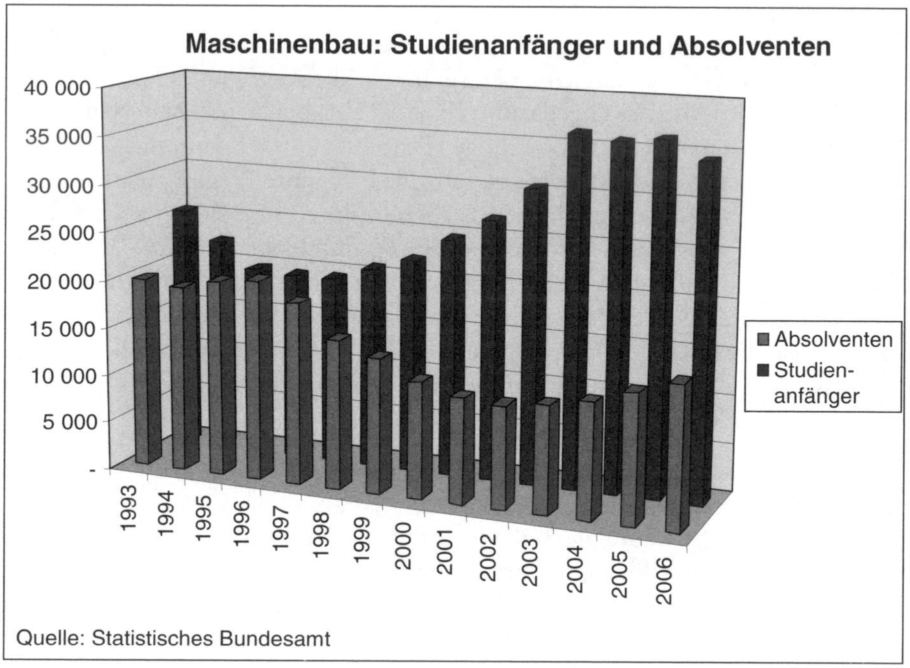

Abb. 4: Studienanfänger und Studierende

Man traut den Branchen (jedenfalls für ein paar Jahre oder auch Jahrzehnte) nicht mehr ausreichend. Sie haben schon mal die Erwartungen enttäuscht und könnten das wieder tun. Schließlich geht es bei der Berufswahl um eine langfristige Investition, die nicht mehr leicht korrigiert werden kann. Die warnenden und mahnenden Väter, Onkel, Nachbarn und Bekannten und ihre individuellen Geschichten sind nicht ohne Breitenwirkung geblieben. Die Folge sind Schwankungen in den Studienabgängerzahlen, die die öffentliche Stimmung vor fünf oder mehr Jahren spiegeln und wenig mit der realen oder aktuellen Arbeitsmarktsituation und Nachfrage zu tun haben. Der Arbeitsmarkt für technische Qualifikationen ist heute blendend. Bei weiter steigender Nachfrage und dem nächsten Wellentief könnte das Verhältnis von Nachfrage und Angebot so ungünstig sein, dass faktisch in Deutschland kein Angebot mehr auf dem Markt vorhanden ist. Es lohnt sich, die Entwicklung zu beobachten und auf den Wellen zu surfen.

Die öffentliche Meinung ist dabei nicht nur gleichzeitig nachtragend *und* schnell vergesslich, sie ist auch irrational *und* hochsensibel für die feinen Zwischentöne. Wie lange braucht das kollektive öffentliche Gedächtnis, um solche Erfahrungen wieder zu vergessen? Vermutlich so lange, bis sie durch andere Erfahrungen überschrieben werden. Es gibt keine Reset-Taste für ein einmal erworbenes Image. Auch teure Imagekampagnen brauchen, um wirksam zu sein, eine real erfahrbare Basis. Sonst werden sie als das wahrgenommen, was sie sind: Der Versuch, gespeicherte Erfahrung zu beeinflussen. Sie wirken dann wie ein Verstärker und eine nochmalige Erinnerung an das, was sie eigentlich löschen möchten.

»Unternehmen können keine alten Arbeitnehmer gebrauchen« ist eine nachhaltige, fatale Botschaft der letzten 20 Jahre. In Wirklichkeit ging es bei Entlassungen nicht um das Alter. Es ging darum, Personal abzubauen und Mitarbeiter auszutauschen, denen man nicht die nötige Flexibilität zutraute, um mit dem Wandel Schritt zu halten. Die Alten hat es getroffen, weil ihre Prägung noch aus Zeiten stammte, in denen man ein Berufsleben in Ehre und Frieden auf der Basis einer einmal erworbenen soliden Ausbildung durchleben konnte. Man hatte eher konstante Leistung als die Fähigkeit zur Neuorientierung von ihnen erwartet. Es hat sie weiter getroffen, weil sie das höchste Lohnniveau hatten, ihre Entlassung also die höchsten Einsparungen brachte und ein gesellschaftlicher Konsens existierte, die Arbeit lieber auf die Jüngeren umzuverteilen und die Älteren dafür früher in Rente zu schicken.

Die Botschaft hieß: lieber Junge als Alte. Jetzt sind die Alten oder Älteren empört, dass sie bis 67 arbeiten sollen. Verständlich, denn wirklich geschätzt werden sie offensichtlich nicht. Lautet doch die Begründung für die Mehrarbeit, dass es für die Rente nicht reicht. Man dankt ihnen nicht, man schätzt sie nicht, man nimmt sie aus (IGS 2008b). Das ist die fatale Schlussfolgerung. Bei der Umorientierung der Personalpolitik zur bewussten und gewollten Beschäftigung Älterer sind daher ein paar psychologische Hürden einzukalkulieren.

Hat die Personalpolitik des Unternehmens die Lizenz seiner globalen und lokalen Nachbarn? Mit welcher Botschaft zum Thema »Alter« gestaltet ein Unternehmen seine Personalpolitik? Wie alt sind die Kunden des Unternehmens oder die Endabnehmer der Produkte? Glaubt man dem Unternehmen auf dem Hintergrund der Erfahrungen von gestern, was es heute verkündet? Welches Bild bietet jungen Nachwuchskräften ein Unternehmen, das an älteren Arbeitnehmern erkennbar das Interesse verliert?

15 Die Waage senkt sich rechts

Die Entwicklung kippt langsam, kontinuierlich und mit einer nicht mehr beeinflussbaren Bewegung zu einer Gesellschaft, in der Alte die Überzahl haben. Sie werden Meinungen verändern. Konnte ein Unternehmen bis vor kurzem noch öffentlich erklären, man werde Sozialabbau sozialverträglich durch Auflösungsverträge und Angebote zum Vorruhestand an die älteren Mitarbeiter umsetzen, bestehen heute nicht nur mit Blick auf das unselige AGG Zweifel, ob dies eine kluge öffentliche Aussage wäre. Trifft es mal wieder die Älteren, könnten die in Zukunft nicht nur betroffen, sondern aktiv sauer reagieren. Sie sind schließlich in der Mehrzahl.

Es ist praktisch ausgeschlossen, dass eine Gesellschaft mit einer dramatisch anderen Altersstruktur ihre kulturellen Werte nicht verändert. Es wird eine neue Werteskala entstehen. Diese Entwicklung ist am ehesten in die eigene Geschäftspolitik zu integrieren, wenn ein Unternehmen die Altersstruktur des Erwerbspersonenpotenzials abbildet. Das ist die Strategie der Altersdifferenzierung oder schicker »Age Diversity«. Das ist aber nicht zwingend. Möglicherweise finden die Alten als Kunden ganz junge Unternehmen besonders spannend, weil sie so merkwürdig anders sind. Alte wollen alles, außer als alt wahrgenommen und angesprochen werden. Andererseits gibt es heute schon eine wachsende Zahl von Unternehmen, die bei Mitarbeitern oder Kunden nur auf die Altersgruppe über 50 setzen. Alle drei Lösungswege können eine hinreichende gesellschaftliche Legitimation (Lizenz) sicherstellen, wenn man sich mit der Frage auseinander gesetzt hat und einen für die Gesellschaft glaubwürdigen und akzeptablen Weg definiert.

In Zukunft wird eine anders strukturierte Öffentlichkeit und Nachbarschaft die Lizenz vergeben, die ein Unternehmen glaubwürdig macht. Es kommt darauf an, die Produkt- und Personalstrategie an dieser Messlatte zu überprüfen. Dies geht nur mit Hilfe einer erhöhten, bewussten Sensibilität für Stimmungsumschwünge und veränderte Mehrheitsverhältnisse.

16 Es geht *nicht* um die Alten

Das Stichwort »demografische Entwicklung« ist reflexartig mit der Notwendigkeit zur Beschäftigung älterer Arbeitnehmer verknüpft. Tatsächlich ist hier ein massives Umdenken erforderlich, damit nicht in Zukunft »Alter« mit »eher von geringerer Qualität« verknüpft wird. Aber ältere Arbeitnehmer werden in ausreichender Zahl auf dem Markt sein. Sie zu qualifizieren und leistungsfähig zu halten ist eine Aufgabe der Personalentwicklung, die – salopp gesagt – durchaus zu bewältigen ist. Die größere personalpolitische Herausforderung sind die Jungen. Sie werden die knappe Ressource und ein Engpassfaktor sein. Während also kein Weg daran vorbeiführt, die größer werdende Gruppe der Älteren in den Arbeitsprozess einzubinden, sind die wirklich interessanten Fragen der Zukunft:

- Welcher Anteil an Nachwuchskräften mit welchen Qualifikationen ist erforderlich?
- Wie gelingt es, diese gut qualifizierte und wahrscheinlich heiß umworbene Gruppe von jungen Leistungsträgern zu gewinnen und zu halten?
- Welches neue Altersprofil ist im Unternehmen anzustreben?
- Wie können die notwendigen Personalressourcen international verteilt werden?
- Ist die interne Zusammenarbeit zwischen mehreren Generationen mit unterschiedlichem Erfahrungshintergrund gesichert?
- Welche Rückwirkungen haben diese Fragen auf die Organisationsstruktur des Unternehmens?

Es geht nicht um die Alten. Es geht um die Jungen. Die Lösung kann auch lauten: »Wir lassen uns nicht auf ein Wettrennen ein, in dem die Investition den möglichen Gewinn übersteigt.« Es gibt bereits heute Unternehmen, die hervorragend damit zurechtkommen, nur mit älteren Arbeitnehmern zu arbeiten. Aber dies ist eine Nischenstrategie. Die meisten Unternehmen werden die Frage beantworten müssen, wie sie die Rollen neu verteilen. Bei der bisherigen Altersstruktur zu bleiben ist eine Strategie, die nur für ganz wenige funktionieren kann.

17 Neue Lebensentwürfe und Kulturenvielfalt der Generationen

Während die veränderten Lebensentwürfe der Älteren quasi organisch in ein Unternehmen übertragen werden können – schließlich werden alle Arbeitnehmer älter – liegt die Sache bei den Lebensentwürfen der kommenden Arbeitnehmergeneration anders. Dass unterschiedliche Generationen mit unterschiedlichen Erfahrungshintergründen und Erwartungen nicht immer konfliktfrei miteinander zurechtkommen, ist keine neue Erfahrung. In Zukunft werden aber die Brücken weiter geschlagen werden müssen, weil die Altersunterschiede tendenziell zunehmen. Unterschiedliche Generationen können in ihren Werten und Zielen im gleichen Maß voneinander abweichen wie unterschiedliche Kulturen oder gesellschaftliche Gruppen. Je größer die Altersdifferenz, um so größer ist die Gefahr, dass die Verständigung zum Problem wird. Gibt es wirklich eine heterogene Altersstruktur, fungiert die Generation zwischen den ganz Jungen und den ganz Alten als Übersetzer. Sie haben dann jedenfalls einen Schimmer, was die Alten und die Jungen jeweils umtreibt.

Eine Personalstrategie, die junge Leistungsträger mit Angeboten begeistern will, die nicht mit deren Idealen und Lebenszielen in Einklang zu bringen sind, weil sie dem Wertesystem einer anderen Generation entsprechen, wird scheitern. Die Versuchung, die eigenen Karriere- und Lebensziele bei der nachfolgenden Generation zu unterstellen, ist groß. Aber auch wenn sich nie alles ändert, verändern sich doch die Schwerpunkte. Die 15. Shell-Jugendstudie 2006 zeichnet das Bild einer Jugend unter Druck, die ihre Zukunft als unsicher beurteilt. Jugendliche, insbesondere Mädchen, streben nach möglichst hohen Schulabschlüssen und wissen um den Wert der Bildung. Dies führt zu einer hohen Leistungsbereitschaft und gleichzeitigen hohen Wertschätzung der Familie als soziales Netzwerk, das Sicherheit vermittelt. Auf diesen Spagat zwischen Leistungsbereitschaft, die durchaus mit der egoistischen Suche nach den eigenen Vorteilen und Chancen verbunden ist und der Sehnsucht nach dem sozialem Netz des eigenen, familiären Umfeld sollte die Personalpolitik eine Antwort haben, die nicht hinter der Konkurrenz auf den Personalmärkten zurückbleibt.

18 Zwerge und Riesen

Die ein paar Jahre ältere Generation der Hochschulabgänger stellt bereits wesentlich konkretere Anforderungen an ihre künftigen Arbeitgeber. Bei aller Vorsicht gegenüber Verallgemeinerungen von kleinen Trends und der Überschätzung der Aussagen von Nachwuchskräften, die noch nicht im Arbeitsprozess sind: Die nächste Generation versucht, sich von als formal und rigide empfundenen Führungs- und Managementmethoden abzugrenzen. Die »sanften Managementrebellen« (Rust 2004) fordern Führungskonzepte ein, die bisher überwiegend in Festreden und gedruckten Führungsgrundsätzen existieren. Offene Kommunikation, intellektuelle Auseinandersetzung mit den gesellschaftlichen Konsequenzen wirtschaftlichen Handelns, eine als sinnvoll, als sinngebend erlebte Arbeit und Work-Life-Balance, nicht als Teilzeitarbeit, sondern als wirkliche Integration von Berufs- und Privatleben. Der selbst gegebene Name »Postautisten« mit der »post-autistic economics review« (www.paecon.net) als Spielwiese ist bereits Programm und ein Beispiel der Mentalität einer Generation. Sie suchen vielfältige Erfahrungen, offene Karrierewege und Möglichkeiten des grenzenlosen Lernens. Gerade die Besten werden das wirklich ernst nehmen und einfordern. Die Projektwirtschaft wird Menschen mit solchen Zielen brauchen und ihnen ausreichende Experimentierfelder bieten. Unternehmen, deren Management diesen Anforderungen durch gelebte Kultur gerecht wird oder deren Image diesem Bild entspricht, werden auch in der Lage sein, die Elite der nächsten Generation zu gewinnen und zu halten. »Die amtierenden Riesen hieven die aufmüpfigen Zwerge auf ihre Schultern, damit die weiter sehen als sie selbst und eines Tages die Verantwortung übernehmen können« (Rust 2004).

Das wird zumindest nicht langweilig werden. Die Generation der aufmüpfigen Zwerge wird sich daran messen lassen müssen, ob ihre Ideale und Ziele den Praxistest bestehen.

19 Der gespaltene Arbeitsmarkt, neue Bildungswege und lebenslanges Lernen

Höherqualifizierte sind die wahrscheinlichsten Gewinner einer Entwicklung, in der demografische Veränderungen, Globalisierung der Wirtschaft und schnellere technologische Entwicklungen zusammentreffen. Wer seine Qualifikation auf der Höhe der technologischen und fachlichen Entwicklung halten und in komplexen Netzwerken agieren kann, wird gebraucht. Das Alter wird dabei tendenziell eine immer geringere Rolle spielen.

Aber die steigende Nachfrage nach Qualifikation löst nicht die Probleme des deutschen Arbeitsmarktes. Sie wird sie eher verschärfen. Fachkräftemangel, der heute bereits spürbar ist und selbst bei höheren Arbeitslosenzahlen nie ganz von der Bildfläche verschwand, bedeutet eben Mangel an qualifizierten Fachkräften, nicht Mangel an Arbeitssuchenden oder Mangel an Menschen. Die demografische Entwicklung ist weder das Wundermittel gegen den Mismatch zwischen Nachfrage und Angebot noch gegen ein geringes Qualifikationsniveau.

Die Entwicklung des vollen Potenzials jeder Generation ist eine gesellschaftliche Aufgabe, die im deutschen Bildungssystem eher schlecht gelöst wird. Das ist nicht unser Thema. Aber es bleibt die Frage, mit welchem Potenzial an Mitarbeitern ein Unternehmen arbeiten kann. Viele, aber bei weitem nicht alle Engpässe personeller Ressourcen lassen sich durch Verlagerungen lösen. Die Abhängigkeit von dem lokalen Arbeitskräftereservoir verschwindet auch durch die Möglichkeiten der Globalisierung nicht völlig von der Bildfläche. Auch wenn man Personal global denken muss, bleibt immer noch die Aufgabe, lokal zu handeln.

Der Begriff »gespaltener Arbeitsmarkt« steht für die Tatsache, dass Zeiten der Nichtbeschäftigung die Betroffenen weiter dequalifizieren. Je schneller und intensiver Lernprozesse im Arbeitsprozess sind, umso chancenloser werden Arbeitslose. Der zukünftige Arbeitsmarkt polarisiert die Gesellschaft in Gewinner und Verlierer. Wer kann und sollte im Unternehmen produktiv integriert werden?

Wenn die Wahrscheinlichkeit, die benötigten Qualifikationen auf dem Arbeitsmarkt zu finden, sinkt, ist die Leistungsfähigkeit der Personalentwicklung gefordert. Sie entscheidet auch darüber, welche Zielgruppen als Arbeitnehmer für das Unternehmen in Betracht kommen. Wie viele Ressourcen müssen in die Qualifikation von Arbeitnehmern investiert werden und welche Gruppen sind mit welchen Mitteln zu erreichen? Unternehmen entscheiden insbesondere für ihr Umfeld am Standort darüber, wer mitgenommen wird und wer keine Chance erhält. Wie auch immer die Entscheidung ausfällt, die Frage der öffentlichen Akzeptanz und das Image als Arbeitgeber und Warenproduzent sind mit einzukalkulieren.

Unabhängig von der Zielgruppe und deren Qualifikationsniveau werden Maßnahmen berufsbegleitender Qualifizierung an Bedeutung gewinnen. Besonders geeignet sind dazu duale Konzepte, die Lernen mit dem Arbeitsprozess verbinden. Dies beginnt mit Anlernkonzepten, die unterhalb einer formalen Qualifikation ausreichend Wissen vermitteln, um einen Einstieg in das Arbeitsleben zu ermöglichen. Die nächste Stufe ist die klassische duale Berufsausbildung, die sich immer weiter in den Niveauanforderungen differenziert. Sie reicht von zweijährigen Berufen mit geringen Theorieanforderungen bis zu 3 bis 3,5 jährigen Berufsbildern, von denen einige faktisch nur für Abiturienten zugänglich sind. Gute Konzepte der internen Personalentwicklung schließen weiterführende Angebote (Techniker, Meister, Betriebswirt, Fachwirt) für die geeigneten Absolventen ein oder integrieren diese Angebote neben Zusatzqualifikationen bereits in die Ausbildungszeit. Trotz aller Hürden des Föderalismus, der Deutschland praktischerweise 16 unterschiedliche Regelungen für den Hochschulzugang von Absolventen der beruflichen Bildung beschert, gewinnt dieser Zugangsweg über Bildungswege der beruflichen Schulen an Bedeutung. In einem Bildungssystem, das nicht nach Potenzial, sondern auch nach sozialer Herkunft selektiert, sind auf diesem Weg entwicklungsfähige Köpfe zu finden.

Hochschulen entlassen in Zukunft die interessantesten und am meisten umworbenen »High Potentials«. Deshalb ist der Markt für Hochschulabgänger das mit großer Wahrscheinlichkeit noch härter umkämpfte Premiumsegment. Duale Studiengänge, die Hochschulabsolventen bereits während des Studium in das Unternehmen integrieren, haben deshalb gegenüber dem klassischen Instrumenten des Hochschulmarketings beachtliche Vorteile. Sie bieten Wissenstransfer von der Hochschule ins Unternehmen und Absolventen, überwiegend aus Bachelorstudiengängen, die die Arbeitsprozesse des Unternehmens bereits kennen. Sie können auch genutzt werden, um Absolventen des beruflichen Bildungsweges neue Perspektiven zu eröffnen und sie damit gegen Abwerbungsversuche zu immunisieren. Duale Studiengänge wachsen bereits heute überproportional. Mit der fast flächendeckenden Einführung von Studiengebühren wird sich diese Entwicklung verstärken. Der Weg wird attraktiver. Er erfordert weniger finanzielle Investitionen seitens der Studenten und erhöht die Chancen, einen adäquaten Arbeitsplatz zu finden, ganz erheblich. Und er zahlt sich für Unternehmen aus. Die Fraport AG, einer der Pioniere dualer Studiengänge, hat die Karrieren von bisher 69 Absolventen des Studienganges Betriebswirtschaft an einer Berufsakademie zwischen 1994 und 2005 verfolgt. Nur zwei haben das Studium abgebrochen. 60 sind heute noch im Konzern tätig, alle sind inzwischen von ihrer Einstiegsposition aufgestiegen. Es dürfte schwer sein, mit klassischem Hochschulmarketing vergleichbare Bindungswirkung zu erzielen. Deshalb hat Fraport das duale Studium ausgeweitet und kooperiert in weiteren Fachrichtungen neben der Berufsakademie auch mit einer Fachhochschule.

Mittelständische Unternehmen sind für ähnliche Wege auf Kooperationen untereinander und auf einen neuen Typ Hochschulen angewiesen, die Kooperationen mit einer Vielzahl von Unternehmenspartnern managen können. Aber es gibt bereits gut funktionierende Beispiele wie das Studium Plus (www.studiumplus.de) der Fachhochschule Gießen-Friedberg.

Duale Studiengänge zu entwickeln erfordert eine enge Kooperation mit einer Hochschule. Inzwischen sind jedoch bereits vielfältige Angebote auf dem Markt. Damit steigt die Wahrscheinlichkeit, einen Studiengang zu finden, der die gewünschten Schwerpunkte hat. Der Mehraufwand der Entwicklungsarbeit oder der Abstimmung mit der Hochschule oder Berufsakademie wird durch die höhere Flexibilität und das akademische Niveau wieder wettgemacht. Dies sind die wichtigsten Gründe, weshalb das duale Studium in Großunternehmen inzwischen bis zu 70% der betrieblichen Ausbildung umfasst und weit über dem Durchschnitt der »klassischen« dualen Berufsausbildung (Azubis) wächst.

Wo sind weitere Wettbewerbsvorteile zu finden? Mitarbeiter nicht an die Konkurrenz zu verlieren (Retention Management) wird mindestens so wichtig wie die Fähigkeit, neue Mitarbeiter zu gewinnen. Mitarbeiter zu binden macht jedoch nur dann Sinn, wenn ihre Potenziale ausgeschöpft werden. Es wird außerdem nur dann funktionieren, wenn Mitarbeiter das Gefühl haben, keine Chancen zu verpassen.

Die Konsequenz heißt: Lebenslanges Lernen wirklich ernst nehmen und praktizieren. Wichtige Lernprozesse finden bereits heute en passant als Teil des Arbeitsprozesses statt. Deshalb sind Weiterbildungsquoten wenig aussagekräftig. Die qualitativ beste Weiterbildung ist Teil des Arbeitsprozesses. Dies ist eine Frage intelligenten Jobdesigns.

Der nächste logische Schritt ergibt sich aus der gestuften Studienstruktur von Bachelor und Master, die 2010 zum Standard an deutschen Universitäten wird und international bereits etabliert ist. Beide Teile können konsekutiv absolviert werden. Es ist jedoch für beide Seiten genauso attraktiv, den Master nach einer Phase der Berufstätigkeit berufsbegleitend oder – noch überwiegend in der Entwicklung an den Hochschulen – als duales Aufbaustudium zu absolvieren.

Wenn dies mit Berufseinsteigern funktioniert, weshalb sollten Potenziale nicht während des gesamten Berufslebens weiterentwickelt werden? Das berufsbegleitende Lernen an Hochschulen, in einigen Ländern auch an Berufsakademien, oder in Kooperation mit anderen Bildungsträgern oder Forschungseinrichtungen muss keine formalen Qualifikationen zum Ziel haben. Es kann – und wird in Zukunft – auch modular entsprechend dem Bedarf des Unternehmens stattfinden. Dies eröffnet wiederum die wichtige Chance, Arbeitnehmern in mehreren Schritten eine formale Höherqualifizierung anzubieten. Die Hochschulen machen zurzeit die ersten Schritte in diese Richtung. Wenn sie gleichzeitig Forschungs- und Entwicklungszentren betreiben, kann die Zusammenarbeit auch zu einer echten Entwicklungspartnerschaft werden, die Technologietransfer ins Unternehmen, gemeinsame Produktentwicklung und Angebote der formalen und nicht formalen Weiterqualifizierung kombiniert. Im Idealfall sind Weiterbildungsangebote der Hochschulen so konzipiert, dass sie bei Bedarf auf ein späteres Studium angerechnet werden können.

Bei Entscheidungen für Bildungskooperationen ist auch zu berücksichtigen, wie verlässlich und leistungsfähig das öffentlich-rechtliche Schul- und Hochschulsystem in Zukunft sein wird. Die Entwicklung läuft in eine positive Richtung, aber es ist weder alles positiv noch gibt es eine Garantie dafür, dass die Politik das Momentum nutzt und die Systeme weiterentwickelt und an die Anforderungen einer globalen Wirtschaft anpasst.

Die Schwäche des Bildungssystem, leere öffentliche Kassen und ein wachsender privater Bildungsmarkt, der die Lücken des öffentlichen Bildungssystems nicht nur füllt, sondern eine Vielzahl neuer Produkte entwickelt, verändern den Umgang mit Bildung. Bildungsinvestitionen werden teilweise reprivatisiert. Der öffentliche Sektor ist der Nachfrage nicht gewachsen. Hinzu kommt, dass er das Vertrauen in seine Leistungsfähigkeit verloren hat.

Arbeitnehmer werden in die eigene Qualifikation investieren, aber auch Arbeitsverhältnisse bevorzugen, in denen ihre Qualifikation auf dem aktuellen Stand gehalten wird. Dies kann unmittelbar im Arbeitsprozess geschehen, durch Weiterbildung oder durch eine formale Qualifikation. Im Gegenzug werden auch Arbeitgeber mehr in die Qualifikation ihrer Arbeitnehmer investieren. Es gibt keine öffentliche Institution, der man einen lebenslangen Lernprozess überantworten könnte.

Im Ergebnis bekommen die Mauern zwischen den Bildungssektoren immer mehr offene Türen. Arbeitnehmer mit beruflicher Qualifikation, die mehr wegen ihrer sozialen Herkunft, weniger wegen mangelnder Begabung keine Hochschulzugangsberechtigung erworben haben, können im Laufe des Berufslebens Angebote des Hochschulsektors nutzen. Erste Modellprojekte zur Anrechnung von Vorqualifikationen aus dem beruflichen Sektor oder im Arbeitsprozess erworbener Kompetenzen untergraben die Bastionen der Hochschulen, die um ihre Qualitätsstandards – genauer gesagt eher ihre Exklusivität – fürchten. Das Angebot an Bildung wird zu einer eigenständigen, lukrativen Branche, die komplexe Kooperationen mit Unternehmen entwickelt.

20 Die Zukunft: Rentnerband mit Enkel

Wenige Junge werden in Zukunft einer größer werdenden Gruppe von Älteren und noch Älteren gegenüberstehen. Wie auch immer sich diese Gruppen in der Gesellschaft miteinander arrangieren, sie sind *gleichzeitig* die Personalressourcen *und* die Kunden und Endverbraucher der Wirtschaft (Venema 2006, S. 33). Die Älteren sind die überwiegend zahlungskräftigste Gruppe. Also werden sie die Märkte entlang der demografischen Entwicklung ebenso verändern wie die Mitarbeiterstruktur.

Niemand versteht die Bedürfnisse einer Zielgruppe besser als die Zielgruppe selbst. Deshalb spricht viel dafür, die Struktur der Kundengruppen und Endverbraucher im Unternehmen abzubilden. Viele Unternehmen suchen gezielt den

Dialog mit Kunden und haben durch das Web 2.0 dazu mehr und bessere Instrumente zur Verfügung als jemals zuvor. Aber wer soll den Dialog führen?

> Das streitbare und provokante »Cluetrain Manifest« (www.cluetrain.de) von 1999 ist mit seinen 95 Thesen noch immer eine Quelle für Anregungen:
> 1. Märkte sind Gespräche.
> 2. Märkte bestehen aus Menschen, nicht aus demografischen Daten
>
> ...
>
> 31. Vernetzte Märkte können ihre Lieferanten über Nacht wechseln. Vernetzte Wissensarbeiter können ihren Arbeitgeber während des Mittagessens wechseln. Eure eigenen Gesundschrumpfungs-Maßnahmen haben uns gelehrt die Frage zu stellen: Loyalität? Was ist das?

Man kann es deutlicher nicht sagen. Ganz so schnell geht das alles zwar noch nicht, aber wir sind auf dem Weg in diese Richtung.

Wie werden Unternehmen in Zukunft den Anforderungen ihrer Kunden gerecht? Welche Rückwirkungen haben die geänderten Anforderungen der Endverbraucher auf B2B-Geschäfte und Zuliefererketten?

Neue Märkte erwarten Produktinnovationen und funktionale Qualität. Was das ist, definieren die Kunden. An Alternativen wird es ihnen in Zukunft nicht mangeln. Es ist nichts Neues, dass Unternehmen Entwicklungen verschlafen können. Aber in Zukunft verändern sich nicht nur die Anforderungen der Kunden und die technologischen Möglichkeiten gleichzeitig. Die Kunden selbst sind andere. Die Mehrheitsverhältnisse verschieben sich innerhalb der Altersgruppen, Bevölkerungsgruppen bewegen sich vom Land in die Stadt, von einer Region in die andere. Das lokale Bild in den Metropolen wird bunter. Zu allem Überfluss hindert nichts den Kunden daran, im Internet auf einem anderen Kontinent shoppen zu gehen.

Personalressourcen (im weitesten Sinne) und Kunden/Endverbraucher sind ein und dieselbe Gruppe.

21 Monstermanagement oder Vom Hühnerstall zum Exotenhaus

Wie werden sich Unternehmen unter den Vorzeichen einer multiplen Veränderung der personellen Ressourcen und globaler Wertschöpfungsketten entwickeln? Welche Szenarien sind wahrscheinlich?

Bezugspunkte sind in Zukunft nicht nationale Standorte, sondern Metropolregionen. Hier bündeln sich die Verkehrsströme, konzentrieren sich Cluster und Netzwerke, finden sich Hochschulen auf internationalem Niveau und die personellen Ressourcen, die international agierende Unternehmen brauchen. Metropolregionen bleiben jung.

Menschen bleiben länger im Arbeitsprozess oder werden dequalifiziert und an den Rand der Gesellschaft gedrückt. Unternehmen integrieren mehrere Generationen, unterschiedliche ethnische Gruppen und international verteilte Standorte. Um im Wettbewerb bestehen zu können, ist die Fähigkeit zur Zusammenarbeit über Unternehmens-, kulturelle und fachliche Grenzen hinweg in vielfältigen, temporären Kooperationen mit wechselnden Vertragsgestaltungen ein Erfolgsfaktor. Die Aufgaben sind so komplex, dass es weniger auf geniale Einzelleistungen, sondern auf die Fähigkeit zur Kooperation in Netzwerken, in temporären und fließenden Strukturen ankommt (Blöse/Schmitz u.a. 2006). Klare Hierarchien werden in Netzwerken eine geringere Rolle spielen. Kooperationspartner stehen sich auf Augenhöhe gegenüber. Wir brauchen Moderatoren, die aus einem Exotenhaus voll mit multikulturellen und mit den unterschiedlichsten Qualifikationen ausgestatteten Individuen jeden Alters, mit unterschiedlichsten Biografien und Wertesystemen eine geschlossene Kampfformation machen. Der Hühnerstall mit Legebatterie und Einheitsprodukt ist als Modell nicht mehr überlebensfähig.

Lernprozess und Arbeitsprozess verbinden sich über das gesamte Berufsleben. Die Finanzierung der Bildung wird zu einem höheren Anteil privatisiert. Hochqualifizierte sind die Gewinner der Entwicklung. Die Fähigkeit, Arbeitnehmer während eines längeren Berufslebens durch die richtigen Personalentwicklungsmaßnahmen leistungsfähig zu halten und an das Unternehmen zu binden, wird in knappen Arbeitsmärkten überlebenswichtig werden.

Junge Leistungsträger werden auf den Personalmärkten eine umworbene Zielgruppe sein. Das Verhältnis zwischen Alt und Jung im Unternehmen ist daher neu zu bestimmen.

Eine älter werdende Gesellschaft wird ihre Rollenbilder, kulturellen und sozialen Werte neu justieren. Unternehmen sollten diese mentalen Veränderungen der Gesellschaft in ihrer Geschäfts- und Personalstrategie berücksichtigen. Die Veränderung der Werte einer Gesellschaft und der Erwartungen und Prioritäten der Arbeitnehmer in einer demografisch veränderten Gesellschaft sind heute allenfalls in groben Umrissen oder Tendenzen erkennbar.

Es gibt keine demografische Katastrophe. Aber der falsche Umgang mit den demografischen Veränderungen könnte für Unternehmen, die Wirtschaft und Gesellschaft katastrophale Folgen haben. Ein Teil der Zukunft ist berechenbar, die gesellschaftlichen Folgen des Zusammentreffens von demografischen, politischen und technologischen Umbrüchen werden uns in Atem halten. Es sind spannende Zeiten, die auf uns zukommen.

Teil 2 Bearbeitung menschlicher Ressourcen

Strategien, Methoden, Werkzeuge
(Ulrich Althauser)

1 Eine Einschätzung – Wie hat sich das Thema Demografie in den letzten Jahren entwickelt?

Publikationen, Kongresse, das Entstehen vieler Netzwerke und Foren, Zeitungsartikel, Themenwochen in Rundfunk und Fernsehen im April 2008, der 5. Altenbericht der Bundesregierung, die Entdeckung des Themas durch Berater – all diese Punkte zeigen Eines: Die Beschäftigung mit Demografie und deren Konsequenzen wird intensiver. Das Thema ist entdeckt, wird differenziert diskutiert und in seinen Verästelungen (Arbeitsmarkt, Bildung, Zuwanderung und Geburtenrate, Lebenslanges Lernen und wie all die Stichworte heißen) aufgegriffen.

Aber welches Thema ist »Demografie« für Unternehmen eigentlich? Geht es um die Auseinandersetzung mit einer schrumpfenden und alternden Gesellschaft und damit um einen sich stark veränderten Arbeitskräftemarkt, um den »war for talents«, um die gesuchten Fachkräfte? Geht es um den Wandel von der »Vorruhestandskultur« zur Einsicht, dass wir alle länger arbeiten müssen sowie um die Gestaltung einer ebenfalls länger werdenden beruflichen wie auch nachberuflichen Phase? Geht es um die Frage der Gesundheit, die immer noch oft genug als das Wichtigste überhaupt in der Diskussion betont wird (vgl. RKW 2005)? Oder geht es auf einer eher kulturellen Ebene um das Miteinander, das komplementär »Sich Ergänzen« der Generationen, diskutiert unter dem Begriff »Diversity«? Müssen Unternehmen große strategische Projekte aufsetzen, um den komplexen Veränderungen durch demografische Entwicklungen gerecht werden zu können? Wo wird es für die Unternehmen relevant, »etwas« zu tun? Und was genau ist dies?

Viele Unternehmen greifen das Thema auf, ohne das als zu abstrakt gesehene Wort »Demografischer Wandel« zu erwähnen (vgl. BMWI 2007). Neue Strategien der Rekrutierung wie engere Zusammenarbeit mit Schulen und Hochschulen, Einführung altersgemischter Lerngruppen, Arbeiten an einer »Wertschätzungskultur« Älterer und andere Initiativen zeigen einen Perspektivenwechsel auf (siehe beispielhafte Auflistungen von Firmenbeispielen unter www.demotrans.de, www.arbeit-alter-qualifizierung.de oder www.zvei.org/demografie) und räumen mit den hinlänglich bekannten personalpolitischen Irrtümern auf, wie z.B. der Konzentration von Personalentwicklung auf die jüngere und mittlere Generation oder mit den Vorurteilen bezüglich Energie und Motivation gegenüber Mitarbeitern 50-plus. Dennoch kann nicht von einer großen Welle gesprochen werden. Zögern und Hinausschieben, Abwarten und kurzfristiges Denken dominieren. Vielfach fehlt es an nachhaltiger Argumentation, das heute zwar Vorhersehbare, aber noch nicht Greifbare der Auswirkungen des demografischen Wandels im Betrieb gegenüber Geschäftsleitung und gegenüber Führungskräften durchzusetzen (siehe die sehr differenzierte Pro-und-Kontra-Liste für Demografie-Arbeit unter www.demotrans.de und Teil 1 dieses Buches). Meist fällt den Personalverantwortlichen die Aufgabe zu, diese Überzeugungsarbeit zu leisten, indem sie sensibilisieren und ein spezifisch auf das Unternehmen bezogenes Problembewusstsein schaffen.

2 Die Kernfragen demografiefester Personalarbeit

Die Zahlen und Fakten zur Demografie sind hinlänglich bekannt, ebenso die anstehenden Problemstellungen. Es gilt, u.a. auf folgende Fragen Antworten zu finden, um das Unternehmen »demografiefest« werden zu lassen:

- Die Zahl jüngerer Erwerbspersonen sinkt, die Zahl älterer Erwerbspersonen steigt.
  Fragestellung: Wie müssen und können die Unternehmen diese relevanten Tendenzen eines schrumpfenden Arbeitsmarktes – Fachkräftemangel, Rekrutierungsprobleme für Erstauszubildende etc. – aufgreifen?
- Die Unternehmen haben damit zu rechnen, dass ihre älteren Mitarbeiter länger erwerbstätig sein wollen und müssen.
  Fragestellung: Wie ist darauf innerbetrieblich zu reagieren, welche Vorkehrungen sind bereits heute beispielsweise in Kompetenzentwicklung und Gesundheitsmanagement zu treffen?
- Gleichzeitig verlangt die bislang immer noch gepflegte Frühverrentung und vorgezogenes Ausscheiden quasi älterer Mitarbeiter eine massive Einstellungswelle vorzubereiten.
  Fragestellung: Wie sieht der relevante Arbeitsmarkt aus, welche Rekrutierungsquellen stehen zur Verfügung?
- Parallel haben viele Unternehmen durch die »Vorruhestandskultur« mit dem Verlust von Know-how zu kämpfen.
  Fragestellung: Wie kann der drohende Verlust an Erfahrungswissen und Qualifikation kompensiert werden, wie kann sichergestellt werden, dass ältere Mitarbeiter ihre beruflichen Erfahrungen rechtzeitig weitergeben?
- Ältere Belegschaften bedingen ein differenziertes Management der Personalkosten.
  Fragestellung: Welcher Spielraum steht zur Verfügung, um Personalkosten zu flexibilisieren?
- Ältere Belegschaften erfordern zum einen, erschweren aber auch zum anderen, die Integration neuer, benötigter Qualifikationen.
  Fragestellung: Welche Möglichkeiten bestehen, zukunftsorientierte Kompetenz-Initiativen zu starten?

- Die Überalterung verstopft den erwünschten Aufstieg der jüngeren Mitarbeiter. *Fragestellung:* Welche neuen Laufbahnen, welche Form der Arbeitsorganisation können geschaffen werden? Wie sind sie im Sinne von Motivation und Bindung zu gestalten?
- Die Erwerbszeit verlängert sich mehr und mehr.
  Fragestellung: Wie können Lernen, Kompetenzentwicklung und Motivation für Weiterbildung so organisiert werden, dass es eine Selbstverständlichkeit wird, berufsbegleitend wirklich lebenslang zu lernen? Und: Wie kann die Arbeit so organisiert werden, dass anspruchsvolle Aufgaben und ein herausforderndes Umfeld quasi automatisch die individuellen Kompetenzen über die gesamte Berufsbiografie fördern?
- Die bislang auf eine immer kürzere Zeit verdichtete Arbeitslebensspanne ist mehr und mehr kontraproduktiv.
  Fragestellung: Welche personalpolitischen Konzepte, insbesondere welche Maßnahmen der Personalentwicklung ermöglichen und sichern eine Ausweitung der Arbeitslebensspanne?
- Personalinstrumente sind in Teilen – besonders in der Entgeltpolitik – zu sehr an Altersklassen orientiert, weniger an Leistungsbeitrag und Kompetenzentfaltung. *Fragestellung:* Was bedeutet dies für Personalgewinnung, Personalplanung, Personalentwicklung und für Leistungs- und Performance-Management und vor allem für den notwendigen Bewusstseinswandel?
- Die älteren Mitarbeitern entgegengebrachten Vorurteile bedingen ein Umdenken, was »Alter(n)« bedeutet.
  Fragestellung: Welche Kulturentwicklung ist zu forcieren, um zu einer integrativen Zusammenarbeit zu kommen, die Vor- und Nachteile der jeweiligen Generationen nutzt? Wie lässt sich eine Kultur der Vielfalt und Wertschätzung entwickeln?

Werden diese und weitere Fragen zusammen betrachtet, ergibt sich klar das Erfordernis für ein Unternehmen, systematisch und zeitlich weiträumig, sprich strategisch, das Thema anzugehen, so dass letztlich aus einem Gesamtblick der Möglichkeiten und Notwendigkeiten heraus gezielt die jeweils »brennenden« Fragen angegangen werden können.

Dennoch, nach einer neueren Studie beschränken sich viele Personalverantwortliche immer noch auf vereinzelte ad-hoc-Maßnahmen (www.haufe.de/HR-Management März 2008). Gehandelt wird nach dem Motto, kurzfristig ein Problem zu lösen, andere damit zusammenhängende Fragen aber erst einmal zu vernachlässigen. Da es sich bei der Demografie um ein komplexes Thema handelt, es sich um langfristige Investitionen in Maßnahmen dreht, Ergebnisse sich oft nur durch ein geschicktes Zusammenspiel von Initiativen erreichen lassen, ist jedoch ein strategisches Denken unabdingbar. Ein Blick auf die für das Thema relevanten Perspektiven (siehe Abbildung 5) zeigt die Notwendigkeit, eine Vielfalt von

Fragestellungen zu bedenken und in einer mittel- bis langfristigen Personalstrategie zu vernetzen. Es sind nicht nur die mitarbeiterbezogenen Aspekte (Gesundheit, Leistungs- und Lernvermögen, Qualifizierungsstand) zu berücksichtigen, sondern auch die situations- und umfeldbedingten Aspekte (Arbeitsorganisation, Führung, Kultur). Die sich hieraus ergebende Vielfalt an Ansatzpunkten muss koordiniert, priorisiert und mit Blick auf den möglichen Ertrag in einem weitgestreckten Planungshorizont unternehmensspezifisch aufgearbeitet werden.

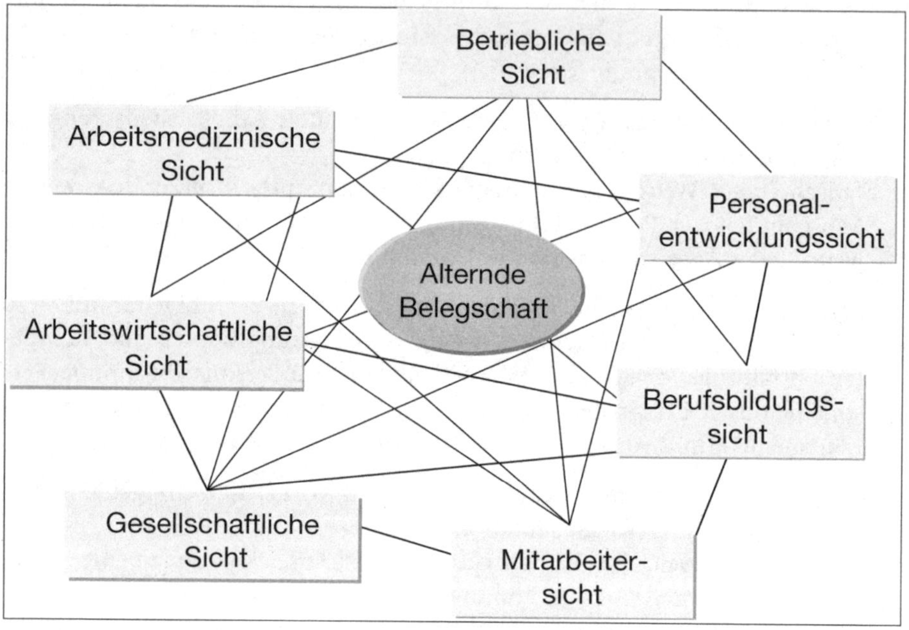

Abb. 5: Perspektiven demografiefester Personalarbeit

Dabei sind die zu nutzenden Instrumente und Vorgehensweisen nicht neu. Im Prinzip sind die Ideen, Instrumente und Konzepte vorhanden. Es gilt, die vorhandenen Instrumente neu zu justieren, zu kombinieren, geschickt in einen zeitlich durchdachten Ablauf zu bringen, sich mehr denn je an den Erfordernissen des Unternehmens, sprich an der Unternehmensstrategie, zu orientieren.

Demografie-Management ist mit Blick auf die Unternehmensentwicklung alles andere als Selbstzweck. Der Beitrag ist in der Zukunftssicherung des Unternehmens zu sehen. Kundenbindung als Erfolgsfaktor, Qualität und Innovation als differenzierende Faktoren im Wettbewerb sind kein Zufall, sie sind Aufgabe und Ergebnis des Managementprozesses und entstehen letztlich aus der Zusammenarbeit der Generationen. Bringen Jüngere Neugierde, Ideen und unvoreingenommene Blicke ein, ergänzt sich dies vortrefflich mit Erfahrung und Überblickswissen älterer Arbeitnehmer. In der Optimierung von Prozessen oder in der Produktentwicklung ist diese Kombination entscheidend. Wie bedeutend beispielsweise Qualität für Kundenbindung ist, zeigen die zahlreichen Rückverlagerungen von Produktionsstätten aus östlichen Ländern zurück an Standorte innerhalb Deutschlands. Qualität hängt allerdings direkt mit der Qualifizierung, mit Motivation und Engagement der Belegschaft zusammen. Hier kann ein Wertbeitrag durch eine strategische Personalarbeit geliefert werden, wenn die Verantwortlichen die Zusammenhänge langfristig und vernetzt betrachten.

Die Fragestellungen im Zusammenhang mit dem Bau einer demografiefesten Personalarbeit lassen sich in neun Handlungsfelder zusammenfassen (siehe Abbildung 6).

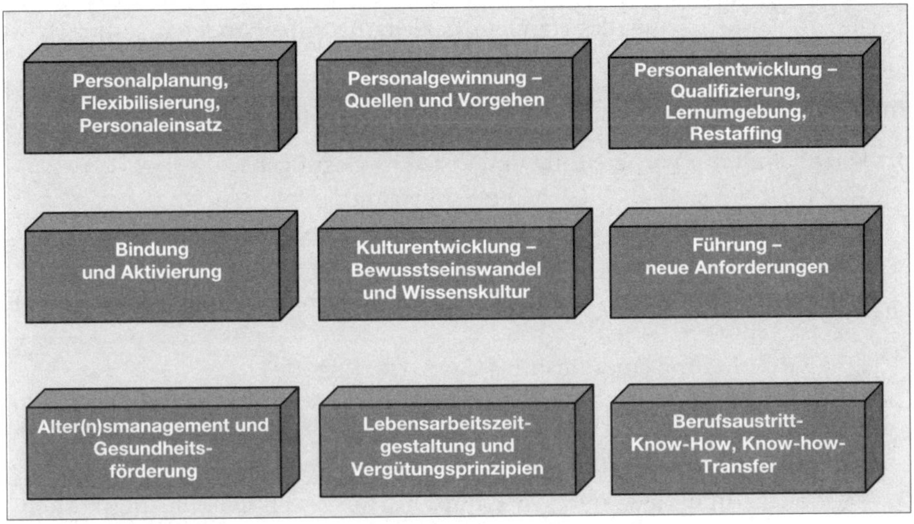

Abb. 6: Handlungsfelder demografiefester Personalarbeit

In Kapitel 4 werden jeweils die einzelnen Handlungsfelder beschrieben, die zu beantwortenden Kernfragen herausgearbeitet und mögliche personalpolitische Leitlinien formuliert. Reflektiert auf die spezifische Situation eines Unternehmens, können abgestimmt auf die Personalstrategie in jedem Handlungsfeld Initiativen im Rahmen dieser personalpolitischen Leitlinien formuliert werden. Für alle am Thema Interessierten wird damit ein übergreifender Orientierungsrahmen geschaffen.

Um allerdings gezielt vorzugehen, um die Vernetzungen und Abhängigkeiten einzelner Themen frühzeitig und umfassend zu berücksichtigen, ist die strategische Sicht unabdingbar.

3 Ein Muss: Langfristiges und weiträumiges Denken – Die Personalstrategie als Basis

Ohne eine mittel- bis langfristige Strategie im Sinne eines wohldurchdachten Plans aller Prioritäten, Aktionen und Zusammenhänge mit der Unternehmensstrategie, dem gesellschaftlichen Umfeld – Arbeitsmarkt, Konkurrenzsituation, Markt und Verbraucherverhalten – geraten die erst langfristig wirkenden Personal-Handlungsfelder leicht auf das Gleis kurzfristigen Aktionismusses. Ziel der Personalstrategie ist es, die Handlungsfähigkeit des Unternehmens zu sichern, indem die erforderliche Personalkapazität quantitativ wie qualitativ zur richtigen Zeit zur Verfügung steht, so dass die möglichen Erfolgspotenziale im Markt genutzt werden können. Gerade beim Thema Demografie verbietet es sich, auf Grund der langfristigen Auswirkungen, nur kurzatmig und zu Einzelthemen zu reagieren. Vorausschauendes Handeln, gezielt und auf einander abgestimmt, ist angesagt.

In sechs Schritten lässt sich die Arbeit an einer Personalstrategie angehen:

1. Personalinterne Vorbereitung und erste Überlegungen
   - 1.1. Qualitative Analyse (siehe Fragenkatalog)
   - 1.2. Quantitative Analyse der Personaldaten (siehe Fragenkatalog)
   - 1.3. Analyse der relevanten externen Demografie-Daten
   - 1.4. Trendexploration, Zukunftsszenarien und Ableiten möglicher Personalrisiken
   - 1.5. Formulierung eines Business Case »Demografie«
2. Erste Abstimmung mit der Geschäftsführung und der Arbeitnehmervertretung
3. Persönliche Interviews und Workshops mit ausgewählten Führungskräften
4. Verdichtung der Daten zu Erkenntnissen
   - 4.1. Konsequenzen für eine demografiefeste Personalarbeit
   - 4.2. Definition der Handlungsfelder
   - 4.3. Priorisierung der Arbeiten
5. Strategie-Workshop mit Geschäftsleitung und Führungskräften
6. Kommunikation der Ergebnisse und des verabschiedeten Projektplans

Grundlegende Fragen für die Ausarbeitung einer Personalstrategie

- Gibt es eine formulierte Unternehmensstrategie, auf die Sie sich als HR-Verantwortlicher beziehen können?
- Wenn nein, welche Fortschreibungen der bisherigen Entwicklung liefern Hinweise bezüglich der Strategie? Wer könnte der Ansprechpartner sein?
- Welche Kernkompetenzen auf Unternehmensebene sichern den Fortbestand des Unternehmens?

- Wie entwickelt sich das Leistungsprogramm des Unternehmens?
- Welche Konsequenzen hat dies für die unternehmerischen Kernkompetenzen in den nächsten Jahren?
- Was sind allgemein die Schlussfolgerungen für den Faktor »Personal«? Welche HR-Szenarien sind, bezogen auf die Geschäftspläne, zu entwerfen?
- Wurden die demografischen Auswirkungen erhoben und auf die Unternehmensstrategie bezogen?
- Welches sind die bereits heute sichtbaren Problemfelder?
- Ergeben sich Rückwirkungen aus dem personellen Faktor auf die Realisierungsmöglichkeiten der Unternehmensstrategie?
- Wie ist es um die Beschäftigungsfähigkeit (Qualifikation, Gesundheit, Leistungspotenzial, Lernvermögen, Lernwillen) der Belegschaft bestellt?
- Welche Schlussfolgerungen ergeben sich aus einer Umfeldanalyse zu Themen wie Arbeitsmarkt und Potenziale an Erwerbstätigen, zum Thema Arbeitgeberimage und Anziehungskraft für Talente, zum Thema relevante politische Entwicklungen?
- Welche Schlussfolgerungen ergeben sich aus einer internen Analyse zur Frage »Bewusstsein für das Thema«, inwiefern ist die Geschäftsleitung und sind die Führungskräfte für das Thema sensibilisiert? Inwiefern sind die Mitarbeiter sensibilisiert?
- Wie sind die Handlungsspielräume in den Feldern Mitarbeiterstruktur und Altersentwicklung, Flexibilisierung von Personaleinsatz und Mitarbeiterentwicklung einzuschätzen?
- Was zeigt allgemein eine Stärken-Schwächen-Analyse im Thema »demografiefeste Personalarbeit« in Bezug zu den unternehmerischen Zielen?
- Was sind die Top-Prioritäten der Personalarbeit, um die weitere Unternehmensentwicklung unter dem demografischen Gesichtspunkt zu sichern?
- In welcher Form liefert Personal für die Umsetzung heute und morgen einen Beitrag?
- Was ist der konkrete Leistungsbeitrag von Personal für die Unterstützung und nachhaltige Verfolgung der Unternehmensstrategie?

Die zunächst intern erarbeiteten qualitativen und quantitativen Zahlen und Einschätzungen werden über Szenarien der Entwicklung von Schlüsselfaktoren (z.B. Rekrutierungsquellen, Durchschnittsalter, Kompetenzprofile, Verrentung) in die Zukunft projiziert, so dass beispielsweise erkennbar wird, inwiefern die Ausbildungsplätze und wichtige Schlüsselpositionen besetzt werden können bzw. durch das steigende Durchschnittsalter der Belegschaft Konsequenzen für die Arbeitsorganisation zu ziehen sind. Diese Trendanalysen können als »best case« und »worst case« die möglichen Szenarien erfassen und als Ausgangssituation(en) im Workshop mit der Geschäftsführung und den Führungskräften diskutiert, überarbeitet und in einer gemeinsamen Einschätzung verabschiedet werden.

Themen der detaillierten quantitativen Personaldaten-Analyse

- Wie ist die Mitarbeiter- und Altersstruktur (Beschäftigungsverhältnisse, Betriebszugehörigkeit, Fluktuation, Alter, Geschlecht etc.) heute, wie wird diese sich in den nächsten 3, 6, 9 Jahren entwickeln?
- Welches sind die, bezogen auf die Unternehmensstrategie, kritischen Mitarbeitergruppen und wie werden diese sich in den verschiedenen Altersklassen in den definierten Zeiträumen entwickeln?
- Wie werden sich entsprechend dieser Entwicklung Gesundheitsdaten entwickeln?
- Wie ist die Mitarbeiterstruktur bezüglich Qualifikation und Kompetenz? Wie wird diese sich entwickeln?
- Gibt es kritische Mitarbeitergruppen, die für die Unternehmensentwicklung besonders wichtig sind, wie werden sich Qualifikation und Kompetenz entwickeln (müssen)?
- Wie ist die Mitarbeiterbindung heute und wie wird sich diese wahrscheinlich entwickeln?
- Wie sind die Rekrutierungsmöglichkeiten (Quellen, Kontakte, genutzte und ungenutzte Ressourcen) im relevanten Arbeitsmarkt?
- Wie entwickeln sich Schulabgängerzahlen und wichtige Kennzahlen in anderen Ausbildungsinstitutionen?
- Wie werden sich die Personalkosten entsprechend der Alterstruktur und benötigten Qualifikationsstruktur entwickeln?

Diese Fakten sind die Grundlage eines Workshops mit Geschäftsleitung, Führungskräften und u.U. Arbeitnehmervertretung. Der formulierte Business Case »Demografie und personalstrategische Konsequenzen« ist die Voraussetzung, die Geschäftsleitung von der Dringlichkeit des Vorhabens zu überzeugen.

Zielsetzung des Workshops ist es, über die Präsentation und Diskussion des Business Case »Demografie bei uns«,

- die Leitung des Unternehmens für das Thema zu sensibilisieren und über die langfristigen Folgen des demografischen Wandels konkret aufzuklären,
- mögliche Rückwirkungen des personellen Faktors auf die Unternehmensentwicklung heraus zu arbeiten,
- allgemein die Geschäftsleitung vom Handlungsdruck zu überzeugen,
- sich über die zu verfolgenden Ziele zu verständigen,
- das Back-up der Geschäftsleitung für konkrete Maßnahmen zu erhalten,
- die relevanten personalstrategischen Maßnahmen abzuleiten und die Handlungsfelder einvernehmlich zu priorisieren,
- sich über Kennzahlen und Steuerungsindikatoren zu verständigen und
- die Verantwortlichkeiten festzulegen.

Ergebnis einer solchen Vorgehensweise ist ein abgestimmtes Rahmenkonzept, das zum einen an der Unternehmensstrategie ankoppelt, zum zweiten die relevanten Umfeldentwicklungen einbezieht und zum dritten die internen Entwicklungen bedenkt. Isolierte Einzelaktionen werden damit vermieden, beispielsweise »Sonderprojekte 50plus«, die leicht einen stigmatisierenden Charakter bekommen. Es geht eben nicht um die Gesundheit der 50plus Generation(en), es geht darum, für das Unternehmen von vornherein, sprich über alle Generationen hinweg, Gesundheit zu managen, frei nach dem Motto: »Wer gut alt werden will, muss sehr jung damit anfangen«. Angestoßen werden gleichzeitig eine Neuorientierung (Ziele und Beiträge der Personalfunktion), eine Neustrukturierung (der anstehenden Themen), eine Neukoordinierung (der Zeithorizonte) und damit ein Umdenken in der Personalarbeit. Mit den neun Handlungsfeldern wird ein umfassender inhaltlicher Rahmen vorgegeben, der allerdings entsprechend den spezifischen Erfordernissen des Unternehmens (Mitarbeiter- und Qualifikationsstruktur, Lernverhalten etc.) und den Rahmenbedingen wie Markt (Wettbewerber, Reifegrad der Produkte, Marktanteile) und relevanter Arbeitsmarkt (Verfügbarkeit von Fachkräften, Nachwuchsreservoir an Auszubildenden-Bewerbern) in einen je spezifischen Business Case »Demografie bei uns« zu fassen ist. Ergebnis sind Einzelstrategien, die jene Handlungsfelder als Ausgangspunkte definieren, die den höchstmöglichen Erfolg erwarten lassen. Wenn beispielsweise die Rekrutierung weiblicher Ingenieure eine viel versprechende Initiative ist, wären Überlegungen in Richtung familienfreundlicher Personalarbeit sicherlich erfolgreicher als lediglich das Budget für Anzeigen zu überprüfen. In Teil 3 werden exemplarisch einige Einzelstrategien dargestellt.

Oft stellt sich durch die konkrete Beschäftigung mit relevanten Demografie-Fragen ein Bewusstseinswandel bei Verantwortlichen ein, da deutlich wird, dass dies nicht ein Thema der Personalabteilung allein, sondern eine allgemein gültige Führungsaufgabe ist (siehe auch Beispiel ABB). Für alle Beteiligten – eben nicht nur die Personalabteilung – erwächst aus der Analyse eine Verpflichtung, bestimmte Themen auf die Tagesordnung zu setzen, um langfristig die Folgen der Demografie zu beherrschen. Die so aufgearbeitete Personalstrategie überlagert all die konkreten Handlungsfelder und sollte alle Jahre wieder auf den Prüfstand gestellt werden, um die Prioritäten zu überdenken und die identifizierten Handlungsfelder an aktuelle interne wie externe Entwicklungen anzupassen.

Beispiel:
ABB – Das Programm »generations!«

Die ABB sieht im demografischen Wandel eine strategische Herausforderung für die zukünftigen personalpolitischen Maßnahmen. Systematisch setzte sich das Unternehmen mit der heutigen Altersstruktur auseinander, erarbeitete Szenarien der künftigen Altersstruktur und leitete Konsequenzen ab, definierte die anzustrebende Altersstruktur, ermittelte die angesichts der Entwicklung relevanten spezifischen Fragestellungen, führte eine Trendanalyse durch, leitete Handlungsfelder ab und definierte konkrete Maßnahmen.

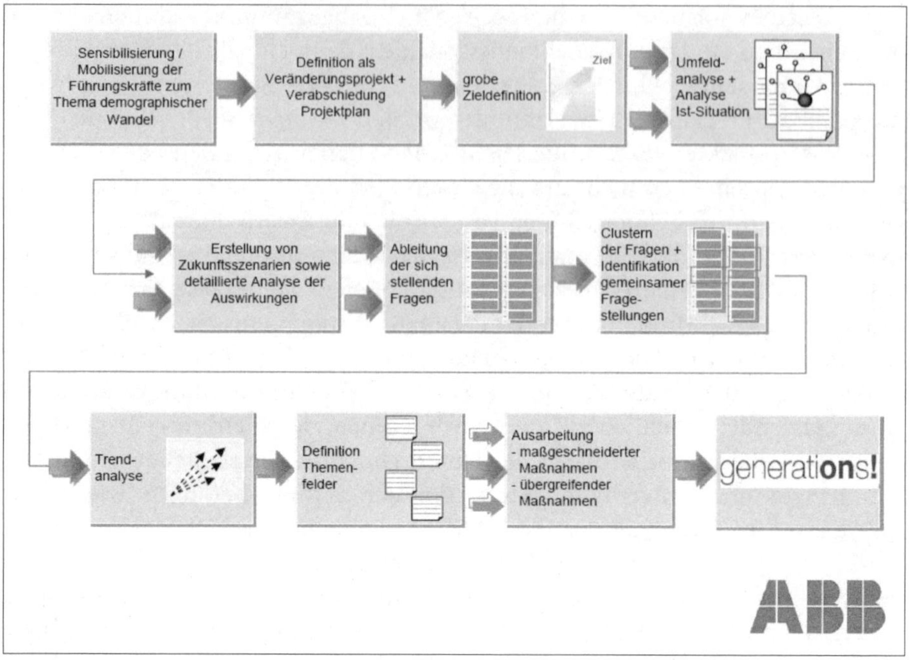

Schaubild ABB

Sechs bedeutsame Themenfelder waren Ergebnis dieser Vorgehensweise: Führung & Kultur, lebensphasenbezogene Kompetenz-, Persönlichkeits- und Karriereentwicklung, Wissensmanagement, Gesundheitsmanagement, Personalbeschaffung und altersdifferenzierte Beschäftigungsbedingungen.

Um diesen Herausforderungen rechtzeitig zu begegnen, wurden die sechs Themen im Programm »generations!« gebündelt. Das Programm trägt dazu bei, »die Einstellung zum Älterwerden im Arbeitsleben zu verändern. Die Basis für den langfristigen Erfolg unseres Unternehmens bilden unsere Mitarbeiterinnen und Mitarbeiter, die sich in ihren Fähigkeiten ergänzen und täglich voneinander lernen. Ob jung oder alt – jeder Einzelne trägt so dazu bei, dass wir ein Weltmarktführer sind«.

Quelle: »Erfahrung ist die bessere Hälfte von jungen Ideen, generations! – voneinander lernen, miteinander wachsen.« ABB AG, Group Function HR, Mannheim

4 Die Handlungsfelder

Die neun Handlungsfelder können bei der Vorbereitung eines demografischen Strategie-Workshops als erste Checkliste dienen, welche davon für das Unternehmen strategische Relevanz haben und Hinweise geben, welche Kombination zielführend ist. Da die betrieblichen Ausgangsbedingungen sich jeweils stark unterscheiden, gibt es keine Patentlösungen für die »richtige« Kombination zielgerichteter Personalmaßnahmen. Ein Unternehmen mit einer (bislang) jugendzentrierten Personalstruktur in einer Region mit hoher Arbeitslosigkeit und sinkendem Beschäftigungswachstum benötigt eine andere Kombination der

Handlungsfelder als ein Unternehmen mit positiven Raten an Beschäftigungswachstum und in einer Region, die sich durch einen »war for talents« auszeichnet.

4.1 Handlungsfeld »Personalplanung, Flexibilisierung und Personaleinsatz«

Die mittel- und langfristige Planung der Human Resources ist mehr denn je Ausgangspunkt aller weiteren Überlegungen. Planung als Erfüllungsgehilfin der Strategie konkretisiert die Handlungsspielräume und realisiert die in der Strategie erkannten Erfolgspotenziale, beispielsweise die von älteren Mitarbeitern. Ohne diese Basis können keine gezielten Personalmarketingmaßnahmen angegangen und differenziert Personalrekrutierungsquellen erschlossen bzw. eine strategisch angelegte Kompetenzplanung durchgeführt werden. Auch kann ein Unternehmen im umkämpften Markt für Führungskräfte und spezifische Fachkräfte nur bestehen, wenn es gelingt, die Mitarbeiterstruktur gezielt und langfristig zu gestalten. »Altersdiversity« (Becker 2005) wird zum strategischen Erfolgsfaktor. Allerdings sollte sich Personalplanung nicht auf die rein strategische Hochrechnung von Personalkennzahlen, Kompetenzbilanzen und Auswirkungsanalysen von Szenarien beschränken, sondern bewusst Teilaspekte wie die Personalrisiken Bindungsstärke, anstehende Requalifizierung (Lernverhalten und Lernvermögen der Belegschaft) einschließen sowie organisatorische Rahmenbedingungen (Arbeitsabläufe, Taktzeiten, körperliche Belastungen) berücksichtigen. Auch die Frage nach der Notwendigkeit eines verstärkt flexiblen Personaleinsatzes auf Grund z.B. steigendem Durchschnittsalter der Belegschaft ist in der Personalplanung Rechnung zu tragen. Bei Continental wird dieser Frage dadurch Rechnung getragen, dass durch den Betriebswerksarzt ein »Arbeitsplatzkataster« entwickelt und eingesetzt wird. Jeder Arbeitsplatz wird in eine von drei Kategorien eingestuft: »Altersgerecht« heißt: Hier kann man bis zum 65. Lebensjahr arbeiten. »Bedingt altersgerecht«: Hier müssen Arbeitsplatz oder Arbeitsbedingungen verändert werden. »Nicht altersgerecht« bedeutet: Die Belastung ist so groß, dass der Arbeiter die Stelle wechseln muss (siehe Frankfurter Rundschau vom 24. August 2004).

Ein weiteres Beispiel von Audi veranschaulicht den Aspekt der gezielten Personaleinsatzplanung und Nutzung der Kompetenz Älterer (Süddeutsche Zeitung, Nr. 139, 17. Juni 2008, S. 20). Ganz bewusst wird die Erfahrung Älterer genutzt und für die Produktion eines bestimmten Autotyps eingesetzt. Allerdings werden auch die organisatorischen Rahmenbedingungen auf diese Altersgruppe abgestellt.

Beispiel Audi

Audi produziert seit Ende 2006 in Neckarsulm den Sportwagen R8. An der Produktion sind vorwiegend ältere Facharbeiter beteiligt, der Altersdurchschnitt liegt bei über 40 Jahren. Das Modell trägt den Namen »Silver Line« (!) und

»... trägt dem hohen Stellenwert der beruflichen Erfahrung Rechnung«, so Werner Widuckel, Vorstand Personal und Soziales. Pro Schicht werden rund zehn Autos produziert, die Taktzeit in der Montage beträgt 44 Minuten. Zum Vergleich: Beim Audi A6 dauert der Takt nur 1,5 Minuten. Beim R8 sind komplizierte Arbeitsschritte zu erledigen, die Erfahrung älterer Arbeitnehmer ist gefordert. Gleichzeitig reduziert sich durch die längeren Takte auch die körperliche Belastung. »Wir bauen auf die Erfahrung älterer Mitarbeiter vor allem bei komplexen Aufgaben und qualitätskritischen Prozessen. Ein Werkzeugbauer ... ist erst nach 20 bis 25 Jahren Berufserfahrung auf der Höhe seiner beruflichen Leistung«, so Widuckel.

Personalplanung schafft die Grundlagen, so dass, wie im Beispiel gezeigt, die Mitarbeitergruppe 40plus gezielt eingesetzt werden kann. Über personalplanerische Maßnahmen können z.B. die Zahl der Mitarbeiter und benötigte Arbeitskapazität in einer gleitenden, aber festen Relation zur Umsatzplanung stehen und im Rahmen einer flexiblen Gleitzeitregelung die Arbeitskapazität in einem Korridor von etwa 40 Stunden genutzt werden. Parallel wird die Vergütung und Verwendung von Plus-Stunden so flexibilisiert, dass z.B. Mitarbeiter Plus-Stunden in Altersvorsorge oder Qualifizierungsmaßnahmen einbringen können. Eigenverantwortlichkeit auf Mitarbeiter- wie Führungsebene wird gestärkt und das Schlagwort von der »atmenden Fabrik« verwirklicht.

Kernfragen in diesem Handlungsfeld sind:

- Was bringt eine Umfeldanalyse zu Tage? Welche Entwicklungen sind im Arbeitsmarkt, in der Tariflandschaft, bei Wettbewerbern im Arbeitsmarkt zu bedenken?
- Wie ist der Altersaufbau des Unternehmens heute, in 3, in 6, in 9 Jahren? Welche Altersgruppen dominieren?
- Wie ist der Altersaufbau in den nächsten Jahren zu beeinflussen, um die Altersstruktur zu optimieren?
- Welche Kompetenzen, Qualifikationen, Erfahrungen, Wissensbestände werden auf Mitarbeiterebene benötigt, um die Unternehmensstrategie umzusetzen?
- Was sind die heute und in 3, 6, 9 Jahren benötigten Qualifikationen?
- Wie ist die Kompetenz-Bilanz heute in den einzelnen Altersklassen?
- Wie entwickelt sich die Ist-Qualifikations- und Mitarbeiterstruktur?
- Wie entwickelt sich die Kompetenz-Bilanz für die nächsten Jahre? Wo verliert, wo kann das Unternehmen Kompetenzen auf Mitarbeiterebene gewinnen?
- Welche Requalifizierungsmaßnahmen und damit Umbesetzungen in entscheidenden Funktionen sind absehbar?
- Welchen Flexibilisierungsbedarf benötigt das Unternehmen in seinen personalpolitischen Instrumenten (Entgelt, Mitarbeiterstruktur, Personaleinsatz und Arbeitszeitvolumen), um die Unternehmensentwicklung zu unterstützen?

Personalpolitische Leitlinien könnten in diesem Handlungsfeld sein:

- Grundsatz verfolgen: »Qualifikation und Erfahrung spielen eine wichtigere Rolle als das Alter«.
- Mitarbeiterstruktur und Qualifikationsstruktur werden jährlich einem Review unterzogen und jeweils für die nächsten 3 und 5 Jahre hochgerechnet.
- Die Mitarbeiterstrukturentwicklung wird nach Alter und Kompetenzen stets in Bereichsstrategien reflektiert.
- Bei Stellenbesetzungen wird, soweit Kompetenz-Erfordernisse dies erlauben, auf ein ausgewogenes Verhältnis der Altersklassen geachtet.
- Eine längere Verweildauer als 4 Jahre in Führungspositionen und Stabsfunktionen sowie generell über 3 Jahre in Funktionen ohne Führungsverantwortung wird vermieden.
- Personalinstrumente werden systematisch alle 3 Jahre auf Notwendigkeit und Anpassungsbedarf durchforstet.

4.2 Handlungsfeld »Personalgewinnung – Quellen und Vorgehen«

Angesichts der rein statistischen Entwicklung auf relevanten Arbeitsmärkten erhält das Schlagwort »war for talents« einen neuen Klang und vielerorts das Hochschulmarketing eine neue Bedeutung. Die Zusammenarbeit mit Schulen wird von nicht wenigen Unternehmen forciert (siehe z.B. die Entwicklungen im Zusammenhang mit »Jugend forscht«), um sich einen Zugriff auf die Schüler zu sichern bzw. Einfluss auf die Ausbildung und auf die Absolventen von Universitäten und Fachhochschulen von morgen zu nehmen.

Personalgewinnung ist schon lange nicht mehr der reine Beschaffungsakt an sich, sondern ist vielmehr in den strategischen Personalbedarf einzubetten und hat sich auf ausgesuchte Rekrutierungsquellen zu stützen, die wiederum selbst sorgsam gepflegt und ausgebaut werden müssen. Innovative Mittelständler haben ihre Hochschulkontakte bis hin zur Finanzierung von Projekten an den Lehrstühlen und Unterstützung von Studenten über Stipendien ausgebaut – mit dem klaren Ziel, den künftigen Bedarf an Fachkräften bereits heute zu sichern und sich damit Wettbewerbs- und letztlich dem Unternehmen auch Kostenvorteile in der Personalgewinnung zu verschaffen. Nicht zuletzt wird damit die Zukunftsfähigkeit des Unternehmens gesichert.

Mehr und mehr sind mittlerweile Suchanzeigen zu beobachten, die gezielt nach älteren, erfahrenen Mitarbeitern fragen. Einer der Pioniere war das Unternehmen Fahrion Engineering in Kornwestheim bei Stuttgart.

Beispiel: Fahrion Engineering

Das Unternehmen hat sich bereits vor einigen Jahren auf Grund des sehr engen Arbeitsmarktes junger Ingenieure in der Region dazu entschlossen, gezielt auf die Rekrutierung älterer Ingenieure zu setzen. »Mit 45 zu alt – mit 55 überflüssig?

Wir suchen Ingenieure, Techniker und Meister bis 65«, lautete der Text der Anzeige. Der hohe Rücklauf an Bewerbungen auf diese Anzeigen zeigt, dass das Unternehmen den Nerv der Zeit getroffen hat: Mehr als 500 Bewerbungen gingen auf die erste Anzeige ein. Mit dem Ergebnis, dass deutlich mehr Mitarbeiter eingestellt wurden, als eigentlich geplant. Laut Firmengründer Otmar Fahrion bringen Ältere Kompetenzen und Durchsetzungsvermögen mit, seien eher bereit zu pendeln und für langfristige Projekte ins Ausland zu gehen. Dies sei gerade für das international tätige Unternehmen ein wichtiger Einstellungsfaktor (siehe Süddeutsche Zeitung, Nr. 139, 17. Juni 2008, S. 20).

Kernfragen in diesem Handlungsfeld sind:

- Was bringt eine Umfeldanalyse des relevanten Arbeitsmarktes zu Tage?
- Was wissen wir von direkten Wettbewerbern im Arbeitsmarkt? Wie gehen diese vor, sind wir Trendsetter oder verfolgen wir klassische Wege?
- Wie sind die Absolventenzahlen in den Schulen? Welche Fach- und Hochschulen sind für uns als Unternehmen relevant? Welche Kontakte bestehen?
- Welche Reservoirs sind noch nicht genügend betrachtet (z.B. der Markt weiblicher Ingenieure, ausländische Studierende, Bewerberpool »Ältere«)?
- Welche Kontakte bestehen zur Bundesagentur für Arbeit?
- Welche Kontakte und Erfahrungen bestehen mit Leiharbeits-Firmen? Hier sind auch neue Formen der Leiharbeit zu bedenken (siehe: Einen Schritt voraus – Leiharbeit im Verbund).
- Wie sieht die Konkurrenzsituation auf dem relevanten Arbeitsmarkt aus? Was ist das Vergütungsniveau, wie ist das Arbeitgeberimage des eigenen und der konkurrierenden Unternehmen?
- Was zeigt die Projektion der Kompetenz-Bilanz für die nächsten Jahre?
- Woher können die benötigten Kompetenzen, Qualifikationen, Erfahrungen und Wissensbestände auf Mitarbeiterebene beschafft werden, so dass die Unternehmensstrategie umgesetzt werden kann?
- Wie sieht eine Kosten-Nutzen-Rechnung verschiedener Rekrutierungsquellen aus?
- Sind weitere Programme wie Diplomanden-, Praktikanten-, Stipendiaten-Programme aufzubauen, um spezielle Qualifikationen zu beschaffen?
- Wie sind innerbetrieblich die Personalgewinnungsaktivitäten verzahnt mit einarbeitungs- und bindungsrelevanten Aktivitäten (z.B. spezielle Einführungsseminare, Mentorenprogramme, Betreuungsprogramme »Die ersten 100 Tage«)?
- Welche Führungskräfte können als »Botschafter« in relevanten Arbeitsmärkten eingesetzt werden, beispielsweise als Mentoren, als Vortragsredner, als Beiräte an Hochschulen etc.?
- Welche Initiativen kann es geben, Mitarbeiterkinder in entsprechend maßgeschneiderte Initiativen einzubinden? Wie können wir die nächste Generation für unser Unternehmen begeistern?

Als personalpolitische Leitlinien könnten folgende programmatischen Sätze für Führungskräfte und die Personalabteilung diskutiert und verabschiedet werden:

- Gebot der Chancengleichheit: Integration von über 50-Jährigen. In den nächsten Jahren werden X Personen über 50 Jahre, über 40 Jahre ... eingestellt.
- In Stellenanzeigen wird generell auf die Nennung von Altersschwellen verzichtet.
- Bei der Besetzung offener Stellen tritt Lebensalter in den Hintergrund, es zählt die Kompetenz und Erfahrung.
- Die Mitarbeiterstruktur wird in den nächsten Jahren so entwickelt, dass sich für die Altersklassen A, B, C ... die Anteile jeweils entsprechend den benötigen Anteilen X, Y, Z ... entwickeln.
- Die Führungskräfte der Ebene 1, 2 und 3 unterstützen als Kontaktpartner an der Fachhochschule und an den Lehrstühlen A, B, C ... die aktive Personalarbeit.
- Jährlich wollen wir X Diplomanden in relevanten Themen unterstützen, indem wir Betreuungsleistungen auf fachlicher wie auf Personalseite zur Verfügung stellen.
- Personal hält die Entwicklung der Diplomanden während ihres Studiums im Auge und stellt die Kontakte sicher.

4.3 Handlungsfeld »Personalentwicklung – Qualifizierung, Lernumgebung und ›Restaffing‹«

Die mit dem demografischen Wandel einhergehende verlängerte Lebensarbeitszeit bedingt, dass Unternehmen spezielle Lernangebote für alle Generationen anbieten müssen. Neben die Fragestellung »Was kann der Mitarbeiter?« und »Was muss der Mitarbeiter können?« rückt verstärkt die Frage »Unter welchen Bedingungen lernt und arbeitet der Mitarbeiter effektiv – und zwar ein Leben lang?« in den Vordergrund. Die Differenzierung der Personalentwicklungsinstrumente und -maßnahmen nach Altersklassen, nach Lernvermögen und Lernerfahrung wird immer bedeutender. Erkenntnisse der Lernpsychologie finden Eingang in didaktische Konzepte für spezifische Zielgruppen und ebenso der Gedanke des »Lernens von den Generationen«. Wissensmanagement erfährt eine Erweiterung um die altersbezogene Vernetzung von Wissensträgern und wechselseitige Stimulierung des Lernens und Erfahrungsaustausches. Das Schlagwort vom lebenslangen Lernen erhält angesichts der sich ausweitenden Spanne des Erwerbslebens neues Gewicht. Konsequenterweise stellt sich für die Unternehmen die Frage, wie es im betrieblichen Alltag gelingt, Lernmöglichkeiten zu schaffen, zu verhindern, dass bestimmte Altersgruppen das Lernen verlernen und so auch die Motivation zur benötigten Anpassungs- und Weiterqualifizierung oft ab dem 45. Lebensjahr sich stetig verringert und ab 55 noch einmal drastisch absinkt (siehe Abbildung 7).

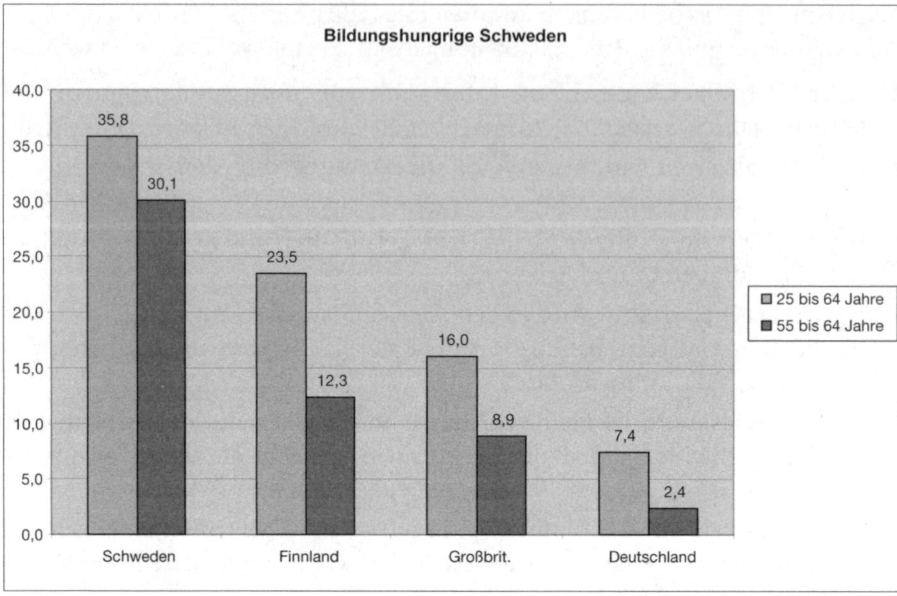

Abb. 7: Mit dem Alter nimmt die Teilnahme an Weiterbildung ab (Quelle: Institut zur Zukunft der Arbeit, ZEIT Nr. 38, 14. September 2006)

Arbeitsumfeld und Vernetzung der Arbeitsplätze rücken ebenfalls unter diesen Gesichtspunkten in den Vordergrund, Teamarbeit ist neu zu denken (Stichwort: Mischung der Generationen), Kooperation und Zusammenarbeit (Stichwort: Nutzen der Vorteile der jeweiligen Generationen) und Führung verändern sich (Stichwort: Junge führen Ältere, Ältere teilen die Erfahrungen und Wissensbestände mit Jüngeren). Letztlich ist im Thema Personalentwicklung ein Bewusstseinswandel erforderlich: Weg von der vertikal orientierten Entwicklungsarbeit und damit verkürzten Sicht auf einige wenige Generationen, hin zu einer zielgruppenspezifischen Arbeit und ein noch stärkeres konzeptionelles Arbeiten, im Sinne die erweiterte Triangel von Person/Generation, Team und Organisationsstrukturen zu verbinden.

Lernmöglichkeiten und Lernunterstützung müssen sich entlang der Altersklassen gestalten. Didaktik, Seminardesign und Curricula sind zu überarbeiten und anzupassen. Diese wichtigsten lernpsychologischen Grunderkenntnisse sollten Eingang in Konzeption, Durchführung und individuelle Beratung von Mitarbeitern finden:

- Grundsätzlich lernt das menschliche Gehirn immer.
- Voraussetzung für die Erhaltung der Lernkompetenz ist die beständige Stimulierung und damit die Abwechslung im Tätigkeitsfeld.

- Im Laufe eines menschlichen Lebens verändern sich die Lernstrukturen und Lernfähigkeiten (vom Faktenlernen zum synektischen Lernen in Zusammenhängen, von fluider zur kristallinen Intelligenz).
- Prozesskompetenz nimmt im Alter zu, Abhängigkeiten und Vernetzungen werden leichter erkannt und eingeordnet, wenn die gewonnenen Erfahrungen reflektiert und genutzt werden.
- Lernen geht im Alter zwar langsamer, allerdings wird dies wettgemacht durch die Einordnung des Neuen in bestehende Erfahrungsschätze, da Zusammenhänge schneller erkannt werden.
- Die Motivationsstrukturen sind differenziert zu betrachten.
- Mit zunehmendem Alter sind die Erfahrungsschätze mit einzubeziehen und erfahrungsgeleitete Lernschritte in die Lernprozesse einzubauen.

Generationen zusammenbringen, Lernen als Wissensaustausch, als Einbringen des impliziten, oft den Älteren nicht bewussten Wissens und Verknüpfen mit den Ansprüchen Jüngerer an Karriere und Qualifikation ist die Leitlinie, nicht die teils gewollte Konkurrenz und wechselseitige Ausgrenzung bzw. Hinderung an Entfaltung. Eine Grundannahme wie »Mit 50 lernt man nicht mehr!« oder »Wenn Sie's mit 40 nicht geschafft haben, klappt es nicht mehr!« wirken sich negativ und als Abwertung in den entsprechenden Altersklassen aus und zeigen sich in Rückzug, letztlich in Leistungsminderung.

Das Handlungsfeld »Personalentwicklung« hängt eng mit dem Handlungsfeld »Kultur und Bewusstseinswandel« zusammen. Das Reflektieren der bisher vorherrschenden Kultur und das Korrigieren althergebrachter Glaubenssätze durch gezielte Maßnahmen (Tandems Jung/Alt in der Projektleitung; Mentoring als Konzept einführen für ältere, erfahrene Mitarbeiter) öffnet den Weg zu einer förderlichen Lernkultur auf der Ebene Zusammenarbeit und Führung. Der erste Schritt ist immer das »Sich-bewusst-werden«: So werden in sogenannten »Kompass-Seminaren« (etwa bei Siemens) oder Seminaren »Senior Experten lernen mit Jüngeren« (Lufthansa) gezielt Vorurteile wie diese hinterfragt:

- Ältere Arbeitnehmer, da lohnt die Investition nicht,
- ältere Arbeitnehmer sind eigensinnig und leisten sowieso weniger,
- Älteren fällt es schwer zu lernen und sind wenig einsichtig,
- Ältere sind weniger flexibel,
- Ältere blockieren Innovation,
- Ältere verursachen höhere Personalkosten,
- ältere Mitarbeiter interessieren sich nicht mehr für Weiterbildung,
- im Übrigen sind Ältere häufiger krank und kosten zu viel Geld.

Dass Unternehmen – wie etwa Boehringer Ingelheim mit der Initiative »Perspektive Demografie« – zunehmend mit einer stärkeren Vernetzung von Personalplanung, Personalentwicklung und einer stärkeren Flexibilisierung der Art von Beschäftigungsverhältnissen reagieren, zeigt die Studie des ManagerMagazins aus dem Jahre 2007 (vgl. Werle 2007). 62 Prozent der befragten 700 Führungskräfte wollen länger als 60, einige bis 67 arbeiten, allerdings 66 beziehungsweise 49 Prozent ab dem 60sten Lebensjahr in Projekt- oder Teilzeitarbeit. Unternehmen reagieren mit ganzen Maßnahmenbündeln wie regelmäßiger Wechsel des Verantwortungsbereiches, ein gezieltes Wissensmanagement und Übergabe von Erfahrungen in Form von geplanten »Wissensstaffetten« (Lufhansa), Beraterverträge nach dem juristisch-formellen Ausscheiden, Teilzeit-Arbeitsverhältnisse etc.

Sich auf diese veränderten Ansprüche einzustellen, die Mitarbeiter darauf vorzubereiten bzw. die Nachfolgeregelungen frühzeitig vorzunehmen, sind die strategischen Aufgaben von Personalentwicklung, eine unter diesen Aspekten tragende Lernkultur aufzubauen, ist Thema der Organisationsentwicklung. Ein zentraler Baustein ist das stetige Überprüfen, ob in den Arbeitsstrukturen lernförderliche Arbeitsinhalte enthalten sind. Damit wird verhindert, dass die Mitarbeiter schleichend über die Jahre vom Lernen entwöhnt werden und später nicht mehr auf die neuen Herausforderungen zu qualifizieren sind. Nach dem Ansatz von Hacker/Hackman/Oldham und vielen anderen Experten der Arbeitsstrukturierung (s. u.a. Frieling 2005) sind Arbeitsplätze dann lernförderlich, wenn diese Selbständigkeit in der Arbeit zulassen, dem Mitarbeiter Partizipationsmöglichkeiten in Entscheidungen und Planung einräumen, wenn komplexe Arbeiten zu verrichten sind, die Tätigkeiten abwechseln, für eine gute Kommunikation und Kooperation mit Kollegen und Vorgesetzten gesorgt ist, häufig und zielgerichtet Rückmeldungen gegeben werden sowie alle nötigen Informationen am Arbeitsplatz zur Verfügung stehen. Solche Arbeitsplätze fördern die Lernkompetenz und verhindern ein Abgleiten in stumpfe Routine und in das Verlernen eigener Entwicklung und Entfaltung von Potenzialen.

Kernfragen in diesem Handlungsfeld sind:

- Sind Daten vorhanden, die das Weiterbildungsverhalten im Unternehmen differenziert darstellen?
- Welche Instrumente bestehen, um zum einen Mitarbeiter-Qualifikation und Potenziale zu erfassen (Mitarbeitergespräche, Personalentwicklungsrunden, Fördergespräche etc.) und zum zweiten den strategischen Bedarf an Kompetenzen (Wissen, Fähigkeiten, Erfahrungen, Lernpotenziale) zu ermitteln?
- Welche Kultur herrscht in Fragen langfristiger Personalentwicklung im Unternehmen vor?
- Welcher Zeithorizont wird der Personalentwicklungs-Planung zu Grunde gelegt? Werden Jahresprogramme durchgeführt, die strategische Planung von Maßnahmen aber vernachlässigt (z.B. beim Thema Potenzialerfassung,

Potenzialentwicklung und Potenzialpflege über das Durchlaufen des Programms hinaus)?
- Inwiefern differenzieren Personalentwicklungsmaßnahmen und -instrumente nach Altersklassen (z.B. Potenzialerfassung, Lernen lernen)?
- Werden ausgrenzende Programme vermieden? Werden gleichzeitig altersbezogene Differenzierungen (z.B. Mentorenprogramme für Senior Experten) vorgenommen?
- Inwiefern werden persönliche Lebenspläne und berufliche Wünsche abgeglichen mit betrieblichen Notwendigkeiten? Gibt es ein Instrument hierfür (z.B. Fördergespräche)?
- Welche Aufstiegsmöglichkeiten vertikal, aber auch horizontal im Sinne von Verantwortungsausweitung bestehen, wie ist der Spielraum für die Schaffung neuer Möglichkeiten?
- Nutzen wir die Vielfalt der verschiedenen Altersklassen im Unternehmen genügend (z.B. indem ältere sich mit jüngeren in einem entsprechend didaktisch konzipierten Seminar mit dem Thema »Wissenstransfer« beschäftigen oder Mentorenprogramme)?
- Werden die jeweiligen Vorteile verschiedener Altersklassen in Maßnahmen verknüpft, beispielsweise in altersgemischten Projektgruppen, in Teams?
- Ist Personal- (und Organisations-)entwicklung in den Designprozess von Arbeitsplätzen und Prozessen einbezogen, um lernpsychologische Grundlagen einbringen und umsetzen zu können?
- Sind Arbeitsplätze so beschaffen, dass diese Lernen stimulieren und Arbeitsfähigkeit erhalten?
- Wie kann der Faktor »Lernkultur« als Treiber der Unternehmensentwicklung etabliert werden (z.B. in Instrumenten wie »Bildungspass«; regelmäßiger Check der Lernfähigkeit des Unternehmens; beständiger Tagesordnungspunkt in Abteilungs-und Betriebsversammlungen; horizontale und vertikale Durchlässigkeit von Karrieren; geplanter, lernorientierter Arbeitsplatzwechsel; Flexibilisierung der Arbeitszeit durch Zeitkonten, um off-the-job-Qualifizierungen zu ermöglichen etc.)?

Personalpolitische Leitlinien in diesem Handlungsfeld sind:

- Alle Generationen haben Teil an der Qualifizierung; es gibt keine Altersbegrenzungen.
- Arbeitsinhalte und Arbeitsplätze werden möglichst so gestaltet, dass stets ein Teil der Arbeit die Lernkompetenz der Arbeitnehmer fördert.
- In Projektteams wird angestrebt, erfahrene Mitarbeiter und »Neulinge« einzusetzen, um systematisch den Wissensaustausch und -aufbau zu fördern.
- Personalentwicklung orientiert sich in den Maßnahmen und Programmen an Erkenntnissen der Lernpsychologie der verschiedenen Altersklassen.

- Der Wissenserhalt und Wissenstransfer wird strategisch geplant und systematisch durch entsprechende Maßnahmen sichergestellt.
- Es wird eine Personalentwicklung 40plus geschaffen, die sich mit den besonderen Fragen des Lernens und Lehrens Ältere-Jüngere bzw. Jüngere-Ältere sowie um die Umsetzung entsprechender Maßnahmen in Führungs- und Arbeitsorganisation befasst.

4.4 Handlungsfeld »Kulturentwicklung – Bewusstseinswandel und Bau einer Wissenskultur«

Eine bewusste Kulturentwicklung durch geeignete Maßnahmen wie altersgemischte Projektteams, Reflexion der komparativen Stärken der Generationen in Seminaren, Übertragen von Lehrfunktionen auf Ältere, Nutzen der Kompetenzen Älterer im Personaleinsatz (Lebens- und Berufserfahrung, Gelassenheit und Besonnenheit, meist ausgeprägtes Pflicht- und Verantwortungsbewusstsein), durch Einstellungen Älterer und ein wohlüberlegtes strategisches Vorgehen, die Altersstruktur zu beeinflussen – all diese Maßnahmen zusammen ergeben einen Anpassungsdruck auf überkommene Denk- und Handlungsmuster. Vermieden wird damit im Übrigen, dass Alte zur Seite gestellt werden und deren Schlüsselkompetenz »Lernfähigkeit« leidet. Oft erleben Ältere eine versteckte Form von Abwertung, bekommen Existenz- und Versagensangst wegen fehlender Erfolgserlebnisse und Anreize bzw. vorenthaltener Wertschätzung. Sie gehen in Isolation und Resignation. Letztlich wird damit die Leistungsfähigkeit Älterer paralysiert und die rückläufige Leistungsfähigkeit als »naturgegeben« akzeptiert. Die aktive Auseinandersetzung ist der Königsweg aus dieser Falle, beispielsweise indem die verschiedenen Generationenbilder als Teil von Führungsseminaren thematisiert werden (siehe Abbildung 8).

In Bezug auf Wissenskultur lässt sich das Handlungsfeld aus zwei Blickrichtungen recht gut umschreiben: Um das Wissen, die erkennbaren wie auch die »versteckten« Erfahrungsschätze (aller!), zu nutzen, ist eine Kultur zu schaffen, die sich durch Vertrauen, Offenheit, Kreativität und im konstruktiven Umgang mit Fehlern auszeichnet. Unsichere Situationen werden als Chance, nicht als Risiko begriffen und angegangen. »Diese unterschiedlichen Aspekte verdeutlichen, dass eine Wissenskultur mit einer Kommunikationskultur und intakten Sozialbeziehung einhergeht« (Keppelmüller 2004, S. 14). Das muss das Ziel von Personalarbeit sein. Dem steht entgegen, dass sich viele »Unternehmenskulturen durch Distanzierung mittels Hierarchie und Macht, durch Vermeiden von Risiken und Unsicherheiten, ausgeprägten Individualismus und das Nebeneinanderherleben von Generationen« auszeichnen (Rump 2001). Solche Kulturen gilt es zu Gunsten einer »Wertschätzungskultur« zu überwinden.

Veteran – vor 1945 geboren
- Pflichtbewusstsein
- Disziplin
- Loyalität
- Verlässlichkeit
- Führungsperson: straffe Zügel
- Dennoch gutes Teammitglied
- Bevorzugt: Anführer-Gefolgsleute-Prinzip
- Schwächen: Nicht sehr flexibel

Generation X – Jahrgänge 1965–1980
- individualistisch
- skeptisch
- unabhängig
- Balance zwischen Arbeit und Freizeit wichtig
- Führungskraft: unprätentiös, gradlinig
- Führungspositionen wegen der interessanten Aufgaben
- Drang nach Freiheit und Informalität
- Schwächen: soziale Intelligenz, Mitgefühl, Diplomatie fehlen

Baby Boomer – Jahrgänge 1945 –1964
- aktiv
- aggressiv
- weltgestaltend
- Beruf u. Karriere gehen vor
- Führungskraft: kollegial u. konsensorientiert
- Partizipation, Fairness u. Gleichberechtigung sind wichtig
- gute Teamentwickler
- Schwächen: Neigen zu Diskussionen

Nexters – Jahrgänge nach 1980
- konsumverwöhnt
- selbstbewusst, optimistisch, sehr mobil, multitasking-fähig
- digital sozialisiert – »homo zappiensis«
- Offenheit für Veränderungen und Technologieorientierung
- Schwächen: Routinejobs werden als Zumutung angesehen, Unzufriedenheit wird schnell geäußert
- Eigeninitiative fehlt

Abb. 8: Werte und Generationenprägungen kennen – Inhalte eines Seminars

Das Beispiel der Hansgrohe AG, der Bad- und Sanitärspezialist aus dem Schwarzwald (vgl. Egenter 2006), zeigt einen partizipativen Weg auf, der zwar inhaltlich die »üblichen« Themen aufgreift, allerdings durch die offene und stark teilnehmerorientierte Vorgehensweise des Projektes »Miteinander und motiviert mitmachen ab 50 Jahren« (kurz: »MUMM50«) einen Beitrag zu einer wertschätzenden Kultur darstellt.

Beispiel: Hansgrohe AG: Das Programm MUMM50

Ausgangspunkt war die Feststellung, dass sich der Anteil Beschäftigter über 50 Jahre innerhalb von zehn Jahren von 16 Prozent auf 46 Prozent erhöhen wird. Dieser drastische Wandel erfordert ein Umdenken, eröffnet aber auch Chancen, gemeinsam diese Veränderung zu meistern. Das Programm »MUMM50« wurde geschaffen, um das Know-how und den Erfahrungsschatz älterer Mitarbeiter stärker als bisher zu nutzen. In einem ersten Schritt brachten zwei Pilotgruppen der 50plus Mitarbeiter ihre Meinung ein, was sie sich von ihrem Arbeitgeber erwarten und wie sie sich ihre Arbeit bis zum Eintritt in den Ruhestand vorstellen. Nachdem der Belegschaft mehr und mehr vermittelt werden konnte, dass dem Unternehmen wirklich am Thema gelegen war, schwanden auch anfängliche Skepsis und Bedenken. Die Befürchtung, »die wollen uns loswerden«, verflüchtete sich, als klar wurde, dass das Unternehmen diese Mitarbeitergruppe mit ihren langjährigen beruflichen und persönlichen Erfahrungen als wichtigen Wissensträger schätzte und den hohen Beitrag zur Wertschöpfung und Kultur der Hansgrohe AG würdigte und in diesem Sinne auch »etwas tun wollte«. Allerdings sollten dies die Mitarbeiter selbst sagen und ihre Themen einbringen.

Im ersten Workshop-Baustein unter dem Motto »50plus und los« fanden sich knapp 100 Mitarbeiter ein. Die Fragestellung, »Was kann ich tun und was muss

Hansgrohe tun?«, wurde in kleinen Gruppen bearbeitet und erbrachte eine Liste von Veränderungsvorschlägen und Wünschen, wie sich diese Mitarbeiter ihre aktive Zeit im Unternehmen bis zum Ruhestand vorstellen und welche Rahmenbedingungen das Unternehmen dafür schaffen soll. Das Unternehmen gewann einen tiefen Einblick in die Themen der älteren Belegschaftsmitglieder und reagierte entsprechend. Das Ziel, die Arbeitsbedingungen so zu gestalten, dass auch bei unvermeidlich längerer Lebensarbeitszeit der Job noch Spaß und Befriedigung verschafft, wurde gemeinsam erreicht.

Themen waren u.a.: Ergonomisch besser gestaltete Arbeitsplätze, prozesssichere Abläufe (die Veränderungen wurden sowohl von Älteren als auch Jüngeren begrüßt und damit eine Stigmatisierung der 50plus vermieden), bewußterer Umgang miteinander und Nutzen der Bedeutung von Kultur, z.B. in Form von gezeigter Wertschätzung und Anerkennung der Leistungen Älterer, entgegengebrachtes Vertrauen und schlicht Lob. Die Personalentwicklung wurde nach dem Motto »lebenslanges Lernen« neu ausgerichtet, abgestimmte Qualifizierungsangebote auf die spezifischen Bedürfnisse der 50plus Mitarbeiter geschaffen (z.B. bei EDV Schulungen bleiben Ältere unter sich) und die Personalentwicklung so mit der qualitativen Personalplanung vernetzt. Der Aufbau einer Wissensdatenbank und Vernetzung mit einer systematischen Nachfolgeplanung und ein systematisches Gesundheitsmanagement vervollständigten die Maßnahmen.

Nach Einschätzung der Personalleitung hat sich durch das positive Echo in der Belegschaft auf diese Initiative und auf das gesamte Projekt MUMM50 eine positive Rückwirkung bei der Generation 50plus eingestellt, die Hansgrohe AG bleibt für diese Altersgruppe attraktiv als Arbeitgeber, Motivation und Engagement sind stimuliert worden und die Unternehmenskultur erhielt wichtige Impulse, den Umgang der Generationen neu zu denken.

In ähnlicher Weise griff die KSB AG in Frankenthal das Thema auf, nachdem festgestellt wurde, dass ältere KSB-Mitarbeiter wegen mangelnder Wertschätzung, Unzufriedenheit mit dem Führungsstil Jüngerer und wegen unklarer Aussagen über die Zeit bis zur Rente frühzeitig gehen wollen. In Workshops mit Mitarbeitern 50plus wurden die wertschätzenden Elemente eines neuen Umgangs miteinander auf die einfache Fragestellung, »Was müsste sich ändern, damit ihr bleibt?« herausgearbeitet: Ältere sind künftig bei EDV-Trainings auf eigenen Wunsch unter sich, können einen kostenlosen Gesundheitscheck beim Werksarzt machen und sich von der Nachtschicht befreien lassen. Ab 63 Jahre bekommt jeder drei zusätzliche Urlaubstage und drei Monate Lohnfortzahlung im Krankheitsfall. Stress durch Termindruck bemängelten alle, die wirksame Maßnahme eines Patenmodells im Sinne eines Tandems »Älterer und Jüngerer« verschaffte Abhilfe. KSB bewahrte sich als Unternehmen damit das Wissen Älterer und brachte viel Wertschätzung in den Umgang untereinander (siehe Frankfurter Rundschau, 28. August 2004; Kölpien, J./Wambold 2004).

Kernfragen (und Ansatzpunkte) in diesem Handlungsfeld sind:

- Sind in Unternehmensvision und Unternehmenswerten, im Leitbild Altersvielfalt und die Frage Demografie berücksichtigt?

- Ist darüber nachgedacht worden, mit Hilfe welcher Maßnahmen Vorurteilen gegenüber älteren Mitarbeitergruppen entgegen getreten werden kann?
- Ist das Thema »intergenerative Personalpolitik« veröffentlicht, wo wird das Thema durch welche Maßnahmen von wem publik gemacht?
- Gibt es Unternehmensleitlinien für eine altersausgewogene Personalpolitik?
- Wie werden Denk- und Handlungsmuster beeinflusst, welche Rahmenbedingungen in der Personalpolitik, in der Personalentwicklung werden gesetzt bzw. sind zu hinterfragen?
- Welche Vorkehrungen werden getroffen, den Wissenstransfer zwischen den Generationen zu ermöglichen (Erweitern der Arbeitsrolle durch eine Lehrfunktion bei älteren Mitarbeitern, Lehren lernen, arbeitsorganisatorische Freiräume für den Austausch schaffen, Anreize materieller und immaterieller Art vorhalten, diese Funktion wahrzunehmen)?
- Wie wird der Zusammenhang mit einer wertschätzenden Führungskultur hergestellt?
- Wird das Thema in Führungsseminaren aufgenommen und als Teil einer aktiven Führungsarbeit gesehen?
- Ist insbesondere bei Führungskräften verankert, dass sie mitverantwortlich sind für den Erhalt der Arbeitsfähigkeit ihrer Mitarbeiter?

Personalpolitische Leitlinien können sein:

- Das Unternehmen bekennt sich in Unternehmensleitlinien und in seinen Werten zu einer Kultur des Miteinanders der Generationen.
- Es wird aktiv für die These »Jahrgangs-Vielfalt ist konstruktiv« durch Personaleinstellungen, Personalentwicklung und Chancen für alle Generationen (Beförderungen, Nachfolgen etc.) geworben.
- Kommunikation und Handeln der Personalabteilung verdeutlichen immer wieder, dass der Satz »Alter ist ein Defizit« nicht gilt.
- »Erfahrung« wird als Teil der individuellen Kompetenz anerkannt und genutzt, beispielsweise indem erfahrene Mitarbeiter bewusst in das systematische Weiterreichen von Wissen eingebunden werden – sie erhalten eine »Lehrfunktion« als Ausbildungsbeauftragte, als Mitwirkende in einem kontinuierlichen Verbesserungsprozess, als Mentoren u.a.m.
- Es werden Foren und Gelegenheiten (wie KVP, Mentorenprogramme, Besetzung von Projekten, Kommunikationsforen zum Thema »Generativität«) geschaffen, die Generationen überbrücken und dem Grundsatz »Vielfalt« folgen.

4.5 Handlungsfeld »Führung – neue Anforderungen«

Unter dem Aspekt »Alters-Diversity« sehen sich Führungskräfte mit neuen Anforderungen konfrontiert. Wie führe ich ältere Mitarbeiter? Umgekehrt: Wie gehe ich mit den heutigen Generationen der Baby Boomer oder als 60-Jähriger mit »Kidults« (Soboczynski 2005), den ewig Jungbleibenden, um? Auch die demografische Entwicklung weist auf ein Faktum hin: Mittlerweile gibt es wesentlich mehr 30- und 40-jährige in Unternehmen als ganz junge bzw. kurz vor dem Altersruhestand stehende Mitarbeiter. Logischerweise werden mehr und mehr Ältere von jüngeren Führungskräften betreut, jedoch wissen diese wenig bis gar nichts über Alter(n). Diese Lücke zu schließen, ist Aufgabe der Personalarbeit.

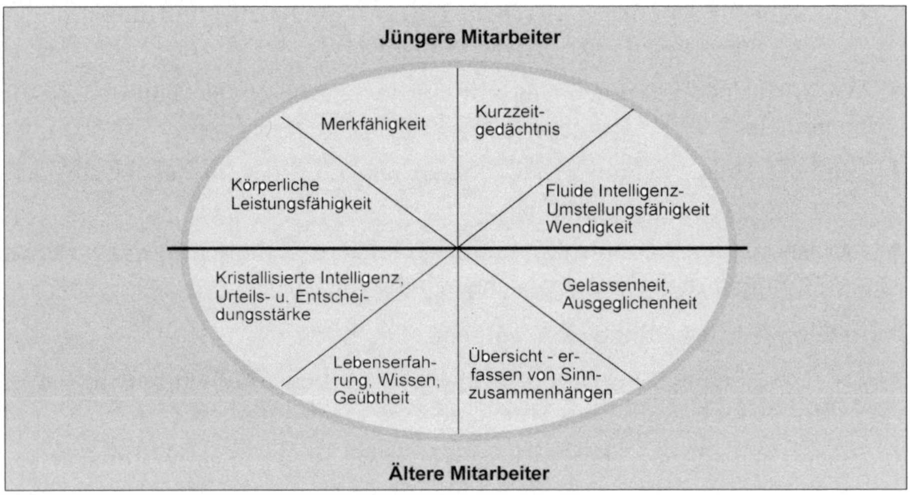

Abb. 9: Komparative Stärken älterer und jüngerer Mitarbeiter

Folgt man dem in der Abbildung 9 unterstellten Zusammenhang und überträgt diesen auf Führungsbeziehungen und wird darüber hinaus bedacht, dass das Umfeld älterer und jüngerer Mitarbeiter unterschiedlich ist, dass lernpsychologische Fakten (Lernvermögen, Lerngeschwindigkeit) zu bedenken sind, so muss das in einem auf Kompetenzen und Ressourcen im Rahmen von Lebenszyklen orientierten Personaleinsatz seine Berücksichtigung finden. Besonders die Führungskräfteentwicklung hat die Aufgabe, Wissen über Altersheterogenität zu vermitteln. Sie sollte die komparativen Stärken Älterer und Jüngerer nutzen und Wege aufzeigen, wie die einzelne Führungskraft sich das Wissen der Altgedienten erschließt und wie die Führungsbeziehung als Tandem, als sich ergänzende Aufgabe gestaltet werden kann. Es sind Modelle zu entwickeln, wie bestimmte Lernfelder (z.B. die Moderation von Verbesserungsprozessen) in Teams gemischter Altersklassen bewältigt bzw. Ältere in innovative Prozesse (als Kritiker, als Besonnene, als »Erfahrene«) einbezogen werden können. Ziel dieses Handlungsfeldes ist es, Führungskräfte als Brückenpfeiler im Zusammenwirken der Generationen wirken zu lassen.

Führungskräfte stehen letztlich in der Pflicht, die Arbeitsfähigkeit ihrer Mitarbeiter über die gesamte Spanne der Lebensarbeitszeit zu erhalten. Arbeitsfähigkeit als Grundvoraussetzung überhaupt beschäftigungsfähig zu sein bzw. bleiben, ist dabei nach Ilmarinen als die Summe der Faktoren zu verstehen, die einen Mitarbeiter in einer bestimmten Arbeitssituation in die Lage versetzen, die ihm gestellten Arbeitsaufgaben erfolgreich zu bewältigen (Ilmarinen 2002, S. 166). Wie Studien zeigen, hat das Führungsverhalten den weitaus größten Einfluss auf die Arbeitsfähigkeit der Mitarbeiter: »Gutes Führungsverhalten und gute Arbeit von Vorgesetzten ist der einzige hoch signifikante Faktor, für den eine Verbesserung der Arbeitsfähigkeit zwischen dem 51. und 62. Lebensjahr nachgewiesen wurde« (Ilmarinen 2002, S. 245). Dies bedeutet, dass angesichts steigenden Durchschnittsalters der Belegschaften das Führungsverhalten alter(n)sflexibler und alter(n)sgerechter werden muss. Nach verschiedenen Untersuchungen heißt dies konkret (vgl. Richenhagen 2007, S. 43):

- Führungskräfte und Personaler müssen vorurteilsfrei das Leistungsvermögen der Generationen einschätzen,
- in Mitarbeiter- und Zielvereinbarungsgesprächen sowohl Leistungsvermögen als auch Leistungseinschränkungen thematisieren,
- einen kooperativen Führungsstil pflegen und individuelle Arbeitsplanung zulassen,
- den Dialog zwischen jüngeren und älteren Beschäftigten wie auch Erfahrungsaustausch gezielt fördern,
- altersgerechte Arbeitsplätze und Erwerbsverläufe ermöglichen, z.B. durch Tätigkeitswechsel, so dass die Motivation und Leistungsfähigkeit gefördert werden,
- positiv das Weiterbildungsverhalten aller, aber insbesondere älterer Beschäftigter beeinflussen.

Da Führung mit der wichtigste Hebel ist, wenn es um die Entwicklung einer wertschätzenden, unterstützenden Kultur geht (vgl. Schein 2003), tragen Führungskräfte den Hauptteil der Verantwortung. Führung ist daher ein machtvoller Hebel, das Thema insgesamt im Betrieb zu verankern.

Beispiel: Inhalte einer Qualifizierung für alternsgerechte Führung (Unternehmen der Metallindustrie)

Individualisierte, alternsgerechte Führung setzt vor allem an fünf Bereichen an, die Inhalte eines dementsprechenden Bausteins in der Führungskräfteentwicklung unter dem Titel »Wie führe ich verschiedene Generationen? Wie nutze ich die Potenziale?« sind:

- Einstellungen und Haltungen – Meine Einstellung zum eigenen Älterwerden (Reflexion). Lebensphasen, in welchem Lebensabschnitt befinde ich mich selbst, in welchem meine Mitarbeiter? Erwartungen und Leistungsansprüche verschiedener Generationen, Unterschiedlichkeiten in Werten, Interessen, Einstellungen und Prioritäten und was sind die Konsequenzen für meinen Führungsauftrag?

- Motivation – Mitarbeitgruppenspezifische Motivstrukturen. Welche sind das theoretisch, welche sind dies in meinem Verantwortungsbereich?
- Organisation der Arbeitsabläufe und Arbeitsmethoden – Förderung individueller Lösungen in Abhängigkeit von physischen, psychischen und sozialen Veränderungen, die mit den Lebensphasen einhergehen und welcher Gestaltungsspielraum besteht in meinem Verantwortungsbereich?
- Formen der Kooperation – Mein Führungsstil, mein Führungsverhalten (Reflexion). Förderung der Kooperation in der Zusammenarbeit, Förderung alternsgerechter Strategien im Team. Wie kann und soll ich kooperativ-partizipativ führen? Wie erkenne ich die Leistungen der älteren Mitarbeiter im und für das Team an? Wie nutze ich die Erfahrungen Älterer?
- Kommunikationsfähigkeit – Entwickeln alternsgerechter Informationsstrategien, Information und Partizipation, Feedbackverhalten und Wertschätzung, Schaffen einer intergenerativen Arbeitskultur. Mein Auftreten gegenüber Älteren.

Ziel ist es, den Führungskräften

- Wissen zu den Konsequenzen der demografischen Entwicklung zu vermitteln,
- zu helfen, Verständnis für die sich aus dem Älterwerden der Belegschaft ergebenden Veränderungen auf individueller Ebene und der Arbeitsorganisation zu entwickeln,
- eine Möglichkeit zur Reflexion ihres Führungsverhaltens zu geben,
- Methoden und Instrumente zu zeigen, erfahrene und langjährige Mitarbeiter auch als jüngere Führungskraft zu führen.

Kernfragen in diesem Handlungsfeld sind:

- Inwiefern sind sich die Führungskräfte bewusst, welche Rolle sie bei der Gestaltung einer unterstützenden, wertschätzenden Kultur haben?
- Inwiefern sind sie allgemein für das Thema Demografie und für den Zusammenhang mit ihrem Wirken sensibilisiert?
- Welche Vorkehrungen bestehen, um »junge« Führungskräfte am Erfahrungsschatz »älterer« Führungskräfte teilhaben zu lassen?
- Was wird getan, das Wissen über die Generationen, über Lernpsychologie und Leistungsverhalten verschiedener Altersklassen in Trainings für Führungskräfte einzubauen?
- Wie werden Führungskräfte befähigt, die Altersheterogenität zu nutzen?
- In welchen Themen und Lernfeldern können Jüngere als Lehrende für Ältere eingesetzt werden (z.B. IT, neue Kommunikationstechniken)?
- Bestehen Instrumente, die Potenzialerfassung und Umfang der Leistungserbringung differenziert nach Altersklassen vornehmen?

- Hat eine übergreifende Generationen-»Denke« Eingang in die Arbeit der Führungskräfte gefunden? Sind diese sich der Unterschiedlichkeit der Generationen bewusst?
- Sind Führungskräfte als Träger und Kommunikatoren für eine generationenübergreifende Wissens- und Arbeitskultur sensibilisiert und eingebunden?

Personalpolitische Leitlinien könnten in diesem Handlungsfeld sein:

- Führungskräfte sind als wichtige Multiplikatoren für das Thema Demografie zu gewinnen und werden in entsprechende Initiativen einbezogen.
- Führungskräfte werden auf ihre besondere Rolle in der Kulturentwicklung aufmerksam gemacht und in ihrer Rolle unterstützt.
- Führungskräften wird Wissen vermittelt, um die Motivationsstrukturen und Leistungsfähigkeitspotenziale verschiedener Generationen nutzen zu können.
- Alter ist bei Besetzungsentscheidungen zwar nicht der ausschlaggebende Grund, wird aber im Gesamtkontext des Altersdurchschnitts des Zielbereiches bedacht.
- Führungskräfte erhalten ab 50 die Chance ihr »implizites« Wissen systematisch weiterzugeben, indem sie als Mentoren, Lehrende in kontinuierlichen Verbesserungsprozessen und in Seminaren mitarbeiten.

4.6 Handlungsfeld »Bindung und Aktivierung«

In Zeiten knapper Arbeitsmärkte ist neben Aktivieren und Lenken der Mitarbeiterpotenziale die Bindung von Mitarbeitern und insbesondere von Schlüsselkräften an das Unternehmen ein besonders wichtiger Wertschöpfungsbeitrag der Personalabteilung, gemeinsam mit den Führungsverantwortlichen (siehe Abbildung 10). Der Personalabteilung kommt dabei die Aufgabe zu, für entsprechende konzeptionelle und instrumentelle Grundlagen zu sorgen. Denn je wissensbasierter die Wertschöpfung in einem Unternehmen ist, desto höher ist die Abhängigkeit von Know-how-Trägern und vom Engagement strategisch wichtiger bzw. nur noch schwer zu rekrutierenden Mitarbeiter. Dies bedeutet im heutigen Umfeld aber auch, dass mittelalte und auch ältere Mitarbeiter zu binden sind. Allzu oft wird Retention Management auf die jungen, vermeintlichen Leistungsträger konzentriert und damit die demografische Situation ausgeblendet.

Bindungsmanagement muss differenziert angegangen werden, da die Zielgruppen unterschiedliche Motivklassen haben und sich auch bezüglich ihrer Wertehaltung gegenüber Arbeitgebern unterscheiden. Loyalität ist nicht qua Arbeitsvertrag alleine gegeben, es gilt den »Deal« zwischen Arbeitnehmer und Arbeitgeber auch unter psychologischen Gesichtspunkten zu sehen und für die verschiedenen Generationen unterschiedlich zu gestalten (vgl. die verschiedenen Gallup-Untersuchungen; DGfP 2004 a; www.psychonomics.de).

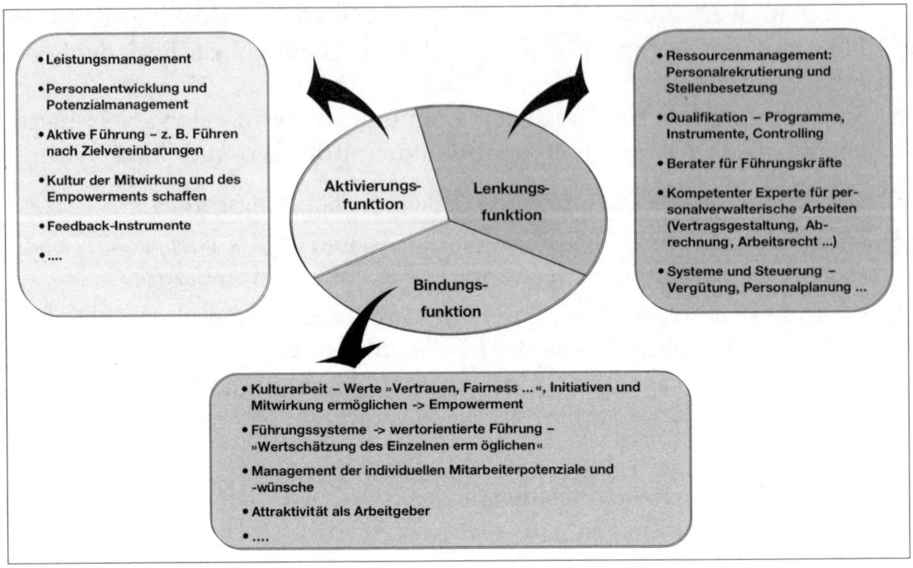

Abb. 10: Binden als eine der heute wichtigsten Funktionen von Personal

Dass Mitarbeiter mehr wollen als nur ein gutes Gehalt, bestätigen viele Untersuchungen (siehe Wood 2004, auch die Untersuchungen zum Thema »Deutschlands beste Arbeitgeber«, www.psychonomics.de, zeigen dies deutlich). Laut verschiedenen Untersuchungen sind allgemein die fünf Topgründe für das Bleiben in einem Unternehmen herausfordernde Arbeit, das Arbeitsklima, Karrierechancen sowie Einfluss und Mitsprache. Die Topgründe für einen Eintritt sind ebenfalls herausfordernde Aufgaben, Karrierechancen, Gehalt und Arbeitsklima. Interessant sind die Topgründe für das Gehen: Mangelnde Karrierechancen, Gehalt, die unbefriedigend empfundene Balance Arbeit und Privates sowie die Arbeitszeiten.

Umgekehrt gilt, dass diese Gründe auch die Hebel sind, eine konsequente Bindungsstrategie zu verfolgen und ein Arbeitsprogramm aufzusetzen. Unter demografischen Gesichtspunkten ist wichtig zu wissen,

(1) welche Mitarbeitergruppen strategisch für den Unternehmenserfolg relevant sind, dann ist
(2) zu ermitteln, was für ein Fluktuationsrisiko in diesen Mitarbeitergruppen besteht,
(3) herauszufinden, was gerade diese Mitarbeiter motiviert, Leistung zu erbringen, im Unternehmen zu bleiben und eine hohe Loyalitätsbereitschaft zu zeigen, aber auch was demotivierend wirkt,
(4) im Schritt 4 ist zu erheben, welche Maßnahmen wirksam sind und welcher Spielraum besteht (siehe Abbildung 11).

(5) Schritt 5 umfasst Überlegungen, wann und wie die Maßnahmen durchgeführt werden
(6) schließlich wird in Schritt (6) eine Ergebnisevaluation des Retention-Programms durchgeführt.

Ad-hoc-Maßnahmen umfassen prinzipiell vorbereitend (a) eine Umfeldanalyse, (b) eine Betrachtung der individuellen Situation bindungsgefährdeter Mitarbeiter und (c) ein individuell zugeschnittenes Gespräch mit dem Ziel, den Mitarbeiter zum Bleiben zu bewegen bzw. die Kündigungsneigung zu verringern.

Umfeldanalyse
- Arbeitsplatz?
- Aufgabe?
- Führungskultur? Führungsstil?
- Aktuelle Führungsbeziehung(en)?
- Entwicklungsaussichten?
- Interne oder externe Gründe für »Gehen«?
- Wettbewerber – was bieten diese mehr?

Vorab-Analyse
- Welches Einbindungsmuster liegt vor?
  Was begründet den psychologischen Vertrag?
- Was motiviert, was demotiviert den Mitarbeiter?
- Wie könnte eine Gegenstrategie substantiell aussehen?

Persönliches Gespräch mit Mitarbeiter
- Was stimmt nicht?
- Check der »5 Elemente einer Mitarbeiterbindung«
  - *Arbeitszufriedenheit allgemein*
  - *Wechselbarrieren – ökonomische, soziale, psychische*
  - *Attraktivität von Konkurrenzangeboten*
  - *Streben nach Abwechslung*
  - *Identifikation mit dem Unternehmen & Bereitschaft zum Arbeitseinsatz (Einbindungsmuster)*
- Inwiefern sind diese fünf Faktoren betroffen – wie?
- Hat der »Deal« gelitten? Was macht das Defizit aus?
- Chance zur Entwicklung einer Gegenstrategie?
- Was wäre eine individuelle Strategie?

Abb. 11: Ad-hoc-Maßnahmen Bindung der Mitarbeiter

Bindung als eines der neun Handlungsfelder, eine demografiefeste Personalarbeit zu schaffen, ist eng mit Personalstrategie und dem Handlungsfeld Personalplanung verwoben. Fokussiert auf die Aufgabe, wie sich Mitarbeiter für das Unternehmen begeistern lassen, mit welchen Maßnahmen sich gezielt am Bleiben, Leisten und an der Loyalität der Mitarbeiter arbeiten lässt, ergeben sich folgende Kernfragen:

- Ist bekannt, was das Unternehmen für die Mitarbeiter attraktiv macht?
- Wie lässt sich der »psychologische Vertrag« beschreiben? Was bieten Sie als Unternehmen? Was wollen, erwarten die Mitarbeiter?
- Ist mit Untersuchungen abgeglichen, was verschiedene Altersgruppen bindet?
- Wurde untersucht, welches die »wichtigen« Rollen im Betrieb sind – Funktionen mit hohem Risikopotenzial bei ungeplantem Ausscheiden von Stelleninhabern, Abhängigkeiten vom Leistungsbeitrag, Vernetzung der Funktion(en)?

- Sind die Schlüsselkräfte identifiziert, also diejenigen Mitarbeiter, die für die Unternehmensentwicklung von besonderer Bedeutung sind?
- Sind die Leistungsträger und Potenzialträger systematisch erfasst?
- Werden die Daten dieser Mitarbeitergruppen unter demografischen Gesichtspunkten regelmäßig analysiert?
- Sind die Wünsche, Präferenzen und Erwartungen dieser Mitarbeitergruppen aktuell erfasst, bekannt und berücksichtigt?
- Gibt es eine Fluktuationsanalyse? Welches sind gefährdete Mitarbeitergruppen? Lässt sich ein Muster in den Kündigungsgründen erkennen?
- Gibt es eine Systematik, die die Bindungsstärke erfasst? Wird regelmäßig mit den genannten Mitarbeitergruppen gesprochen?
- Ist der Handlungsbedarf erkannt?
- Sind die möglichen Rückwirkungen auf Bindung durch Personalrestrukturierungsmaßnahmen, Fusionen oder Verkauf von Unternehmensteilen bedacht?
- Ist ein Verantwortlicher für Retention-Maßnahmen benannt? Ist die »Arbeitsteilung« mit den Führungskräften geregelt?
- Sind Maßnahmen durchdacht, bereits angewandt, werden die Erfolge gemessen?
- Sind mögliche Rückwirkungen aus Personalrestrukturierungsmaßnahmen, aus durchgeführten oder sich am Horizont abzeichnenden Fusionen bedacht?
- Sind die Effekte eines systematischen Bindungsmanagements im Kreise der Führungskräfte verstanden? Weniger Fluktuation und Senken der indirekten wie direkten Fluktuationskosten, Motivationsstärke, Auswirkungen auf die Produktion, Zusammenhänge mit der Unternehmenskultur?

Personalpolitische Leitlinien könnten in diesem Handlungsfeld sein:

- Grundsatz: Begeisterung für das Unternehmen ist kein Zufall. Bindungsmanagement zeigt sich in systematischem Gestalten und Steuern.
- Gespiegelt an den Erfordernissen des Unternehmens, an den demografischen Gegebenheiten und dem relevanten Arbeitsmarkt werden die spezifischen Mitarbeitergruppen identifiziert.
- Eine Personalrisikobetrachtung ergibt regelmäßig einen differenzierten Überblick zu Fluktuationsgründen, zu Bindungsstärke und zur Bilanz von motivierenden und demotivierenden Aspekten des »psychologischen Vertrages«.
- Die wirtschaftlichen Folgen werden über Indikatoren (wie z.B. Kosten der Wiederbesetzung, Verlust an Know-how und Einarbeitungskosten) bzw. Motivationspotenziale (wie z.B. Daten aus dem Performance-Management) transparent und gezielt verfolgt.

- Rückwirkungen unternehmensstrategischer Entscheidungen auf Bindung werden regelmäßig mitbedacht.
- Führungskräfte werden in die Bindungsarbeit eingebunden und sehen ihre Führungsarbeit unter diesem Aspekt.

4.7 Handlungsfeld »Alter(n)smanagement und Gesundheitsförderung«

Um von vornherein mit einem Missverständnis aufzuräumen: Es geht in diesem Thema nicht darum, für einen Teil der Belegschaft, den Älteren, in besonderer Weise zu sorgen und Fürsorge in Form einer überholten betrieblichen Bringschuld zu leisten. Es geht darum, präventiv über alle Generationen hinweg ein stringentes Gesundheitsmanagement im Sinne eines Gesundheitsbewusstseins und damit im Sinne eines ausgewogenen Verhältnisses Bring- und Holschuld des Mitarbeiters aufzubauen. Dazu gehört eine gezielte Kommunikation über die Bedeutung des Themas (nicht nur im Zusammenhang intergenerativer Personalarbeit). Einzelne Kampagnen (wie etwa »Rückenschule«) sind zu wenig, um Gesundheitsförderung zu einer Selbstverständlichkeit für einen jeden werden zu lassen und Eigenverantwortlichkeit zu erzeugen.

Gesundheitsförderliche Arbeits- und Organisationsbedingungen, ergonomische Gestaltung, inhaltliche Strukturierung der Arbeitsplätze, gesundheitsförderliche Regeln (regelmäßige medical checks, Ernährungsgrundsätze im Betriebsrestaurant, Einkaufsstandards für ergonomische Möbel wie verstellbare Stehtische), psychologisch orientierte Seminare für Stressabbau, Jahresthemen »Work-life-balance«, regelmäßiger Check im Unternehmen nach besonderen Auffälligkeiten (Ursachenforschung) in Form einer ganzheitlichen Gefährdungsbeurteilung von Arbeitsplätzen, Arbeitsumgebung und psychisch belastenden Faktoren (z.B. die Kommunikationspolitik im Unternehmen) sind Ansatzpunkte eines strategischen Gesundheitsmanagements.

Beispiel: Rasselstein GmbH: »Der gesunderhaltende Betrieb«
Ein Ansatz, den die Rasselstein GmbH verwirklicht hat (vgl. BMWI 2007, S. 29). Die Rasselstein GmbH ist ein vollkontinuierlich produzierendes Unternehmen, in dem die Anlagen zur Weißblechproduktion 24 Stunden am Tag an 365 Tagen im Jahr laufen. 2018 werden über 450 Facharbeiter das 54. Lebensjahr vollendet haben. Präventive Angebote für die langfristige Erhaltung der Arbeitsfähigkeit und Schichttauglichkeit wurden als Notwendigkeit erkannt, dem Wettbewerbsdruck standzuhalten.

2003 wurde das Projekt »Der gesunderhaltende Betrieb« ins Leben gerufen. Zunächst wurde gemeinsamen mit Führungskräften (!) nach Lösungen gesucht, wie die Arbeitsfähigkeit der Mitarbeiter erhalten werden kann. Als wichtigster Schritt wurden alle Aktivitäten des Gesundheitsmanagements zusammengelegt: Arbeitssicherheit, Arbeitsmediziner und Personalentwicklung, Betriebsräte und Kantine arbeiten heute gemeinsam an der Gesunderhaltung der gesamten Belegschaft. Dem ganzheitlichen Ansatz folgend werden die Themen Gesundheitsförderung, Führung und Unternehmenskultur, Arbeitsorganisation und Arbeitszeitgestaltung sowie Qualifizierung als Einheit betrachtet.

Arbeitsmedizinische Befunde belegen, dass sich im Alter nicht das Leistungsniveau, sondern das Leistungsspektrum verändert. Alter(n) ermöglicht insbesondere im mentalen und sozialen Bereich neue Potenziale, die jedoch nur selten abgerufen werden (vgl. Freimuth 1991). In dem Maße wie sich Organisationen zunehmend flexibilisieren, schneller werden müssen in Veränderungen, Entscheidungen ambivalenter werden und neue Techniken die Arbeitswelt grundlegend verändern, reicht »durchwurschteln« im Sinne, »die Belegschaft wird es auch gesundheitlich schon packen« oder das Ausblenden dieser Frage (z.B. Ignorieren von Burn-out) nicht mehr aus.

Kernfragen in diesem Handlungsfeld sind:

- Gibt es ganzheitliche Gefährdungsuntersuchungen (physisch wie psychisch, arbeitsplatzbezogene wie umfeldbezogene, klassisch-medizinisch relevante wie auch psychosomatisch relevante Beurteilungen)?
- Wird regelmäßig der »Fit« zwischen den physischen Gegebenheiten einerseits (Arbeitsorganisation, Arbeitshandeln) und den Erfordernissen der gegebenen Altersstruktur andererseits ermittelt?
- Wird der Arbeitseinsatz nach diesen Erkenntnissen gesteuert, um bereits im Vorfeld Fehlbelastungen, Inkubationszeiten für Verschleißerscheinungen etc. zu vermeiden?
- Existiert ein Arbeitsplatzkataster, das es erlaubt, die Arbeitsplätze nach dem Kriterium »altersgerecht« zu beurteilen bzw. nach Belastungsfaktoren (körperlich anstrengende Tätigkeiten, taktgebundene Arbeiten, Tätigkeiten unter hohen Arbeitsumgebungsbelastungen)?
- Besteht eine klare Verbindung zwischen Gesundheitsanforderungen und Personaleinsatz?
- Wird darauf geachtet, dass in kritischen Arbeitsbereichen eine begrenzte Verweildauer möglich ist, wird die Möglichkeit geboten, auf physisch wie psychisch weniger beanspruchende Arbeitsplätze zu wechseln?
- Wird eine Bilanz der Kosten- und Nutzenaspekte erstellt und werden mögliche Risiken durch ein gezieltes Gesundheitsmanagement minimiert?
- Ist Gesundheitsschutz Chefsache? Wird das Themenfeld ganzheitlich betrachtet und gesteuert?
- Besteht ein Bewusstsein für die Bedeutung arbeitsmedizinischer Aktivitäten und des Leistungsvermögens der Belegschaft für den Erfolg des Unternehmens?
- Ist das Instrument »Gesundheitszirkel« geeignet, um über Schwachstellen, vermeidbare Belastungssituationen in der Arbeitsorganisation, beim Arbeitseinsatz oder in der Arbeitssituation zu sprechen?
- Welche Gesundheitsaktivitäten werden betrieblich gefördert? Welche wären wünschenswert, betrieblich gefördert zu werden?

- Welches Budget für eine gezielte Gesundheitsförderung steht zur Verfügung?
- Wird das Thema über Kommunikationskampagnen in das Bewusstsein der Mitarbeiter und Führungskräfte gehoben?

Personalpolitische Leitlinien könnten in diesem Handlungsfeld sein:

- Grundsatz verfolgen: Gesundheit hat Vorrang und wird aktiv gefördert.
- Aktive, vorausschauende ganzheitliche Gefährdungsbeurteilung gehört zum jährlichen Review aller Arbeitsplätze im Betrieb und bildet die Basis von präventiven Maßnahmen.
- Den Zusammenhang zwischen präventiver Gesundheitsförderung und Unternehmensentwicklung permanent unterstreichen und durch geeignete Maßnahmen verdeutlichen.
- Gesundheitsmanagement für alle Altersgruppen als betrieblich notwendige Ressourcensicherung und als Beitrag zur Unternehmenssicherung begreifen.
- Altersspezifische Notwendigkeiten ermitteln und in geeigneter Weise in der Arbeitsstruktur, Arbeitsorganisation und Arbeitsumfeld sowie im Arbeitseinsatz berücksichtigen.

4.8 Handlungsfeld »Lebensarbeitszeitgestaltung und Vergütungsprinzipien«

Dieses Handlungsfeld hängt eng mit Lernen, Personalentwicklung und alter(n)gerechter Arbeitsgestaltung zusammen. Zunehmend reagieren Unternehmen auf die »neuen« Erwerbsbiografien und passen die personalpolitischen Instrumente den veränderten Ansprüchen der Mitarbeiter und des Unternehmens an. Wie die Abbildung 12 zeigt (vgl. Regnet 2004, S. 65), muss es nicht mehr der Normalfall sein, sich von Beförderung zu Beförderung stetig »nach oben« zu entwickeln. Sabbaticals (Variante 2) lösen sich z.B. ab mit Arbeitszusammenhängen, die eine laterale Entwicklung, nicht aber eine vertikale abbilden oder der Mitarbeiter »tritt kürzer« (Variante 3).

Um bestmögliche Motivation, Bindung und Partizipation der Mitarbeiter zu erreichen und um dem Unternehmen die vorhandenen Potenziale zu erschließen, sind Lebensphasen-Modelle ein hilfreicher Orientierungsrahmen. Da z.B. Lernen, sich up-to-date Halten und sich Vorbereiten auf neue Anforderungen immer wichtiger wird, ist Lernen nicht mehr länger nur Thema in der Anfangszeit der Berufstätigkeit. Es wird vielmehr stetig wichtiger, bis in die Phasen der »Kompetenzentfaltung« und »Alternativenchance« hinein (siehe Abbildung 13). Das klassische Berufsmodell (siehe oben Variante 1) gerät somit immer mehr in den Hintergrund; über die gesamte Erwerbsbiografie und damit über die Generationen hinweg ist Kompetenzaufbau gefragt, so dass sich für die 50plus und 55plus Mitarbeiter eine höhere Produktivität, eine intensivere Auseinandersetzung mit den Anforderungen am Arbeitsplatz ergibt.

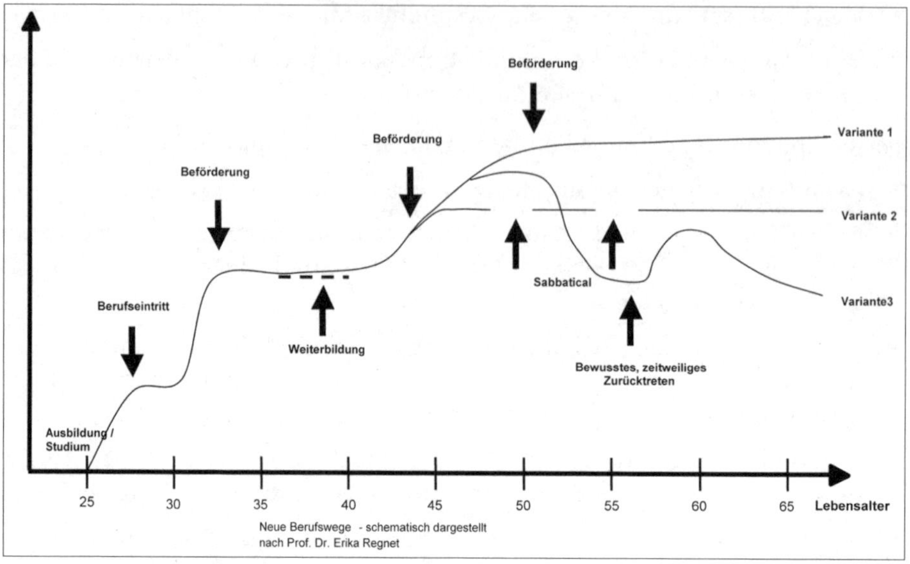

Abb. 12: Neue Modelle der Berufsbiografie

Instrumente wie »Lebensarbeitszeitkonten« verbinden Vergütung, Arbeitszeit und Qualifikation, indem über Vergütungsbestandteile und/oder Arbeitszeitguthaben je nach persönlicher Situation Sabbaticals, Weiterbildung oder Vorsorgeleistungen finanziert werden. Erwerbs- und Lebensbiografie lassen sich damit zum Nutzen von Unternehmen und Mitarbeiter optimieren. Voraussetzung ist dafür allerdings u.a., dass das Senioritätsprinzip in der Entgeltpolitik und Laufbahngestaltung beseitigt wird und vielmehr die Polyvalenz der individuellen Kompetenz und Leistungserbringung einerseits sowie die Funktionsbewertung, der Wert des Leistungsbeitrags andererseits, als Leitlinie herangezogen wird.

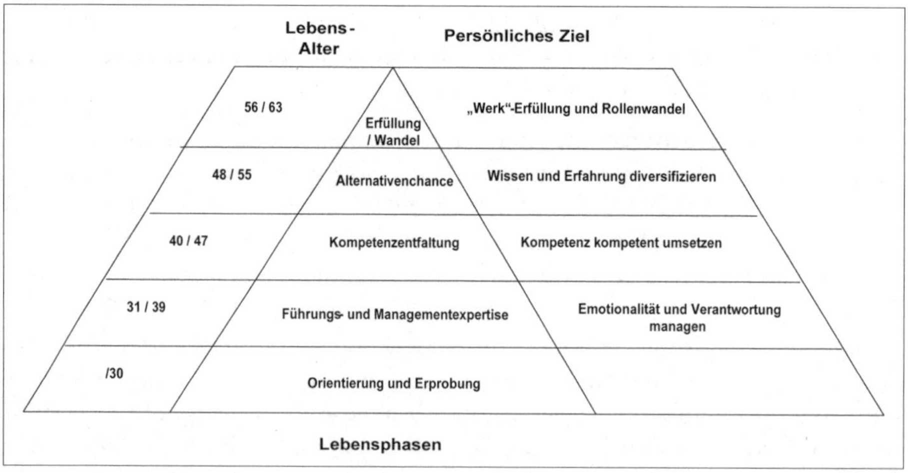

Abb. 13: Lebensphasen als Orientierungsrahmen für Maßnahmen

Die Verbindung des betrieblichen (vom Eintritt bis zum Austritt aus dem Unternehmen) und stellenbezogenen zum einen und mit dem familiären, biosozialen, beruflichen Lebenszyklus (von der Berufswahl bis zum Ausscheiden aus dem Berufsleben) zum anderen, hat die DEKA Bank mit ihrer lebenszyklusorientierten Personalpolitik verwirklicht (siehe Flüter-Hofmann 2006; Graf 2002; www.deka-bank.de).

Beispiel: DEKA Bank: Lebenszyklusorientierte Personalpolitik
Es werden sechs Phasen unterschieden: Vor dem beruflichen Eintritt, die Phase der beruflichen Einführung, des Wachstums, der Reife, der Sättigung und die Phase des Austritts aus dem Berufsleben. In der Phase der Reife kann es Stagnation geben oder Wachstum. Jede Phase hat ihre spezifischen Kennzeichen. Werden jetzt durch Statistiken, durch die Analyse der Mitarbeiterstruktur wesentliche personalpolitische Weichen ermittelt, wird deutlich, dass hier der Mitarbeiter in fünf unterschiedlichen Ereignissen nicht seine volle Arbeitsleistung einbringen kann.

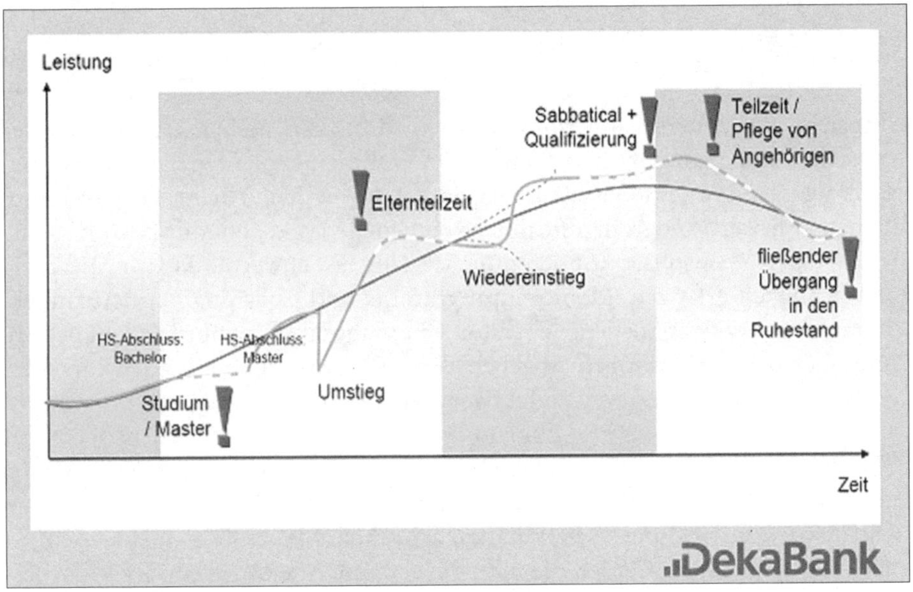

Die Bank reagiert mit spezifischen Handlungsfeldern und je nach betrieblicher Phase mit unterschiedlichen Konzepten und reagiert damit auf die sich entwickelnde Mitarbeiterstruktur in den nächsten Jahren. Die unterschiedlichen Lebenszyklen bilden das Grundprinzip, die Handlungsfelder sind die Hebel, den fünf leistungsmindernden Ereignissen zu begegnen. Im Handlungsfeld Personalentwicklung (»Qualifizierung und Sensibilisierung«) sind dies beispielsweise Orientierungscenter, Stärkung der individuellen Employability, kulturprägende Trainings.

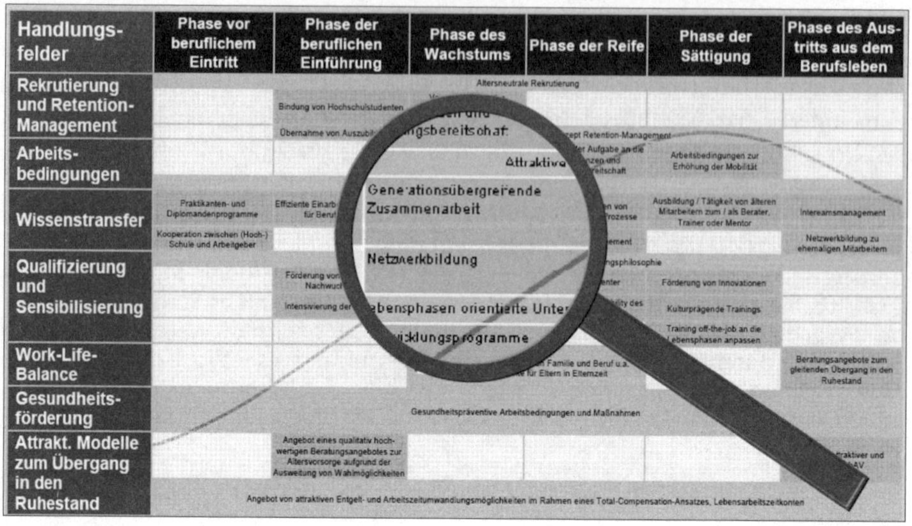

Angesichts der neuen Erwerbsbiografien wird die Personalentwicklung stärker nach Altersstufen auszurichten sein, um im Rahmen von Potenzialentwicklung, Nachfolgeplanung und Wissensmanagement sowie dem Thema Employability die neuen Erwerbsbiografien flexibler »bedienen« (vgl. Abbildung 13) zu können. Je nach Lebensphase können unterschiedliche Schwerpunkte für Mitarbeiter Wichtigkeit erlangen. Mentorenprogramme und Coaching bei Berufsübergängen, beim Wiedereinstieg, der ersten Übernahme einer Führungsverantwortung oder beim frühzeitigen Abgeben einer Führungsrolle an einen jüngeren Mitarbeiter sind beispielsweise effektiver als ein routiniertes Seminarprogramm. Unterstützung beim »Lehren lernen« in der Phase »Alternativenchance« und »Erfüllung« oder Unterstützung beim Reflektieren der persönlichen Kompetenz, um sich in der Mitte der beruflichen Tätigkeit Klarheit über Ziele und nächste Schritte der Entwicklung zu verschaffen (»Kompass-Workshop«), sind zielführender als Assessment Center, die über die gesamte Altersstruktur der Mitarbeiter durchgeführt werden. Denken in strategisch-wirtschaftlichen Zusammenhängen und in neueren Management-Größen wie ROCE, EBIT, WACC oder EVA verhindern ein Abkoppeln der älteren Generationen von den Ansprüchen, denen sich Jüngere längst stellen müssen.

Deutlich wird auch, dass ein lebensphasenbezogenes Kompetenz- und Karriereentwicklungsprogramm ohne den Aspekt Persönlichkeitsentwicklung nicht auskommt. Reflexion der eigenen Stärken und Fähigkeiten, das Hinterfragen der bisherigen beruflichen Entwicklung, das Anstellen von Überlegungen hinsichtlich der künftigen, erwünschten Entwicklung, das Formulieren von Zielen für die nächsten Phasen wie auch das Überlegen der nötigen Rahmenbedingungen, um diese Ziele zu erreichen, all das schließt zwangsläufig die eigene Persönlichkeit ein. Angebote des Unternehmens werden für Unternehmen dann attraktiv, wenn Mitarbeiterbindung im Vordergrund steht, wenn dadurch die Lernbereitschaft stimuliert und Mitarbeiter für eine längere Verweildauer im Unternehmen gewonnen werden können.

Kernfragen in diesem Handlungsfeld sind:

- Reflektiert das vorhandene Personalinstrumentarium den Wandel in den Erwerbs- und Lebensbiografien?
- Ist in den vorhandenen Programmen eine Austauschbeziehung der Generationen eingebaut? Wenn nicht, welche Möglichkeiten bestehen, dies zu tun?
- Welche Spielräume bestehen, Instrumente gezielt zu flexibilisieren (z.B. Entgelt), mit anderen zu verbinden (Arbeitszeitmodelle), um neuen Ansprüchen der Mitarbeiter gerecht, gleichzeitig aber auch das vorhandene Humanpotenzial besser einsetzen zu können (Austausch zwischen den Generationen)?
- Was wird getan, damit Mitarbeiter ihre Employability (Unternehmer in eigener Vermarktung von Können, Wollen und Ambition) selbstständig vorantreiben?
- Bietet das Unternehmen fachliche und persönliche Entwicklungsmöglichkeiten gezielt den verschiedenen Generationen an, um die jeweils vorhandenen Mitarbeiterpotenziale 30plus, 40plus und 50plus zu nutzen und die Beschäftigungsfähigkeit der Mitarbeiter zu sichern?
- Wie stellt das Unternehmen die Transparenz der vorhandenen Gestaltungsmöglichkeiten sicher?
- Welcher Spielraum, welche Notwendigkeit besteht, das Verteilungsmuster von Arbeitszeit, Freizeit und Familien- sowie Weiterbildungsphasen an lebenszyklisch individuellen Zeitbedürfnissen bzw. Notwendigkeiten des Unternehmens auszurichten?

Personalpolitische Leitlinien könnten in diesem Handlungsfeld sein:

- Das Unternehmen orientiert sich bei Personaleinsatz und -entwicklung an der Erwerbsbiografie der Mitarbeiter.
- Fixe Normalarbeitsverhältnisse werden in Zukunft eine unter mehreren Alternativen sein, Mitarbeiter an das Unternehmen zu binden.
- Lebenslagenorientierte, an individuellen Erwerbs- und Berufsbiografien orientierte Konzepte der Verteilung von Arbeitszeit, Einkommen und gleitender Übergang in den Altersruhestand ergänzen das althergebrachte Instrumentarium.
- Das Unternehmen fördert aktiv die berufliche Kompetenz sowie die Leistungs- und Innovationsfähigkeit der Mitarbeiter durch biografieorientierte Qualifizierungsangebote.

4.9 Handlungsfeld »Berufsaustritt – Know-how-Transfer«

Mit der im sozialen Konsens durchgeführten Vorruhestandsregelung und Altersteilzeit-»Bewegung« ging eine Wissenserosion einher, die negativ auf die Unternehmensentwicklung durchschlug. Des Weiteren wurde außer Acht gelassen, dass ein wohlgestalteter Übergang in den Ruhestand auch ein Kulturelement des Unternehmens darstellt und eine Außen- wie auch eine Rückwirkung auf die Belegschaft hat.

Dieses Handlungsfeld fokussiert somit nicht nur das Thema »Wissen«, sondern auch den intergenerativen Konsens und Respekt. Die selbstverständliche Übergabe von Wissen, vor allem der Austausch über das nicht fassbare, implizite, dem Einzelnen nicht selten selbst unbewusste Wissen geschieht leichter in einem Umfeld, in dem über den juristischen Endpunkt des Arbeitsvertrages hinaus Verbindungen gepflegt und der Übergang bewusst gestaltet wurde.

Beispiel: BASF Coatings AG: Qualifizierungsprogramm
Die BASF Coatings AG ist auf die fachliche Expertise ihrer Mitarbeiter in besonderem Maße angewiesen, da die hohe Qualität der Produkte und Serviceleistungen ansonsten nicht zu erbringen wären. In den nächsten Jahren werden viele von den Leistungs- und Kompetenzträgern in den Ruhestand gehen. Es gilt deshalb, das Fach- und Erfahrungswissen trotz der zahlreichen Altersaustritte zu erhalten und weiterzuentwickeln.

Im Rahmen eines firmeninternen, durch die IHK anerkannten Qualifizierungsprogramms fungieren erfahrene Beschäftigte als Referenten, um ihr Wissen an den Nachwuchs weiterzugeben. Damit diese ihr umfangreiches Fachwissen auf einem angemessenen didaktischen und methodischen Niveau vermitteln können, werden sie im Rahmen eines »train-the-trainer«-Seminars geschult und so auf ihre Aufgabe vorbereitet. Pro Jahrgang werden 14 Mitarbeiter ausgebildet. Die Ausbildung wird mit einem Zertifikat der IHK abgeschlossen (zitiert nach BMWI 2007, S. 19).

Wie neuere Befragungen zeigen, wollen Mitarbeiter durchaus – entgegen der weit verbreiteten Annahme, Vorruhestand und ATZ sind generell höchst willkommen – über 55 und über 60 hinaus weiter arbeiten. Allerdings in mehr selbst gewählten, möglichst individuell gestaltbaren Übergangsszenarien (vgl. Werle 2007). Projektbezogene Arbeit, individuelle Teilzeitmodelle und »von zu Hause arbeiten« stehen hoch im Kurs, aber auch als Selbständiger weiterhin dem Betrieb zur Verfügung zu stehen (Werle, S. 98). Flexiblere Arbeitsmodelle sind gefragt, Voraussetzung hierfür ist allerdings ein generelles Umdenken, weg vom Aufstiegsgedanken hin zu stärker horizontalen Bewegungen.

Kernfragen in diesem Handlungsfeld sind:

- Identifiziert das Unternehmen systematisch die Wissensträger und wie können diese als »Transferprofis« vor ihrer Pensionierung arbeiten?

- Wird frühzeitig mit den Mitarbeitern in den rentennahen Jahrgängen besprochen, wann und in welcher Form sie aus dem Unternehmen ausscheiden möchten?
- Gibt es unterschiedliche Modelle, gibt es Spielraum, wie je nach betrieblichem und individuellem Interesse der Berufsaustritt gestaltet werden kann?
- Kann ein »Lehrer-Modell« mit ausscheidenden Mitarbeitern auf Zeit vereinbart werden, so dass zum einen ein gleitender Übergang und zum zweiten Wissenstransfer stattfindet?
- Wie werden Senioren auf mögliche Mentoren-Rollen (z.B. im Vertrieb oder in der Nachwuchsförderung) bereits in den letzten Jahren der formellen Betriebszugehörigkeit vorbereitet?
- Lässt sich ein Ombudsmann-Modell verwirklichen, in dem Ältere für Jüngere als Vertrauensleute und Anlaufstelle wirken?
- Sind Tandem-Konzepte möglich, in dem Senior und Junior auf Zeit an gemeinsamen Projekten arbeiten?
- Können bei Innovationsprozessen ältere mit jüngeren Mitarbeitern zusammengebracht werden, so dass ATZ-Beschäftigte, kurz vor dem Ruhestand Stehende ihr Wissen (noch) weitergeben können?
- Inwiefern können welche Funktionsträger später als Berater arbeiten? Wie kann hier Übersicht erreicht werden?
- Welche Maßnahmen werden zum Übergang in den dritten Lebensabschnitt vom Unternehmen geboten?
- Was wird zur Beziehungspflege mit älteren Ex-Arbeitnehmern getan?
- Inwiefern lohnt es sich, ein Netzwerk aufzubauen, z.B. um Arbeitsspitzen abzudecken (siehe die neueren Entwicklungen in Japan) oder schwierige technische (Entwicklungs-)Fragen mit dem Erfahrungswissen Älterer zu lösen?

Personalpolitische Leitlinien könnten in diesem Handlungsfeld sein:

- Grundsatz: Der Übergang in den dritten Lebensabschnitt wird in Zusammenhang mit dem für das Unternehmen wichtigen Wissensmanagement gesehen.
- Mit 40plus Mitarbeitern bewusst im Rahmen der Laufbahngestaltung und mit 50plus Mitarbeitern verstärkt den Übergang und das Weiterreichen von Erfahrung und Wissen gestalten.
- Das formal-juristische Ende eines Arbeitsvertrages zur Pensionierung bleibt zwar nach wie vor ein Eckpfeiler, jedoch ist es je nach den betrieblichen Erfordernissen möglich, weitere Beschäftigungsmöglichkeiten (Mentor, Pate, Ombudsman etc.) in unterschiedlichen Modellen zu vereinbaren.
- Als Unternehmen sind wir uns bewusst, dass die Art und Weise der Verabschiedung von Mitarbeitern in die nachberufliche Phase eine Rückwirkung hat auf die Motivation und die Bindung aller anderen Mitarbeiter.

5 Zusammenfassung

Ausgangspunkt demografiefester Personalarbeit ist eine Bestandsaufnahme der gegenwärtigen Situation und eine Projektion der internen wie externen Entwicklung in die Zukunft. Die skizzierten neun Handlungsfelder mögen helfen, die wichtigen Ansatzpunkte für ein vorausschauendes Handeln zu entdecken und erste Initiativen zu starten, das Unternehmen »demografiefest« werden zu lassen.

Durch die unten stehende Checkliste zur Vorbereitung eines Gesprächs oder in einem Workshop mit der Unternehmensleitung wird sehr schnell deutlich, ob das Unternehmen und seine Entscheidungsträger sich der Tragweite des Themas bewusst sind oder eben nicht. Sind erst einmal die relevanten Handlungsfelder identifiziert, erhält das Thema ein eigenes Gewicht und den nötigen Rückhalt der Entscheidungsträger. Letztlich geht es darum, die Erfolgspotenziale des Unternehmens auch mit Blick auf die Demografie langfristig, das heißt über Generationen hinweg zu sichern und nicht in einen kurzfristigen Aktionismus abzugleiten. Im Teil 3 dieses Buches wird gezeigt, wie aus dem Business Case »Demografie« die jeweiligen Einzelstrategien abgeleitet werden können.

Checkliste: Ein Arbeitsprogramm

1. Wie ist es bei wichtigen Entscheidern um Einsicht in diese Themen bestellt? Wie ist es um ein wirklich konstruktives Bewusstsein für diese Thematik überhaupt bestellt?
   - Zunächst: Wer sind die relevanten Entscheider?
   - Wer ist wie bei diesen Themen anzusprechen?
   - Wie kann der Auftrag für mich als Personal-Verantwortlicher/Unternehmer lauten?
2. Was sind die heute und in 3, 6, 9 Jahren benötigten Qualifikationen, Erfahrungen und Wissensbestände, um die Unternehmensstrategie heute und vor allem morgen verfolgen zu können?
   - Bestehen Kompetenzprofile? Wo müssen welche entwickelt werden?
   - Wie steht es um die Transparenz der Kompetenz- und Qualifikationsstruktur bezogen auf die Strategie? Wer kann heute was?
   - Wer muss morgen was können?
3. Wie ist heute die Mitarbeiterstruktur?
   - Altersgruppen – Welche sind zu unterscheiden?
   - Welches sind die relevanten, unverzichtbaren Schlüssel-Mitarbeitergruppen?
   - Welche wichtigen Qualifikationsgruppen sind zu unterscheiden?

4. Wie entwickelt sich in diesen Mitarbeitergruppen die Altersstruktur in den nächsten 3, 6, 9 Jahren?
   - Welche relevanten Mitarbeitergruppen im Sinne der Strategie-Erfüllung sind zu unterscheiden?
   - Welche Parameter entwickeln sich wie (Fluktuation, Absentismus, Leistungsportfolio...)?
5. Welche Lücken ergeben sich durch die Altersverschiebung
   - in Bezug auf die vorhandene formale Qualifikation?
   - in Bezug auf die benötigten Kompetenzen und Leistungsbereitschaft?
6. Wie können diese Lücken geschlossen werden?
7. Was ist zu tun, um die Eigeninitiative von Mitarbeitern und Führungskräften zu stärken, mehr Eigenverantwortung für die Erhaltung der eigenen Beschäftigungsfähigkeit zu übernehmen?
8. Was sind die Kosten-, was sind die Nutzenaspekte der Beschäftigung Älterer?
9. Wie rechnen sich die bisherigen Investitionen in das Humanvermögen? Welche Rechnung ergibt sich bei längeren Lebensarbeitszeiten?
10. Was wird getan, um verschiedene Altersstufen beschäftigen zu können und um die jeweiligen Vorteile unternehmerisch zu nutzen?
11. Wie entwickeln sich die relevanten Arbeitsmärkte differenziert nach dem benötigten Potenzial?
    - Welche Rekrutierungsquellen bestehen?
    - Welche Rückwirkungen ergeben sich aus der demografischen Entwicklung für die Kompetenzsicherung?
    - Ergibt sich daraus ein Bedarf für Bindungsprogramme, etwa für Potenzialträger?
12. Wie steht der Betriebsrat zu den Themen?
13. Welche Regelungen, Instrumente, Planungen bestehen bereits heute in Bezug auf das Thema demografischer Wandel?
    - Betriebsvereinbarungen?
    - Entgelt, Beförderung, Ruhestandsregelungen ....?
    - Pensionsregelungen? Grad an Flexibilität?

Checkliste: Handlungsfelder

1. Was sind die Ansatzpunkte?
   - Personalstrategie – Erfolgspotenziale für das Unternehmen erschließen durch eine zeitlich weiträumige, abgestimmte, zielorientierte Personalarbeit
   - Personalplanung I – Personaleinsatzplanung, z.B. Job Rotation, Tandem-Prinzip Ältere, Jüngere
   - Personalplanung II – Teilzeitmodelle, Voraussetzungen schaffen für »fluide Beschäftigungen«, Arbeitszeitmodelle und neue Kombinationen aus Lernen-Arbeiten-Lernen-100%-50%-Beschäftigung, flexible Pensionierungskonzepte
   - Personalentwicklung – z.B. Lerndesign und Lernpsychologie für Ältere, Wissens-Transfer-Management, altersgruppenbezogene Angebote, Vorbereitung von Führungskräften für das Leiten altersheterogener Arbeitsgruppen
   - Kulturentwicklung und Bewusstseinswandel – von Defizitorientierung »Alter« zur Betonung »Erfahrung im Alter«, Aufbau einer »Kultur des Miteinanders«
   - Anpassungsnotwendigkeiten des personalpolitischen Instrumentariums – z.B. Senioritätsprinzip in der Entgeltpolitik, Arbeitszeitflexibilisierung und Langzeitkontenmodelle
   - Rückwirkungen der Altersentwicklung auf Führung – z.B. Führen von Älteren durch Jüngere, Führung auf Zeit
   - Neuer Stellenwert eines präventiv ausgerichteten Gesundheitsmanagements
   - Aufbau eines positiven Arbeitgeberimages, um im nächsten »war for talents« bestehen zu können

2. Welche dieser Ansatzpunkte können leicht, welche schwieriger umgesetzt werden?

3. Wie ist die Priorisierung nach Notwendigkeit und Dringlichkeit, Aufwand und Leichtigkeit der Umsetzung?

Teil 3 Erhaltung und Bindung

Wege zur zukunftsfähigen Organisation
(Marcus Schmitz)

1 Einleitung

Teil 1 dieses Buches räumt mit populären Vorurteilen und vorschnellen Meinungen zur Demografie auf. Die Konsequenz daraus kann nur darin liegen, die aktuellen und zukünftigen Herausforderungen aktiv anzugehen und sich mit den Konsequenzen der Entwicklung für das eigene Unternehmen intensiv auseinanderzusetzen. Dabei ist zumindest für Europa – ebenso wie auch für andere Teile der Erde – ein Ergebnis der demografischen Entwicklung, dass qualifiziertes Personal knapp ist und sich dieses in naher Zukunft weiter verschärfen wird.

Die Schlüsselfaktoren für den Unternehmenserfolg liegen also nicht mehr länger ausschließlich in den Fragestellungen, wie effizient gearbeitet und Prozesse erfolgreich gemanagt werden können. Die Rekrutierung, die Bindung und die Nutzung von Humanpotenzial entscheiden über die Zukunftsfähigkeit des Unternehmens. Die Bearbeitung dieser Herausforderungen kann einerseits über die Gesamtpersonalstrategie erfolgen. Teil 2 dieses Buches beschreibt eine Vorgehensweise, um mit neun Handlungsfeldern die Herausforderung Demografie zu bewältigen. Diese Methode ist praktisch erprobt und bewährt.

Es wird immer wieder nachdrücklich darauf hingewiesen, dass der Personalbereich seine Rolle vom Dienstleister zum strategischen Partner verändern muss (vgl. Karkoschka/Schulz 2004). Allein die Resultate fehlen in den allermeisten Fällen. Selbstverständlich ist die Forderung zum Rollenwandel auch betriebswirtschaftlich zu begründen. Die Altmeister der BWL lehren uns (vgl. u.a. Wöhe/Döring 2008), dass die Produktion am Engpassfaktor auszurichten ist. Dieser wird zukünftig neben dem Absatzmarkt für Produkte auch der Beschaffungsmarkt für Personal sein. Dies verstärkt die Bedeutung des HR-Managements. Insofern ist das Ziel der neuen Positionierung als strategischer Partner der Unternehmensleitung anzustreben. Leider ist der Personalbereich in der betrieblichen Praxis nicht immer in der Position, solche umfassenden Veränderungen der Strategie anzustoßen. Die strategische Bedeutung menschlicher Ressourcen ist in vielen Unternehmen nicht erkannt.

Deshalb ist es neben der Möglichkeit, die gesamte Personalstrategie auf die demografischen Herausforderungen auszurichten, sinnvoll, eine Bearbeitung mittels themenbezogener Einzelstrategien vorzunehmen.

Unter Personalentwicklern wird dies auch »Guerillastrategie« genannt. Auf diese Weise kann einerseits ein konkreteres Konzept in kleinen Schritten und mit überschaubarem Risiko angegangen werden und andererseits auch die Legitimation zum Handeln auf Basis von »Modethemen« und generellen Bewegungen in der Wirtschaft – wie im Feld Familienfreundlichkeit deutlich erkennbar – für die eigene Umsetzung genutzt werden. Somit bietet der dritte Teil eine Herangehensweise der kleinen Schritte über einzelne Themenstellungen. Dabei werden die dargelegten neun strategischen Handlungsfelder angewandt. Auf diesem Weg ergibt sich eine Vorgehensweise, die zu einem späteren Zeitpunkt auf das große Ganze hinausläuft. Dem Leser ist damit freigestellt, ob er den großen Wurf oder ein individuell zu bestimmendes Bausteinsystem bestehend aus einzelnen Teilen unterschiedlicher Themenstellungen anwendet. Damit liefert er auf die eine oder andere Weise einen Wertbeitrag zur Zukunftssicherung seines Unternehmens.

2 Ressourcenverfügbarkeit und individuelle Lebenssituationen

2.1 Einleitung und Nutzen

Individuelle Lebenssituationen werden im Erwerbsleben häufig vernachlässigt. In Gang gekommen ist die Diskussion über die »privaten Bedürfnisse« der Mitarbeiter über das Thema Familienfreundlichkeit. Sie ist ein gesellschaftlich, politisch und unternehmerisch in starkem Maße propagiertes Ziel. Seit einigen Jahren bereits versucht die Politik zu verdeutlichen, dass es sich um ein unternehmerisch wichtiges Feld handelt, wenn das Potenzial an geeigneten Mitarbeiterinnen und Mitarbeitern zukünftig gewährleistet sein soll.

Diese Beobachtung ist zum Beispiel vor dem Hintergrund unzureichender staatlicher Betreuungsmöglichkeiten und damit einer nicht zu realisierenden Vereinbarkeit für den Einzelnen aufgrund eines staatlichen Minderangebots richtig. Denn die wichtigen personalstrategischen Ziele, Potenzialträger rekrutieren, binden und nutzen, werden durch fehlende Vereinbarkeit konterkariert. Auf dieser Basis ist in Unternehmen darüber nachzudenken, Veränderungen anzugehen, um durch familienfreundliche Regelungen diese Ziele zu erreichen. Dies zeigt beispielhaft, wie eng die Ressourcenverfügbarkeit mit individuellen Lebenssituationen der Beschäftigten verwoben ist.

Familienfreundlichkeit ist ein wichtiges Kriterium bei der Wahl des Arbeitgebers, wie Abbildung 14 belegt.

Damit erhält die Attraktivität als Arbeitgeber im »war for talents« eine Schlüsselposition. Familienfreundliche Rahmenbedingungen stehen in besonderem Fokus und werden von Bewerbern heute in vielen Einstellungsgesprächen abgefragt.

Stellt Familienfreundlichkeit für Sie ein Kriterium bei der Wahl Ihres Arbeitgebers dar? (Angaben in Prozent)

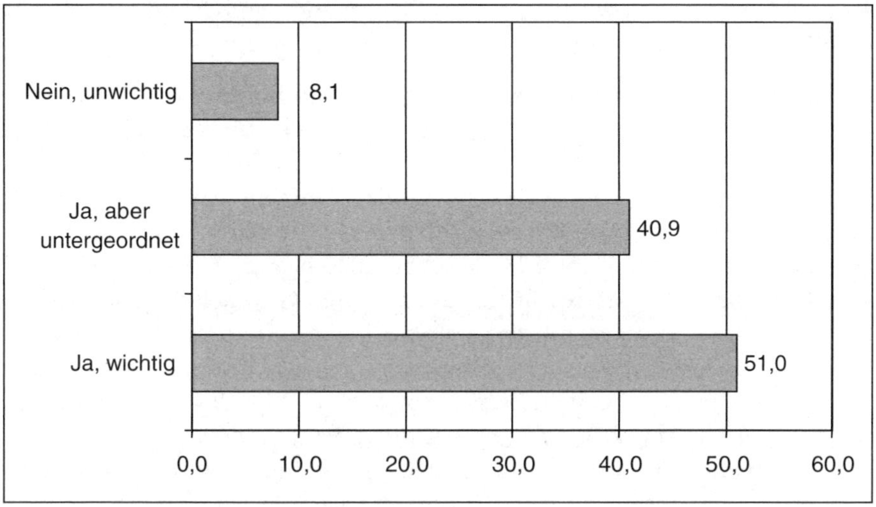

Abb. 14: Familienfreundlichkeit als Arbeitgeber-Auswahlkriterium (Quelle: IGS 2008a)

Potenziale binden: In Zeiten knapper Potenzialträger ist – auch das zeitweise – Ausscheiden aufgrund Elternzeit, Teilzeit, Pflegezeit, persönlicher Auszeit etc. für ein Unternehmen das Entgehen von wichtigem Potenzial. Die Verabschiedung von Müttern und Vätern in Elternzeit bedeutet, dass gute Mitarbeiterinnen und Mitarbeiter für einen bestimmten Zeitraum nicht zur Verfügung stehen. Dies bedeutet nicht nur das Fehlen von dringend benötigten Kompetenzen und Wissen. Durch das zeitweilige Ausscheiden »veralten« darüber hinaus auch Kenntnisse. Potenziale binden, hat unter diesen Gesichtspunkten massive betriebswirtschaftliche Auswirkungen.

Der zeitweise Verlust von benötigten Fach- und Führungskräften ist die harmlosere Variante, schließlich stehen sie mit zeitlicher Verzögerung dem Unternehmen zu einem späteren Zeitpunkt wieder zur Verfügung. (Noch) schlimmer ist es, wenn Potenzialträger aufgrund mangelnder Familienfreundlichkeit das Unternehmen verlassen und entweder komplett aussteigen oder sich einen anderen Arbeitgeber suchen. Es ist die weitverbreitete Ansicht, dass dies lediglich auf einen kleinen Teil der Arbeitnehmer zutrifft. In diesem Zusammenhang ist allerdings zu berücksichtigen, dass sich die Gegebenheiten auf dem Arbeitsmarkt durch die demografische Entwicklung und die damit in weiten Teilen verbundene Vollbeschäftigung massiv verändern werden.

Auch die Pflegebedürftigkeit von Angehörigen ist eine individuelle Lebenssituation, die dazu führen kann, dass für das Unternehmen wichtige Mitarbeiterinnen und Mitarbeiter nicht mehr in beabsichtigtem Umfang zur Verfügung stehen. Eine Umfrage belegt, dass ein Drittel der Befragten, die Angehörige pflegen, ihren Beruf wegen der Pflegetätigkeit aufgegeben haben (IGS 2006).

Wer heute nicht agiert, wird eine spätere Fluktuation auf Grund fehlender Berücksichtigung von individuellen Lebenssituationen nicht verhindern.

Potenziale nutzen: Selbst wenn das Verb »nutzen« im Kontext von menschlichen Ressourcen ungern verwendet wird, zeigt es auf, wie wenig es in vielen Fällen Unternehmen verstehen, die zur Verfügung stehenden Fach- und Führungskräfte für die Realisierung von Unternehmenszielen effektiv einzusetzen. Ein Beispiel ist die Ablehnung von Karriereschritten aus familiären Gründen. In einer Umfrage (IGS 2005a) gaben 48% von über 1.000 befragten Vätern an, dass sie ein- oder mehrmals Karriereschritte aus familiären Gründen ausgeschlagen haben. Wie noch zu zeigen ist, führen gesellschaftliche Entwicklungen zu veränderten Entscheidungsprozessen des Einzelnen, auf die sich Unternehmen einstellen müssen. Zunehmende Frauenerwerbsquoten, d.h. beide Partner arbeiten und sind zum Beispiel von Ortswechseln betroffen, veränderte Wertesysteme, auch Väter wollen am Leben ihrer Familie teilhaben usw. führen dazu, dass Potenzialträger nicht mehr automatisch zu Gunsten der Karriere entscheiden.

Potenziale nutzen bedeutet auch, ein Umfeld zu schaffen, in dem die für das Unternehmen bedeutsamen Mitarbeiterinnen und Mitarbeiter gute Leistungen erbringen können und wollen. Die Berücksichtigung individueller Lebenssituationen wird dabei als ein wichtiges Motivationsinstrument sowohl von Führungskräften als auch von Mitarbeitern angesehen. Nahezu alle Befragten einer Untersuchung unter 114 Führungskräften (IGS 2007) waren der Ansicht, dass sich positive Wirkungen durch gelebte Familienfreundlichkeit auf die Motivation der Beschäftigten ergeben. Gerade auch Untersuchungen unter Vätern belegen, dass für den Einzelnen Familienfreundlichkeit bedeutsame Identifikations- und Motivationswirkungen hat (IGS 2005a; IGS 2008).

Aus all diesen Gründen lohnt es sich, auf die individuellen Bedürfnisse von Mitarbeiterinnen und Mitarbeitern Rücksicht zu nehmen und zum Beispiel durch familienfreundliches Personalmanagement eine Win-win-Situation zu Gunsten des Mitarbeiters und des Unternehmens zu realisieren.

Familie ist dabei neu und viel weiter zu denken, als dies unter klassischer Rollenverteilung der Fall war – eben individuell. Hettlage spricht in diesem Zusammenhang von »Familienwelten« (Hettlage 2002). Je knapper in Zukunft benötigte Kompetenzen werden, um so entscheidender ist es, wie diese an das Unternehmen gebunden werden können. Familienfreundlichkeit wirkt dabei – auch durch die Vätermonate des Elterngeldes – nicht mehr nur als ein Frauenthema. Ebenfalls wird der zunehmende Bedarf an Pflegetätigkeiten dazu führen, dass auch in »nicht mehr gebährfähigem Alter« Mitarbeiterinnen und auch Mitarbeiter ihre Arbeitszeit zu reduzieren wünschen, wenn auf anderem Wege keine Vereinbarkeit in dieser Thematik gewährleistet werden kann. Es ist ebenso fahrlässig davon auszugehen, dass Väter nur in der Rush Hour des Lebens zwischen 30 und 40 bei ihren Entscheidungen die familiäre Situation einbeziehen. Durch Veränderungen im familiären Umfeld entstehen mitunter plötzlich durch neue Beziehungen oder durch kleine Kinder im vergleichsweise fortgeschrittenen Alter veränderte Rahmenbedingungen und neue Bedürfnisse. Der gesellschaftliche Wertewandel bezogen auf dieses Thema ist also nicht ohne Auswirkungen auf mögliche Lösungswege zur Bewältigung demografischer Herausforderungen.

Auch betriebswirtschaftlich sind die positiven Wirkungen von Familienfreundlichkeit mehrfach belegt. Viele Untersuchungen (z.B. Prognos, IGS, BMFSFJ) kommen zu dem Ergebnis, dass der Nutzen größer als die Investition ist. Der »Gewinn« für das Unternehmen ist damit unzweifelhaft. Beispielrechnungen (Schmitz, Kohn 2007) belegen den Umfang der positiven Effekte, die allerdings nur bezogen auf den Einzelfall nachvollziehbar berechnet werden können.

Bei aller positiven und tiefen Überzeugung, bleibt allerdings die Einschränkung, dass sich durch gelebtes mitarbeiterorientiertes und familienfreundliches Personalmanagement nicht alle Probleme einer Organisation lösen lassen. Ebenso wichtig ist, dass die Möglichkeiten zu Gestaltungsspielräumen und zur Rücksicht auf die Familie des Mitarbeiters oder der Mitarbeiterin nur so weit bestehen, wie die Anforderungen der Kunden befriedigt werden können. Anhand von Beispielen erläutert: Schicht- oder Bandarbeit schränkt die Möglichkeit zur zeitlichen oder örtlichen Flexibilisierung ein. Es ist nicht empfehlenswert, die Bänder stehen zu lassen, um Einzelnen zu ermöglichen, zu wichtigen Zeiten zu Hause zu sein. Ebenso ist bei Bandarbeit Telearbeit in den meisten Fällen nicht realisierbar. Jedes Instrument hat also seine Grenzen in der praxisbezogenen Realisierbarkeit. Auf der anderen Seite muss aber ebenso der Wille bestehen, das umzusetzen, was umsetzbar ist.

Unter Berücksichtigung dieser betrieblichen und auch marktlichen Erfordernisse lässt sich die Berücksichtigung individueller Lebenssituationen neben der Einzelfallbezogenheit auch auf der grundsätzlichen Ebene betriebswirtschaftlich darstellen. Dieser Versuch verdeutlicht, wie Denkweisen und »Kalkulationen« unternehmerisch meist gleichgeblieben, sich individuell allerdings verändert haben.

Betriebswirtschaftlich macht es für ein Unternehmen Sinn, wenn der Nutzen, den ein Mitarbeiter erwirtschaftet, größer ist als die Kosten, die der Beschäftigte verursacht. Unter diesen Voraussetzungen macht es – bezogen auf den Mitarbeiter – Gewinn. Der Nutzen des Unternehmens ist die Leistung des Mitarbeiters. Gemeinhin wird die Leistung definiert als Menge pro Zeiteinheit multipliziert mit der Arbeitszeit. Dabei ist die bearbeitete Menge mit einer vorgegebenen Qualität zu erbringen. Zusätzliche, allerdings in einer Wissens- und Dienstleistungsunternehmung zunehmend bedeutsamer werdende, Leistungen liegen in Ideen, in der Imagebildung, in der Werbung für das Unternehmen, in der Generierung von Wissen, in der Fähigkeit, andere zu begeistern usw. Diese Leistungen werden selten – allenfalls über Beurteilungen – bewertet. Ziel des Unternehmens ist, den Nutzen des Beschäftigten zu steigern. Dies kann entweder über mehr Leistung oder über geringere Kosten erreicht werden. Beides ist geschehen, die Arbeitsverdichtung ist fortgeschritten, die Kosten z.B. durch die Streichung freiwilliger sozialer Leistungen von Seiten des Unternehmens reduziert.

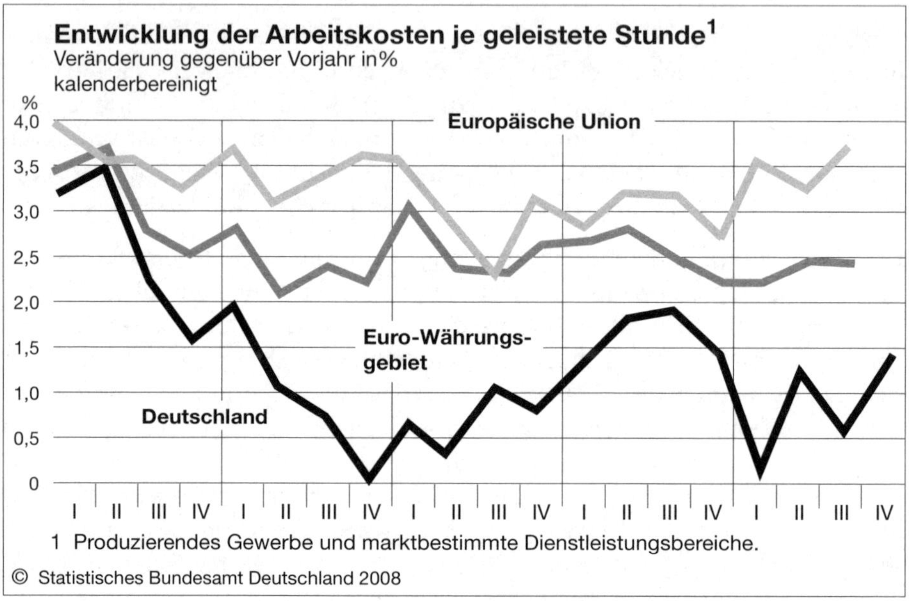

Abb. 15: Reduzierung der Arbeitskosten 2003–2007

Diese Kalkulation findet auch durch den Arbeitnehmer statt – auf seiner individuellen Ebene. Für ihn muss folgerichtig, um einen individuellen Ertrag zu erwirtschaften, der Nutzen ebenfalls höher als die Kosten sein. Dabei ist der größte Nutzen der Arbeit meistens das erzielte Gehalt, aber auch das Arbeitsumfeld, interessante Erfahrungen und Begegnungen, inhaltsvolle und befriedigende Aufgaben oder durch die Arbeit ermöglichter gesellschaftlicher und beruflicher Status. Demgegenüber stehen die Kosten wie zum Beispiel Verzicht auf die Realisierung von eigenen Vorstellungen und Zielen, die freie Verfügung über die Zeit, Wegsein von der Familie, Partnerschafts- und Familienkonflikte, Stress (vgl. Resch, M. 2008) etc.

Wie kann der Mitarbeiter seine Ertragssituation verbessern? Indem er das Gleiche macht, was er von Unternehmen gelernt hat: Eigenen Nutzen maximieren, eigene Kosten reduzieren. Das erste geschieht durch eine Maximierung des erwirtschafteten Gehaltes, sofern Spielräume diesbezüglich bestehen. Beispiele dafür sind die Umsetzung von Zielvereinbarungen, auch wenn sich diese im Zeitablauf als unsinnig herausgestellt haben. In vielen Fällen führt die Maximierung des eigenen Nutzens kaum noch zu einer Steigerung des individuellen Wohlbefindens. Die Erhöhung des Einkommens schafft nur noch gering steigende Zufriedenheit.

Auf der anderen Seite steht die Kostenreduzierung. Dazu zählt beispielsweise die Vermeidung von Zeiten ohne Familie. Dies zeigt sich einerseits an der beachtlichen Zahl von Vätern, die das Elterngeld in Anspruch nehmen. Immerhin beantragten 65.601 Väter im Vergleich zu 515.814 Müttern Elterngeld (Destatis 2008).

Andererseits drückt sich dies auch darin aus, dass Väter in einer Studie angeben, auf Einkommen zugunsten der Familienfreundlichkeit des Arbeitgebers zu verzichten wie die nachfolgende Grafik belegt.

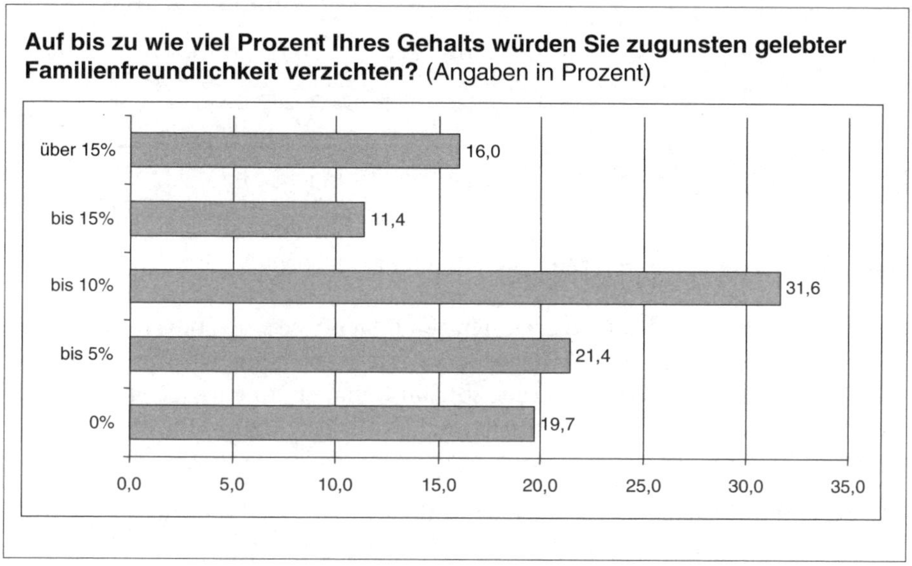

Abb. 16: Zusammenhang Gehaltsverzicht und Familienfreundlichkeit (Quelle: IGS 2008a)

Durch Veränderungen im Wertesystem und auch durch andere Konstellationen in Familie und Partnerschaft, beispielsweise eine steigende Anzahl von Zweiverdienerhaushalten, wird die Betrachtung der eigenen Kosten-Nutzen-Relation wichtiger. Auf der anderen Seite entwickelt sich der Arbeitsmarkt zu Gunsten qualifizierter Arbeitskräfte, was den Abwägungsprozess erleichtert, der Einzelne wird im wahrsten Sinne mehr wert.

Sowohl Beschäftigte als auch Unternehmen handeln prinzipiell also auf die gleiche Art und Weise. Allerdings werden Unternehmen schneller größeren Handlungsdruck verspüren. So geben Führungskräfte im Jahre 2007 bereits zu über 90% in einer Studie (IGS 2007) an, dass sie ihre Mitarbeiter für nicht leicht ersetzbar halten.

Abbildung 17 zeigt die Einschätzung der Führungskräfte im Einzelnen.

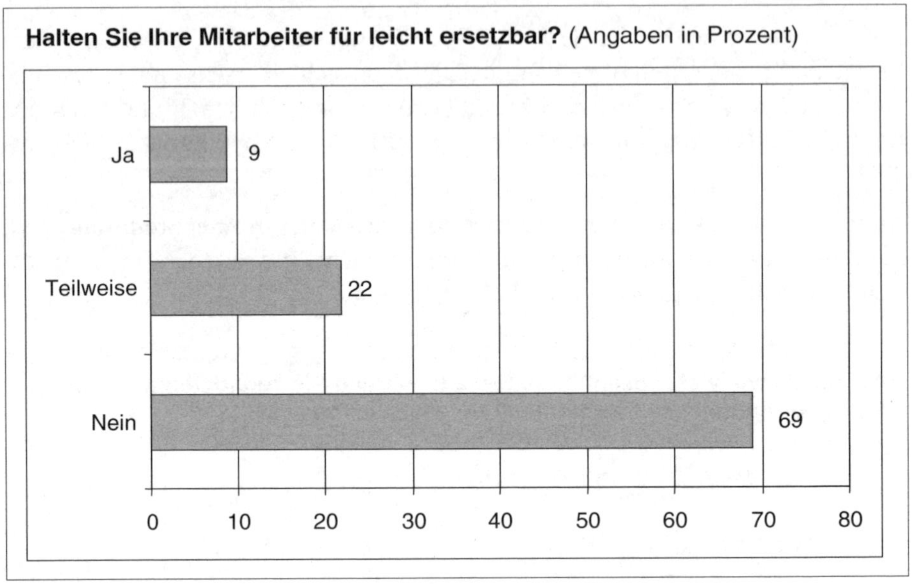

Abb. 17: Ersetzbarkeit von Mitarbeitern (Quelle: IGS 2007)

Zukünftig muss also das Unternehmen seine Sichtweise verändern und versuchen, sowohl den Nutzen des Mitarbeiters zu steigern als auch die Kosten des Beschäftigten zu senken. Damit werden sowohl Gehälter auf einem engen Arbeitsmarkt ansteigen, als auch Regelungen zur Berücksichtigung individueller Lebenssituationen zunehmen.

Familienfreundlichkeit – bezogen auf alle Bereiche wie Partnerschaft, Vereinbarkeit von Beruf und Kindern und auch die Pflege von Angehörigen – wird ein Schlüsselfaktor für die Zukunftsfähigkeit von Unternehmen. Wie dieses Themenfeld im Einzelnen bearbeitet werden kann, wird im Folgenden anhand der neun Handlungsfelder beschrieben.

2.2 Handlungsfeld: »Personalplanung und Flexibilisierung«

Die Personalplanung ist eine Teilaufgabe des Personalmanagements. Sie ist die gedankliche Vorwegnahme zukünftiger personeller Maßnahmen in den folgenden Prozessschritten:

- Ermittlung des Personalbedarfes,
- Beschaffung von Personal,
- Entwicklung vorhandener Mitarbeiterinnen und Mitarbeiter,
- Planung des Personaleinsatzes,
- Planung eines möglichen Personalabbaus (Schmitz 2006).

Die Personalplanungsseite greift die Interessen und Bedarfe des Unternehmens auf. Allgemein kommen auf die Personalplanung komplexere Aufgaben zu. Das Angebot an qualifizierten Fach- und Führungskräften wird geringer, die Nachfrage höher. Was bedeutet das für die Personalplanung?

Es müssen immer neue Wege zur Deckung des Personalbedarfes gefunden werden. Dies bedeutet, dass sowohl Qualität als auch Quantität unter veränderten Rahmenbedingungen beleuchtet werden müssen. Sind die Beschäftigten entsprechend der Qualifikation effizient eingesetzt? Können Potenziale in der Organisation dadurch geschaffen werden, dass Arbeit entsprechend der Qualifikationen (noch) besser verteilt wird? Wie viele Mitarbeiter werden mit welcher Qualifikation benötigt? Auf alle diese und weitere Fragen wird die Personalplanung zukünftig Antworten finden müssen.

Unter der Überschrift »Individuelle Lebenssituation und Personalplanung« besteht allerdings ein anderer Schwerpunkt. Wenn es zukünftig schwierig ist, Humanpotenzial zu rekrutieren und zu binden und die Berücksichtigung individueller Lebenssituationen ein Weg ist, dieses zu erleichtern, dann muss sich die Personalplanung auch in diesem Zusammenhang auf neue Wege einlassen.

Aus dem Blickwinkel einer solchen Organisation genügen schematische Planungs- und Statistikprozesse nicht mehr. Als Beispiel ist unter dem Gesichtspunkt flexiblen Zeiteinsatzes, auf den später noch eingegangen wird, eine Statistik auf »Kopfbasis« (Anzahl Mitarbeiter pro Bereich) in keinster Weise aussagekräftig. Dies bedeutet wiederum für den Planungsprozess, dass Aussagen »Wir benötigen einen Mitarbeiter für…« nicht zielführend sind. Kapazitäten müssen genauer festgelegt und hinterfragt werden, um sie in Zeiten knappen Personals besetzen zu können. Ob dies auf benötigter Stundenbasis oder als Anteil von einer angenommenen Vollzeitstelle generiert wird, ist dabei unerheblich. Gleichzeitig bedeutet dies für Besetzungen, dass die Aufteilung von bestehenden Bedarfen flexibler gestaltet werden muss. Individuelle Gegebenheiten je Beschäftigten, je Stelle, je Bereich sind in die Planungen zu integrieren.

Zum Beispiel bedeutet familienfreundliche Personalplanung darüber hinaus, neue Faktoren aufzunehmen. Beispielsweise bieten sich hierzu Szenariotechniken an. Dabei sollten die Fragestellungen nicht zu komplex und aufgebläht angegangen werden. Einfache Aussagen sind meistens ausreichend. Beispiel: Die Krankheitsquote von Frauen zwischen 30 und 40 Jahren unterteilt nach »mit Kindern« und »ohne Kindern« kann ein wichtiges Indiz dafür sein, wie Maßnahmen wirken. Ebenso denkbar ist die Fragestellung, wie viele Männer für welchen Zeitraum Elterngeld beantragen. Auf dieser Zahl können künftige Ersatzbedarfe festgelegt werden.

Sowohl die Planung als auch die Einsätze müssen flexibler geplant werden.

Doch auch der Personaleinsatz als Teil der Personalplanung wird unter familienfreundlichen Gesichtspunkten flexibler ablaufen. Starre Anwesenheitszeiten, starre Bemessungszeiten, starre Kopfzahlen gehören genauer hinterfragt. Je nach Anforderungen des Unternehmens, der Kunden oder des entsprechenden Bereiches können je nach Tages- oder Jahreszeit möglicherweise unterschiedliche Bedarfe abgebildet werden, die mit den Bedürfnissen der Beschäftigten übereinander zu bringen sind. Ob dieses alles eine übergeordnete Personalplanung in diesem Detailierungsgrad noch leisten kann oder ob nicht zukünftig Aufgaben an die Führungskräfte verlagert werden müssen, unterliegt der unternehmensinternen Entscheidung.

Dies zieht unweigerlich auch flexiblere Einsatzbedingungen für qualifizierte Fach- und Führungskräfte nach sich. Sowohl zeitlich als auch örtlich sind Flexibilisierungen erforderlich und gleichzeitig in den Ansichten von Mitarbeitern und Führungskräften mit einer familienfreundlichen Unternehmenskultur fest verbunden. Dabei ist Familienfreundlichkeit ein wichtiger Teilbereich bei der Berücksichtigung individueller Lebenssituationen.

Die nachfolgende Tabelle (IGS 2007) zeigt, was 114 Führungskräfte (Mehrfachnennungen möglich) mit Familienfreundlichkeit verbinden.

Was verbinden Sie mit dem Begriff »Familienfreundliche Unternehmenskultur«?	
	Nennungen
Flexible Arbeitszeiten	55
Verständnis für Mitarbeiter	49
Vereinbarkeit Familie und Beruf	35
Individuelle Regelungen	32
Einbindung von Mitarbeitern mit Kindern	18
Kinderbetreuungsangebote	17
Geschlechtsunabhängige Förderung	14
Home Office	10
Urlaubsregelungen	8
Materielle Sicherheit	5
Unterstützung von Mitarbeitern mit Kindern	3

Für die Personalplanung leitet sich daraus konkret die flexiblere Gestaltung ab. Auch die Beschäftigten lassen keinen Zweifel daran, dass flexible Arbeitszeit und Telearbeit zu den Anforderungen an einen familienfreundlichen Arbeitgeber gehören.

Von 320 befragten Vätern geben nahezu 75 % an, dass Instrumente zur zeitlichen Flexibilisierung im Unternehmen bereits bestehen. Was von den Vätern an weiterem Bedarf zur Vereinbarkeit gewünscht wird, zeigt die nachfolgende Tabelle.

Welche weiteren Instrumente würden Ihnen helfen, Beruf und Familie zu vereinbaren?	
	Angaben in %
Telearbeit, Home Office	30,1
Flexibilisierung Arbeitszeit	29,5
Kinderbetreuungsangebote	17,8
Verständnis	14,4
Reduktion der Arbeitsbelastung	12,3
Finanzielle Unterstützung	12,3

Aus all diesen Antworten ergeben sich ein erhöhter Flexibilisierungsbedarf und eine zunehmende Flexibilisierungsanforderung.

Erlebte Beispiele aus der Praxis belegen, dass erste Schritte bereits eingeleitet sind. Nicht immer unter der Überschrift »Berücksichtigung individueller Lebenssituationen«, ist Flexibilisierung des Arbeitsortes und der Arbeitszeit gelebte Praxis – mit allen Auswirkungen, die sich auf die Personalplanung dadurch ergeben.

Beispiel: Mittelständisches Unternehmen mit ca. 400 Mitarbeitern

Auf die Frage an den Unternehmer wieviele Arbeitszeitmodelle es in seinem Unternehmen gäbe, antwortete dieser, dass er keine Ahnung habe. Er würde von »ganz vielen« ausgehen, da er – so es die betriebliche Situation hergebe – den Wünschen der Mitarbeiter entsprechen würde. Dazu gehöre auch, dass mal jemand komme, der in Zukunft regelmäßig freitags früher Schluss machen möchte, dafür aber mittwochs länger bliebe oder ein anderer seine Stunden reduzieren möchte oder wieder ein anderer eine nebenberufliche Weiterbildung machen würde, für die er Zeit bräuchte. Die Personalplanung bzw. die Personalleitung sind es in diesem Unternehmen gewohnt, diese Belange in Regelungen umzusetzen.

In einem Großunternehmen wurden Ingenieure gesucht. Ein Ingenieursehepaar bewarb sich, machte aber zur Bedingung, dass beide vier Tage pro Woche arbeiten wollten. Das Unternehmen ließ sich auf die Bedingungen ein, plante entsprechend der Kapazitäten der beiden Ingenieure und hat auf diesem Wege sicher etwas für die Personalbindung getan.

Auch unter dem Blickwinkel der örtlichen Flexibilisierung lassen sich oftmals mehr Möglichkeiten umsetzen, als es zunächst den Anschein hat. In einer Abteilung mit hochspezifischem Know-how bestand der Bedarf einer Mitarbeiterin die Berufstätigkeit nach der Geburt ihrer Tochter zu regeln. Es gab nur zwei Möglichkeiten, da sie sich wohnungsmäßig weit entfernt von der Arbeitsstätte niedergelassen hatte. Entweder es gab die Möglichkeit zu einer Telearbeitslösung oder es blieb nur die Elternzeit, was ein herber Verlust für das Unternehmen gewesen wäre. Der Leiter der Abteilung hat in Absprache mit allen Beteiligten die Arbeitsinhalte neu strukturiert und die Telearbeitslösung umgesetzt. Die Mitarbeiterin ist heute eine anerkannte Expertin im gesamten Unternehmen für die Tätigkeit, die sie in Telearbeit erledigt. Rechnerisch stellt sich dies übrigens wie folgt dar:

Was (er-)spart diese Lösung (pro Monat, gerundet)?	
Besetzungskosten für die Vertretung (25.000 Euro/36 Monate)	695,– €
Einarbeitung einer neuen Kraft (Gehalt 2.500 Euro, zuzüglich Nebenkosten 25%, gesamt 3.125,– €)	
• Vier Monate eine Produktivität von 30% (8.750 Euro/ 36 Monate)	243,– €
• Vier Monate eine Produktivität von 70% (3.750 Euro/ 36 Monate)	104,– €
Risiko einer Fehleinstellung (kalkuliert mit einem Monatsgehalt) (3.125 Euro/36 Monate)	87,– €
• Wiederkehr: Produktivität der Wiedereinsteigerin: Zwei Monate eine Produktivität von 50% (3.125 Euro/ 36 Monate)	87,– €
Einarbeitungsaufwand der Führungskraft (Gehalt 5.000 Euro, zuzüglich 25% Lohnnebenkosten, gesamt 6.250,– €)	
• 100 Stunden à Stundensatz von 6.250/160 Monatsstunden entspricht 3.900 Euro/36 Monate	108,– €
Gesamte Ersparnis pro Monat	***1.324,–*** €

Was kostet diese Lösung (pro Monat, gerundet)?	
Aufwandsentschädigung für das Büro zuhause	80,– €
Zusatzkosten für die Rechnerbetreuung	50,– €
Schreibtischtransport (1.000 Euro/36 Monate)	28,– €
Telefon (Leitung zuhause)	40,– €
Gesamte Kosten pro Monat	198,– €

Ersparnis	1.324,– €
Kosten	198,– €
Gesamtersparnis pro Monat	1.126,– €
Für die gesamte Elternzeit	40.536,– €

Gerade im Bereich Telearbeit ist trotz häufiger Abwesenheiten aufgrund von Dienstreisen, Fortbildungen oder Besprechungen die vom Unternehmen örtlich entfernte Tätigkeit immer noch ein Eingriff in die Komfortzone des Chefs. Auch hier wird sich zur Rekrutierung, Bindung und effizienten Nutzung von Kompetenzen in der nächsten Zeit eine Menge verändern.

Bei allen Appellen zur Machbarkeit bleibt stets im Hinterkopf, dass diese auch ihre Grenzen hat. Arbeiten am Band können nicht in Telearbeit verlegt werden, Servicezeiten, in denen Ansprechbarkeit für Kunden gewährleistet sein muss, engen möglicherweise die zeitliche Flexibilisierung ein, Schichtarbeit bedingt bestimmte Anfangs- und Endzeiten, etc. Das Unternehmensinteresse ist auch bei Flexibilisierungsinstrumenten stets zu bedenken.

Grenzen bestehen auch im Hinblick auf jeden Einzelnen. Nicht jeder Mitarbeiter kann effizient und erfolgreich in Telearbeit seinen Job erledigen. Für viele bedeutet Flexibilisierung möglicher Weise Belastung. Die Koordinations- und Organisationsaufwände steigen. Insofern sind auch persönliche Kompetenzen bei der Personalplanung und bei Flexibilisierungsmaßnahmen zu berücksichtigen.

Die o.g. Rechnung verdeutlicht allerdings, dass es auch betriebswirtschaftlich und damit personalplanerisch sehr sinnvoll sein kann, Kosten zu vermeiden, die durch eine familienunfreundliche Personalpolitik entstehen. Systematisiert stellen sich die Kosten wie in Abbildung 18 beschrieben dar.

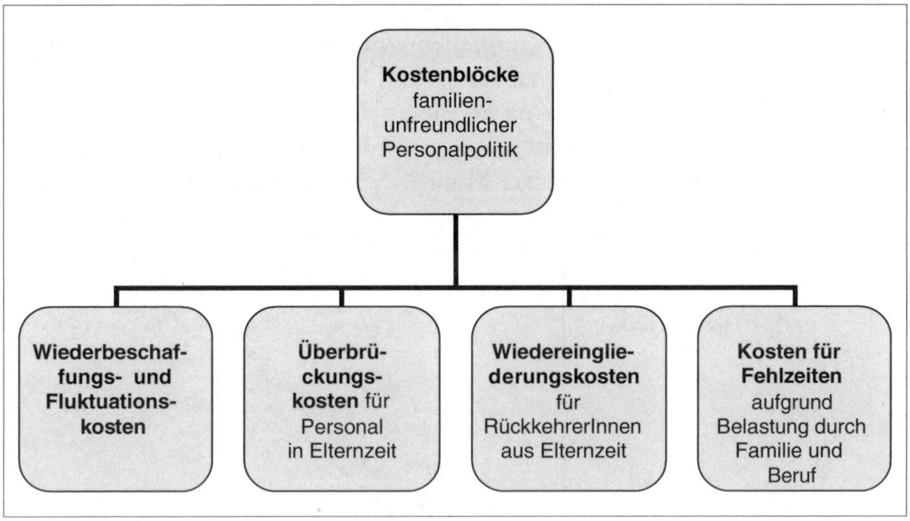

Abb. 18: Strukturierung der Kostenblöcke familienunfreundlicher Personalpolitik (siehe auch Schmitz 2005)

Aus allen Überlegungen zur Personalplanung bleibt aber das Erfordernis, sich flexibler auf die Anforderungen des Arbeitsmarktes, der Beschäftigten und des Unternehmens einzustellen, um den Personalbedarf bezogen auf qualifizierte Fach- und Führungskräfte zukünftig überhaupt decken zu können. Überlegungen zur Berücksichtigung individueller Lebenssituationen spielen dabei eine wichtige Rolle und sollten in personalplanerische Aktivitäten und den Personaleinsatz einfließen.

Bei allen Überlegungen zu Personalplanung und zeitlich und örtlich flexibleren Einsatzmöglichkeiten ist unterstellt, dass die Einsatzfähigkeit der Beschäftigten gegeben ist. Allerdings ist gerade diesbezüglich ein enormer Wandel im Gange. Großunternehmen klagen zum Beispiel über eine zunehmende Zahl von Langzeiterkrankungen im psychologischen Bereich. In Gesprächen mit Personalern ist zu erfahren, dass jeder dritte Langzeitkranke im Bereich psychologischer Störungen gesehen wird. Eine Untersuchung (Lademann u.a. 2006) belegt, dass trotz insgesamt sinkender Krankenstände die Fehlzeiten aufgrund psychischer

Erkrankungen deutlich gestiegen sind. Je nach Kassenart, belegt die Untersuchung, rücken sie in der Statistik zur Arbeitsunfähigkeit auf Rang drei bis fünf vor. Der Anteil bezogen auf Ursachen für Arbeitsunfähigkeit liegt zwischen 6 bis 13% – je nach Krankenkasse. Dies bringt enorme Kosten mit sich, da der Berufsunfähigkeit in aller Regel eine längere Krankheitsphase im Unternehmen vorausgeht. Für Unternehmen bedeutet dies ein klares Warnsignal, dass die Beschäftigten zunehmend mit den gestiegenen Drucksituationen nicht mehr umgehen können.

Was passiert in den Unternehmen und was hat dies mit Personalplanung und individuellen Lebenssituationen zu tun?

Die zunehmende Arbeitsverdichtung, die permanente Zunahme von Dynamik (Veränderungsgeschwindigkeit) einerseits und Komplexität (zu händelnde Einflussfaktoren) andererseits, führen zu einem individuellen Druckempfinden. Mit der Entwicklung muss Schritt gehalten werden, immer mehr muss in immer kürzeren Zeiten von immer weniger Mitarbeitern erledigt werden.

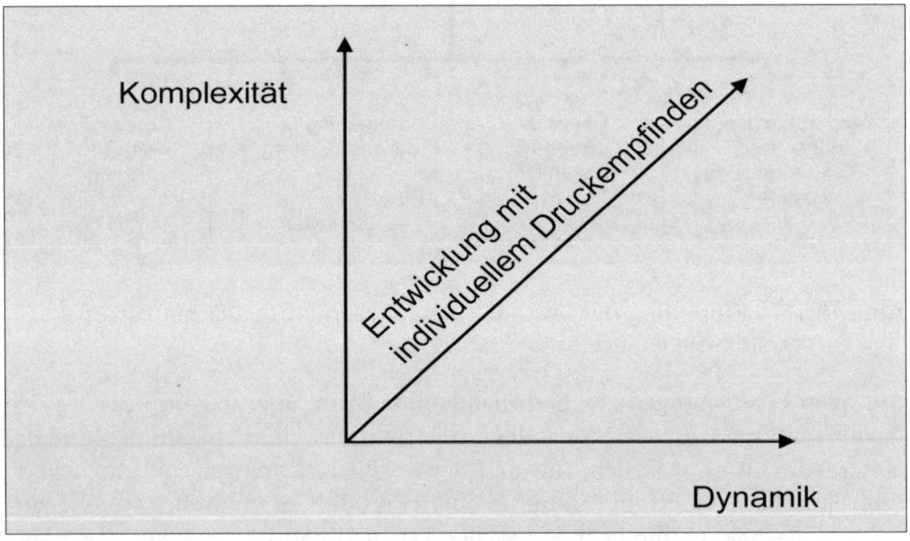

Abb. 19: Entwicklung durch zunehmende Komplexität und Dynamik

Diese Belastung wird oftmals nicht durch gestiegene Arbeitsstunden je Mitarbeiter sichtbar. Allein die Beschäftigung mit einer zunehmenden Anzahl von Einflussfaktoren zieht bereits in vielen Fällen Druckempfinden bis zur Krankheit nach sich. Die Reaktion derer, die die Entwicklung nicht erfolgreich umsetzen können, ist unterschiedlich. Einerseits berichten Sozialbetreuer in Unternehmen über gestiegene Suchtproblematiken (Alkohol, Medikamente, Modedrogen wie beispielsweise Kokain). Andererseits ist die psychische Erkrankung in vielen Fällen ebenfalls Folge dieser Entwicklung.

Dabei muss klargestellt werden, dass sich die Arbeitsverdichtung, die steigende Komplexität und die Dynamik nicht verhindern lassen und keinesfalls ausschließlich negative Folgen nach sich ziehen. Sie bedeuten auch Herausforderung, Abwechslung, Veränderung und Freude bzw. Spaß an neuen Gestaltungsmöglichkeiten. Auf der anderen Seite ist in einigen Fällen aber auch die Einsatzfähigkeit der Mitarbeiter negativ beeinflusst. Um diese Fälle geht es. Sie gehen an der Personalplanung, die auch hier eine Controlling-Funktion wahrnehmen sollte, nicht vorbei. Der Personaleinsatz ist in vielen Fällen negativ betroffen.

Damit ist deutlich geworden, warum diese Aspekte mit dem Unternehmen zu tun haben. Was aber ist der Kontext im Hinblick auf persönliche Lebenssituationen?

Eine aktuelle sozialwissenschaftliche Untersuchung (Henry-Huthmacher/Borchard 2008) zeigt eine enorme Drucksituation gerade von Eltern auf. Diese Studie belegt einerseits, dass Elternschaft als eine eingeschränkte Lebensbedingung erfahren wird. Zum einen besteht der Druck für Eltern, ein zweites Einkommen dazuzuverdienen, um dem Kind entsprechende Angebote von Sport über Musik bis zu anderen Formen der Freizeitgestaltung machen zu können. Zum anderen verursachen die eigenen Ansprüche der Eltern – wie der Titel der Untersuchung bereits belegt – zusätzlichen Druck. Unter anderem auch deshalb, weil sich die einzelnen Lebensbereiche zunehmend voneinander entfernen. Mit anderen Worten: »Enge Bindung und langfristiger Zusammenhalt wie in der klassischen Familie passen zunehmend weniger in Wirtschaft und Gesellschaft, die von Kurzfristigkeit und Flexibilität geprägt ist.« (ebenda, S. 3) Diese soziologische Betrachtung, die dezidiert je nach Milieu beschrieben wird, hat betriebswirtschaftliche Folgen.

Einerseits ist davon auszugehen, dass sich dies beispielsweise in Krankheitstagen vor allem von berufstätigen Frauen widerspiegelt. Organisationen, die dies näher analysiert haben, kommen zu dem Ergebnis, dass die Krankheitsquote von Frauen im Alter zwischen 25 und 40 im Vergleich zur Altersklasse von 40 bis 60 höher ist, während dies bei Männern genau umgekehrt der Fall ist. Negativer Einfluss ist also im Hinblick auf die Leistungsfähigkeit gegeben. Der zunehmende Druck führt dazu, dass Effizienz eingeschränkt wird.

Andererseits sinken Motivation und Identifikation und damit die Leistungsbereitschaft. Wenn unterschiedliche Lebensbereiche jeweils negativen Druck erzeugen und dies gegenseitig noch verstärkt wird, indem der jeweils andere Bereich außer Betrachtung gelassen wird (»Was interessiert uns als Unternehmen das Privatleben unserer Mitarbeiter?«), nimmt der betriebswirtschaftliche Nutzen ab. Mit anderen Worten: Kann der Mitarbeiter nicht auf eine Akzeptanz der privaten Lebensbereiche hoffen, muss er diesbezüglich im Arbeitsumfeld seine Emotionen, Handlungen und Gedanken kontrollieren. Diese (Impuls-) Kontrolle geht bis zur Unterdrückung oder Veränderung. Neubach und Schmidt haben dargelegt, dass dies Leistungseinbußen und Beanspruchungserleben nach sich zieht (Neubach/Schmidt 2007). Es konnte nachgewiesen werden, »dass das Personal umso mehr an Burn-out litt, je höher die Anforderungen an die Impulskontrolle waren« (ebenda, S. 51).

Die Auswirkungen, die sich durch gelebte Väterfreundlichkeit für das Unternehmen ergeben, werden von den Betroffenen durchweg positiv eingeschätzt, wie die nachfolgende Abbildung 20 belegt.

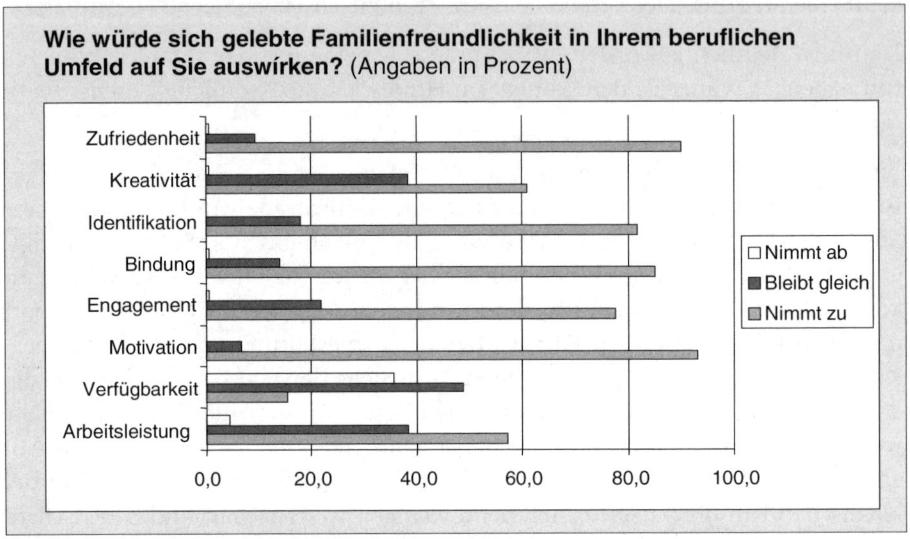

Abb. 20: Auswirkungen gelebter Familienfreundlichkeit (Quelle: IGS 2008a)

Vor diesem Hintergrund macht es zusätzlich aus Unternehmenssicht betriebswirtschaftlich Sinn, sich mitarbeiterorientiert Fragestellungen zu widmen und damit auseinanderzusetzen, wie die einzelnen Lebensbereiche durch die Realisierung einer Win-win-Situation für alle Beteiligten besser verbunden werden können. Es dient dem Erhalt der Einsatzfähigkeit und der Einsatzbereitschaft der knapper werdenden personellen Kompetenzen und Ressourcen.

2.3 Handlungsfeld: »Personalgewinnung«

Gerade im Hinblick auf die Personalrekrutierung gewinnt derzeit vor allem familienfreundliches Personalmanagement häufig an Bedeutung. So ist die Motivation für das von der Hertiestiftung durchgeführte Audit zur Familienfreundlichkeit bei den meisten Unternehmen, die dieses durchführen, die Verbesserung des Images und damit die Arbeitgeberattraktivität: »Die deutlich stärkste Motivation für die Teilnahme am Audit ist die von der Unternehmensseite erwünschte positive Außenwirkung, die Werbewirksamkeit, der Wettbewerbsvorteil, genauer gesagt, der Imagefaktor« (IAIZ 2006).

Diese Fokussierung der Unternehmen ist leicht zu erklären. In der Vergangenheit herrschte am Arbeitsmarkt ein Angebotsüberhang – es gab mehr Arbeitssuchende als Nachfrage nach Arbeitskräften. Dementsprechend waren die Unternehmen in der besseren Situation – und haben sich entsprechend verhalten. Hinzu kamen wirtschaftliche Notwendigkeiten, Prozesse effizienter zu gestalten, Personal abzubauen und die Bindung an das Personal zu verringern. Ferner wurden vielfach freiwillige Sozialleistungen gekürzt und in der Außenwirkung die Mitarbeiter auf Kostenstellen reduziert. Verhalten der Unternehmen zieht Verhalten der Beschäftigten nach sich. Ihrerseits haben diese nun die Bindung an die Arbeitgeber verringert. Die Identifikation hat abgenommen, was sich im Ergebnis vieler Mitarbeiterbefragungen ablesen lässt. Die Entwicklung innerhalb der letzten Jahre hat dazu geführt, dass sich die Mitarbeiter – wie oben beschrieben – stärker mit eigenen Kosten-Nutzen-Kalkulationen beschäftigen.

Getreu dem liberalen Motto »Wenn jeder an sich denkt, ist an jeden gedacht«, handeln nun die Beschäftigten. Auch sie erkennen nach und nach ihren Marktwert und verhandeln die Bedingungen für das Arbeitsverhältnis. Ein wichtiger Faktor in den Bewerbergesprächen sind die Rahmenbedingungen unter denen die Arbeitsleistung erbracht werden soll. Aus diesem Grunde fragen sie aktiv den Umgang im Unternehmen mit individuellen Lebenssituationen bzw. familienfreundlichen Regelungen nach.

Die Bedeutung ist auch darauf zurückzuführen, dass »Elternschaft am Arbeitsplatz zur Schwächung der zugeschriebenen Kompetenz, der übertragenen Verantwortlichkeiten und der Aufstiegschancen im Unternehmen« führt (Henry-Huthmacher/Borchard 2008). Erfordert es der Arbeitsmarkt, wird diesen Defiziten von Unternehmensseite mehr Bedeutung geschenkt. Familienfreundliche Instrumente werden angeboten. Dies kann als Indikator »verkauft« werden, dass die oben beschriebene Zuschreibung nicht in dem üblichen Maße erfolgt. Das Unternehmen erzielt so einen Wettbewerbsvorteil.

Dies sehen auch Führungskräfte in dieser Weise. Auf die Frage: »Was muss in Unternehmen passieren, damit Familienfreundlichkeit und damit die Berücksichtigung individueller Lebenssituationen eine größere Bedeutung bekommt?«, antworteten die meisten, dass Arbeitskräftemangel und Leidensdruck durch fehlende Fach- und Führungskräfte eine Beschleunigung der familienfreundlichen Ausrichtung nach sich ziehen würden (IGS 2007). Daraus lässt sich folgern, dass Familienfreundlichkeit ein wichtiger Indikator für das Arbeitgeberimage und damit für die Bindung und Rekrutierung für die erwähnte Klientel ist.

Führungskräfte sehen für die Zukunft eine steigende Bedeutung der Familienfreundlichkeit für Unternehmen. Dies belegen die in Abbildung 21 gezeigten Ergebnisse der Befragung.

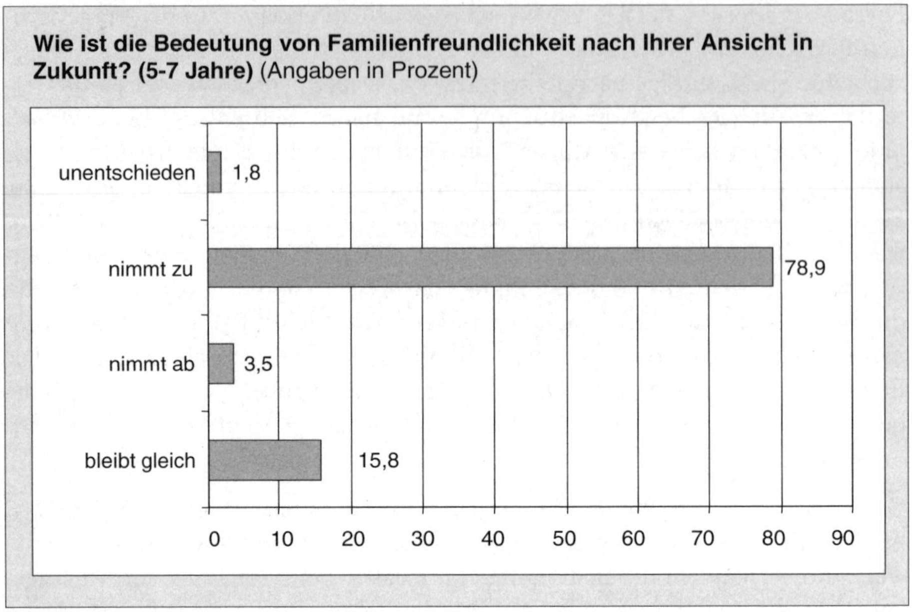

Abb. 21: Bedeutung von Familienfreundlichkeit in der Zukunft (Quelle: IGS 2007)

Auf eines muss in diesem Zusammenhang aber unbedingt hingewiesen werden: Mitarbeiterorientierung und Familienfreundlichkeit als Marketinginstrumente, um die Rekrutierung von Fach- und Führungskräften zu erleichtern, ist sicherlich wirkungsvoll. Auf Dauer wird sich aber nur eine Bindung erreichen lassen, wenn dies tatsächlich gelebt wird. Ansonsten ist mit einer schnellen Fluktuation zu rechnen, da die Erwartungen enttäuscht worden sind und der Arbeitsmarkt alternative Möglichkeiten bietet. Eine Führungskraft schilderte bei der Befragung (IGS 2007) einen konkreten Fall, bei dem eine alleinerziehende Mutter aufgrund familienfreundlicher Regelungen das Unternehmen verlassen und zu einem anderen Arbeitgeber gewechselt hat. Damit ist deutlich geworden, wie wichtig Familienfreundlichkeit für eine Rekrutierung von qualifizierten Fach- und Führungskräften heute schon ist und in Zukunft noch werden wird.

2.4 Handlungsfeld: »Personalentwicklung«

Die Berücksichtigung individueller Lebenssituationen ist kein Programm, welches sich auf Grund von Instrumenten im Unternehmen durchsetzt. Vielmehr bedarf es eines intensiven und gesteuerten Veränderungsprozesses, wenn nachhaltige Ergebnisse erzielt werden sollen. In einem solchen Veränderungsprozess, wie er für alle relevanten Zielgruppen bereits beschrieben ist (Schmitz/Kohn 2007), spielt sowohl Kommunikation aller Vorhaben als auch die Qualifizierung von Führungskräften eine entscheidende Rolle – im nächsten Gliederungspunkt wird auf diesen Aspekt noch einmal ein besonderes Augenmerk geworfen.

Die These, dass nicht die Instrumente einen Prozess beschleunigen, sondern die Einbeziehung und Qualifizierung der Führungskräfte und Mitarbeiter sowie die Kommunikation der Absichten, Maßnahmen und Ergebnisse, konnte mit der erwähnten Studie bestätigt werden (IGS 2007). Für die demografische Entwicklung, deren Folgen und den Umgang mit Mitarbeitern qualifizierte Führungskräfte, gehen mit dem Thema anders um und sind in der Lage, die entsprechenden Maßnahmen und damit die beabsichtigte Veränderung tatsächlich umzusetzen. Insofern kommt gerade der Auseinandersetzung mit dem Thema eine Schlüsselfunktion zu.

Eine solche Qualifizierungsmaßnahme kann zum Beispiel wie folgt aufgebaut sein:

- Begrüßung, Einführung, Erwartungen
- Punktabfragen:
  - Wie schätzen Sie Ihre Kenntnisse über die demografische Entwicklung und die Auswirkungen auf unser Unternehmen ein?
  - Für wie mitarbeiterorientiert halten Sie unser Unternehmen?
- Diskussion der Punkte
  - Zahlen, Daten, Fakten:
  - Demografie und gesellschaftliche Entwicklung an den Standorten des Unternehmens
  - Altersstruktur und Personalbedarf im Unternehmen
  - eingeleitete Maßnahmen zur Familienfreundlichkeit im Unternehmen
  - Stand der Diskussion im Unternehmen
- Diskussion, Meinung der Führungskräfte: Ableitung von Erfordernissen für das Unternehmen
- Blick auf die Mitbewerber – Aktionen und Programme
- Bedeutung für die einzelne Führungskraft
- Erarbeitung von Handlungsleitfäden für die Bearbeitung des Themas im eigenen Bereich
- Unterstützungsleistungen der betreuenden Bereiche (Projektleitung Demografie, Projektleitung Familienfreundlichkeit, Personalbereich, Personalentwicklung)
- Abschluss

Mittels einer solchen Auseinandersetzung kann die Berücksichtigung individueller Lebenssituationen als Einzelstrategie in das Unternehmen getragen und in den Gesamtzusammenhang der Unternehmensziele gestellt werden.

Dabei kann zunächst auf bereits sensibilisierte Führungskräfte zurückgegriffen werden, die gleichsam als Multiplikator fungieren können. Immer wieder wird darauf hingewiesen, so auch von dem Chefvolkswirt der Deutschen Bank, Prof. Norbert Walter[1], dass sich – bezogen auf Familienfreundlichkeit – vor allem diejenigen Führungskräfte eignen, die erwachsene Töchter haben. Hier ist es in aller

Regel möglich, auf eine Grundsensibilisierung zurückzugreifen, die auf Basis der familiären Diskussion erreicht ist. Bei der Befragung der Führungskräfte zur familienfreundlichen Unternehmenskultur (IGS 2007) kam es häufiger bei der Abschlussdiskussion zu Äußerungen der Führungskräfte wie »Jetzt verstehe ich meine Töchter besser«.

Ebenfalls gut geeignet sind Führungskräfte, die kleine Kinder haben. Sowohl in jungen Jahren bei den ersten Kindern als auch bei »späten Vätern«, die möglicherweise in einer neuen Partnerschaft nochmals Nachwuchs bekommen haben, sind die Themen präsent und ist eine Sensibilisierung durch die persönliche Situation erfolgt.

Bei Qualifizierungsmaßnahmen wird häufig vor dem Umfang und dem, auch finanziellen, Aufwand zurückgeschreckt. Dabei ist die Bearbeitung des Themas auch als Block in bereits etablierten Führungskräfteseminaren möglich. Hierbei zeigt sich – eingebettet in den Austausch über die aktuelle Führungssituation bzw. die offene Diskussion von Fragestellungen aus der Praxis – ein hohes Interesse für derlei Themenstellungen. Es kommt allerdings dann auf den Charakter der Veranstaltung an (Beispiel siehe Meiß u.a. 2005). Fragestellungen tauchen auf, über die sich vorher kein Trainer Gedanken gemacht hat. Wichtig ist es dann, praktikable Lösungen zu erarbeiten und der Führungskraft in ihrer spezifischen Dilemmasituation Hilfestellung zu geben.

Qualifizierungsmaßnahmen sind allerdings nicht nur für Führungskräfte wirkungsvoll. Der Umgang mit Druck und persönlichen Konfliktsituationen führt zu verstärktem Diskussions-, Unterstützungs- und persönlichem Beratungsbedarf. Coaching und Lebenshilfeangebote boomen bereits im privaten Bereich.

Mittels einer Coachingmaßnahme konnte beispielsweise einer weiblichen Führungskraft – und dem Unternehmen – geholfen werden. Die Vorgesetzte von zwei Mitarbeitern in einem sehr spezialisierten Bereich mit Ingenieurstudium wurde schwanger. Ihre Absicht war es, 100% nach sechs Monaten Elternzeit zu arbeiten, allerdings mit zwei Telearbeitstagen. Die Betreuung des Kindes durch die Großeltern war gewährleistet. Sollte sich diese Möglichkeit nicht realisieren lassen, wollte sie drei Jahre Elternzeit in Anspruch nehmen. Die erste Lösung wurde vom Team mitgetragen, arbeitstechnisch war es möglich und nebenbei für das Unternehmen die weitaus kostengünstigere Lösungsalternative.

---

1 Prof. Walter äußerte diese Ansicht in seinem Eröffnungsvortrag zur Netzwerkveranstaltung *Erfolgsfaktor Familienfreundlichkeit* am 01.04.2008 in Berlin.

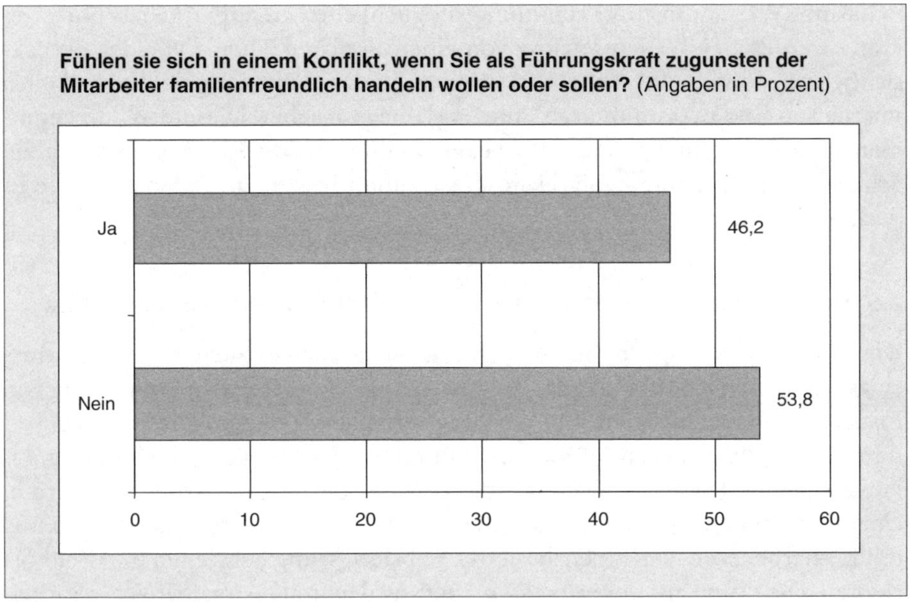

Abb. 22: Familienfreundlichkeit als Konflikt (Quelle: IGS 2007)

Allerdings waren sich die Vorgesetzten unsicher. Mittels eines Coachings konnte sowohl die Organisation in dem Führungsbereich der Mitarbeiterin konkretisiert und die Gegenargumente der Vorgesetzten bearbeitet werden. Anschließend wurden in einem offenen Dreiergespräch auch die Sorgen und Bedenken der Führungskraft diskutiert. Die Maßnahme ermöglichte die Bearbeitung der (vollkommen berechtigten) Unsicherheit. Die Unterstützung durch den externen Coach war sehr willkommen, da auf diese Art und Weise alle Bedenken offen auf den Tisch kamen und einer Lösung zugeführt wurden.

Wirksam sind auch kleine Zeichen, wie beispielsweise ein erprobtes »Lunchpaket«, welches die Stadt Köln, Amt für Gleichstellung von Frauen und Männern für Väter durchgeführt hat. Eineinhalb Stunde wurde hier mit Vätern deren Problematik diskutiert, nachdem »als Aufschlag« kurz einige Zahlen aus Umfragen über »Väter zwischen Karriere und Familie« vorgestellt wurden. Das Feedback war positiv, die Väter fühlten sich wahrgenommen, »das Auffallen in der Organisation« war durch die zeitliche Lage und den zeitlichen Umfang der Veranstaltung nicht gegeben. Es bedurfte keiner Genehmigung des Vorgesetzten und keiner Kostenverrechnung, der Besuch war innerhalb der Gleitzeitregelung möglich. Einige andere Unternehmen legen solche Veranstaltungen in den Abend, um ebenfalls den ungenehmigten Besuch zu ermöglichen. Dabei nehmen sie dann allerdings familienfeindliche Zeiten in Kauf.

Gestaltungsmöglichkeiten gibt es viele, die unter den jeweiligen Rahmenbedingungen im Unternehmen gegeneinander abgewogen werden müssen. In jedem Fall sind Qualifizierungs- und Diskussionsmaßnahmen notwendig. Dabei geht es darum, Verständnis und Handlungsmöglichkeiten zu entwickeln. Führungskräfte werden bei der Umsetzung von einem weichen Thema wie der Berücksichtigung individueller Lebenssituationen im aktuellen oftmals durch Zahlen und harten Fakten dominierten Führungsalltag unsicher. Dies muss aufgenommen und Raum für Diskussion gegeben werden. Somit ist Qualifizierung ein Schlüsselfaktor für eine erfolgreiche Umsetzung – sowohl für Führungskräfte als auch für Mitarbeiter.

2.5 Handlungsfeld: »Kulturentwicklung und Bewusstseinswandel«

Die bisherigen Abschnitte betonen an unterschiedlichen Stellen die Bedeutung eines wirklichen Kulturwandels. Die Alternative ist die isolierte Einführung von Instrumenten, die meistens ihre Wirkung verfehlen, da zur vollen Entfaltung eine andere Kultur notwendig wäre. Das Resultat ist somit Voraussetzung für das Funktionieren. Dies erläutert folgendes Beispiel: Die flexible Arbeitszeit wird in einem Unternehmen eingeführt. Bisher gab es eine klassische Gleitzeitregelung mit Kernarbeitszeit, vertrauensbasierter Selbsterfassung der Zeiten und Zeitkorridoren. Die Daten aus der Selbsterfassung wurden im Personalbereich verarbeitet und Listen über die Zeitguthaben in die Bereiche versendet. Die flexible Arbeitszeit machte Schluss mit diesen Verwaltungsprozessen und gab die Verantwortung in die Bereiche. Dort sollte überlegt und geplant werden, wie die Ressource Zeit am sinnvollsten verteilt und unter Berücksichtigung persönlicher Präferenzen der Mitarbeiter eingesetzt werden sollte. Zeitguthaben oder Minuszeiten sollten ebenfalls in den Bereichen verwaltet werden. Die Führungskraft steht in der Verantwortung.

Damit es zur Nutzung der Möglichkeiten kommen kann, muss die Führungskraft mit den Mitarbeitern die Zeit planen. Persönliche Bedürfnisse gehören abgefragt, betriebliche Erfordernisse genau definiert. Dort, wo die Führungskräfte ohnehin bereits in ähnlicher Weise verfahren, ist die Einführung kein Problem – das Instrument wurde ohnehin bereits gelebt. Dort, wo die Führungskräfte »ihre Schäfchen um sich haben wollten«, wo die Führungskultur hierarchisch aufgebaut gewesen ist, wurden die Möglichkeiten der neuen Regelung kaum genutzt. In den extrem konservativ geführten Bereichen wurde sogar bemängelt, dass die Stechuhr nicht endlich eingeführt wurde (Schmitz 2000a und 2000b).

Dies zeigt das Dilemma aller Instrumente: Damit sie funktionieren, bedarf es einer entsprechenden Kultur. Für die Umsetzung einer entsprechenden Kultur bedarf es der Instrumente. Ein Dilemma, das sich nur durch einen systematisch durchgeführten Kulturveränderungsprozess bearbeiten lässt.

Ein Erfolgsfaktor für einen solchen Kulturveränderungsprozess in Richtung einer mitarbeiterfreundlichen Unternehmenskultur ist der Rückhalt der Unternehmensleitung. Gelebt wird, was gewollt ist. Wenn die Leitung der Organisation nicht als Vorbild agiert und nicht deutlich macht, dass ihr das Thema wichtig ist, funktioniert der Prozess nicht. Insofern ist es von großer Wichtigkeit, einen Machtpromotor für den Prozess zu finden und darin einzubeziehen. Es sollte deutlich werden, dass die Unternehmensleitung die Veränderung möchte, denn so hat sie eine Chance zur Umsetzung in den Unternehmensalltag und die -kultur.

Sicher, ein Veränderungsprozess mit dem Ziel einer Unternehmenskultur, die die individuelle Lebenssituation der Mitarbeiter berücksichtigt, ist aufwendig, der Nutzen zunächst nicht klar zu berechnen, das Thema unter Umständen zu »soft« für die derzeitige Unternehmenswirklichkeit. Vor diesem Hintergrund ist es wichtig, das Thema in die Oberziele des Unternehmens einzubinden. Qualitätssicherung und Kundenbindung als mögliche Schlüsselthemen können nur mit qualifiziertem Personal umgesetzt werden. Dieses wird im Hinblick auf die demografische Entwicklung knapp. Somit bedarf es einer entsprechenden Unternehmenskultur, damit Fach- und Führungskräfte rekrutiert und an das Unternehmen gebunden werden können. Damit ist Mitarbeiterorientierung ein Mittel zum Zweck und kein Selbstzweck. Diese Argumentation ermöglicht darüber hinaus auch personalbereichsfremde Bereiche in den Prozess einzubinden und für die Umsetzung verantwortlich zu machen. In einem Unternehmen legte man zu Beginn des Prozesses größten Wert darauf, dass es sich nicht um einen Personalerprozess handelt, sondern dass die Produktion verantwortlich ist.

Die Implementierung einer solchen Kultur ist auf unterschiedlichen Ebenen realisierbar. Am effizientesten ist die Vorgehensweise top down, da hier der Wille der Unternehmensleitung deutlich gemacht wird und Ergebnisse eingefordert werden. Die zweite Möglichkeit ist die Forcierung durch die Personalabteilung, die entweder einen offiziellen Auftrag der Unternehmensleitung benötigt oder lediglich aus dem Hintergrund agieren kann. Dazu stehen dann Möglichkeiten wie die Einbeziehung in Qualifizierungsmaßnahmen, die Schaffung von Instrumenten oder die Bearbeitung über die Rekrutierungsproblematik offen. Aber auch jede Führungskraft kann in ihrem Bereich dafür sorgen, dass persönliche Bedürfnisse der Mitarbeiter in die Planungen und Arbeitsprozesse einfließen. Dazu ist allerdings das Werteverständnis des Vorgesetzten maßgeblich.

Führungskräfte geben zum Beispiel als Begründung für Familienfreundlichkeit im eigenen Bereich folgende Beweggründe an (Quelle: IGS 2007)):

- Motivation der Mitarbeiter
- Werte der Führungskraft
- Bindung der Mitarbeiter
- Erhalt der Leistungsfähigkeit der Mitarbeiter.

Nicht zuletzt kann auch jeder Einzelne für sich gesetzliche Regelungen in Anspruch nehmen und so anfangen, die Bedeutung individueller Lebenssituationen zu thematisieren.

Um es wiederholend zu verdeutlichen: Dies kann kein Selbstzweck des Unternehmens sein. Es hat mit betriebswirtschaftlichen Zielen oder mit dem Werteverständnis der Unternehmensleitung zu tun. Gerade für das letztgenannte kann beispielsweise Heraeus genannt werden, bei denen dieser Teil fester Bestandteil der (alten und immer noch bewährten) Unternehmenskultur ist (siehe dazu: www.heraeus.de).

Es steht aber auch im Gesamtzusammenhang mit der Zukunftssicherung des Unternehmens durch qualifizierte Fach- und Führungskräfte und die damit verbundene Qualitätssicherung und Kundenbindung.

Damit trägt Mitarbeiterorientierung des Unternehmens zur Erreichung der genannten Unternehmensziele bei. Sie ist damit ein Beitrag zur gesamten Ausrichtung der Unternehmenskultur.

2.6 Handlungsfeld: »Führung – neue Anforderungen«

Um *neue* Anforderungen für Führung definieren zu können, muss zunächst ein Blick auf die vergangenen und die bestehenden Anforderungen geworfen werden. Gerade in den letzten Jahren lagen die Herausforderungen darin, Prozesse zu optimieren, Arbeitsverdichtung umzusetzen, Personalabbau zu vollziehen, Veränderungsprojekte anzustoßen und das Tagesgeschäft unter höherer Dynamik und Komplexität zu bewältigen. Übergeordnetes Ziel waren die Reduzierung der Kosten und damit bei mindestens gleichbleibendem Umsatz die Erträge zu steigern, bei börsennotierten Gesellschaften den Wert des Unternehmens positiv zu entwickeln oder auch die konjunkturell schwierigen Zeiten zu überstehen.

Führungskräfte hatten die Aufgabe von Prozessmanagern, Change Agents und teilweise von rigorosen Umsetzern der unternehmenspolitischen Entscheidungen. Dies soll nicht als Kritik missverstanden werden, es war und ist der herrschende Zeitgeist. Sicherlich hatte dies auch viele erfolgreiche Unternehmensentwicklungen zur Folge.

Allerdings zog dies auch in vielen Teilen einen entsprechenden Führungsstil nach sich. Viele Unternehmen entfernten sich von ihren Mitarbeitern, betrachteten sie als Leistungserbringer oder Kostenfaktoren. Führungskräfte behalfen sich mit dem Aufbau von Distanz, um sich über den Abstand die Umsetzung der schwierigen *to do's* zu erleichtern. In diese Zeit fällt auch die Beobachtung, dass der autoritäre Führungsstil gegenüber dem bereits etablierten kooperativen Führungsstil zunimmt (Reppesgaard 2003). Im Resultat führen viele Vorgesetzte über Druck und über Bedrohungsszenarien, was alles Schlimmes passieren wird, wenn die Anpassung nicht gelingt.

Verborgen blieb indes nicht, dass dies Auswirkungen auf die Motivation der Mitarbeiter hatte. Über Mitarbeiterbefragungen, Projekte zur Ideengenerierung und Beteiligung der Mitarbeiter an Verbesserungsmaßnahmen sowie Leitbild-

und Werteprozesse sollten diese wieder »eingefangen« werden. In den meisten Fällen scheitern diese Versuche kläglich. Viele Führungskräfte stellen deshalb für Ihre Bereiche fest, dass die Mitarbeiter über Gebühr belastet und nicht mehr in gleicher Weise motiviert sowie an das Unternehmen gebunden sind, wie dies früher der Fall war. So ist die Bindung und die Motivation der Mitarbeiter heute für viele Führungskräfte ein großes Problem.

Diese Schwierigkeit wird sich verstärken, da die beschriebene (Unternehmens-) Führung nur funktioniert, wenn der Markt den Mitarbeitern keine anderen Optionen bietet, sie gleichsam aufgrund mangelnder Alternativen an den Arbeitgeber gebunden sind. Diese Voraussetzung ist in einigen Teilen des Arbeitsmarktes für qualifizierte Fach- und Führungskräfte bereits nicht mehr gegeben und wird auch in anderen Bereichen bald nicht mehr zu finden sein. Dies hat kolossale Folgen für die Führung, die sich in diesem Umfeld neu positionieren bzw. die neuen Anforderungen zunächst mitbekommen und im Anschluss darauf einstellen muss.

Auf höchster Ebene bedeutet dies Veränderungen für die Ausrichtung des Unternehmens. Gary Hamel, berühmter Managementradikaler aus Amerika, äußerte sich zu diesen Herausforderungen in einem aktuellen Interview. Die Antwort ist es wert, zitiert zu werden:

Frage: »*Drei Unternehmen haben Ihrer Meinung nach Wegweisendes geleistet: Google, die Biosupermarktkette Whole Foods und der Textilhersteller Gore. Was haben diese Firmen, was andere nicht haben?*«

Antwort von Gary Hamel: »*Alle drei verbindet, dass ihre eigenen Angestellten an erster Stelle stehen – und nicht ihre Kunden oder Aktionäre. Die folgen erst an zweiter und dritter Stelle. Das heißt nicht, dass sie sich nicht um ihre Aktionäre kümmerten. Aber Aktionäre schaffen keine Werte. Es wäre dumm, alles Handeln an deren Interessen auszurichten. Die Fähigkeit, Werte zu schaffen, hängt davon ab, ob man seine Mitarbeiter inspirieren kann, und das gelingt diesen Unternehmen auf sehr unterschiedliche Weise, aber überall durch große Freiheiten und flache Hierarchien*« (Boldt/Hamel 2008).

Mit anderen Worten: Die Mitarbeiter sind zentraler Erfolgsfaktor für das Unternehmen. Freiheiten sind wichtig, damit sie sich für das Unternehmen einsetzen, motiviert an Aufgaben herangehen, sich gegenüber dem Unternehmen verpflichtet und an es gebunden fühlen.

Die neuen Anforderungen lauten also Freiheit statt Druck, Souveränität statt »gegängelt werden«, Ausrichtung am Verhalten und den Bedürfnissen statt an ingenieurmäßig durchdachten Prozessen. Dass dies nicht zur Folge haben kann, dass jeder macht, was er will und der Unternehmenserfolg und die Koordination der Aktivitäten aus dem Auge verloren wird, ist selbstredend. Allerdings bedeutet dies den Abschied von tayloristischen Ideen und Prinzipien (Taylor 1977) hin zu einer bedürfnisgerechten Führung in einem Markt, auf dem Kompetenzen und Qualifikationen ein knappes Gut sind.

Hier setzt die Berücksichtigung individueller Lebenssituationen und beispielsweise Familienfreundlichkeit an. Bedürfnisse und Belastungen aus dem privaten Umfeld anzuerkennen und mit Flexibilität und Verständnis zu reagieren und Lösungsmöglichkeiten zu schaffen ist in Zukunft zentrale Aufgabe der Führungskräfte. Damit kann Motivation erhalten und freigesetzt und im Sinne von Hamel in Unternehmenserfolg umgesetzt werden.

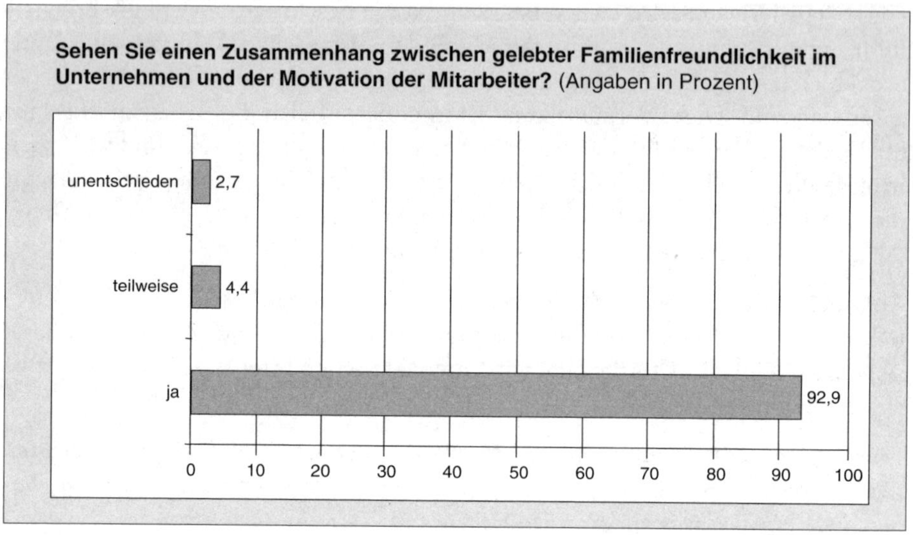

Abb. 23: Zusammenhang Familienfreundlichkeit und Motivation (Quelle: IGS 2007)

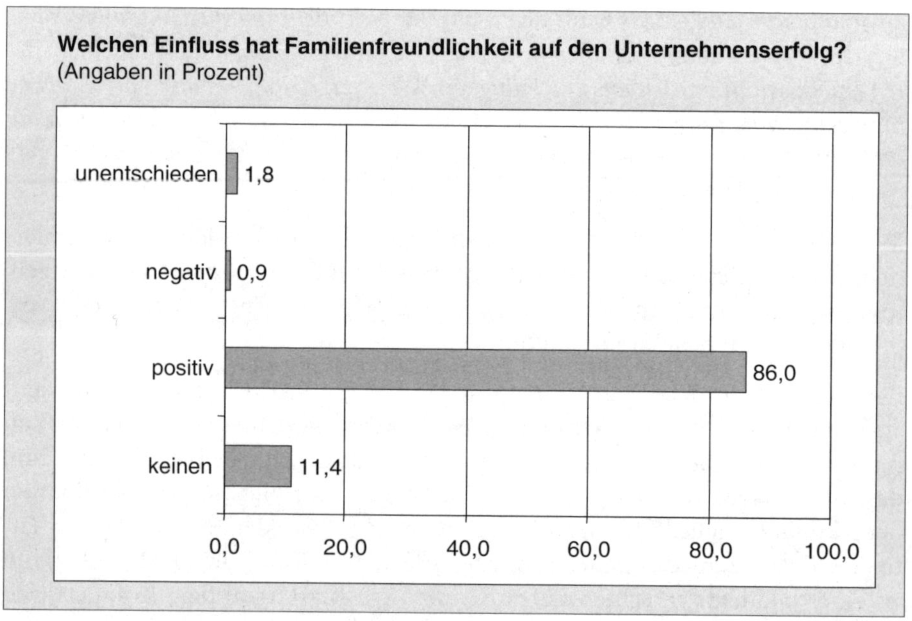

Abb. 24: Familienfreundlichkeit und Unternehmenserfolg (Quelle: IGS 2007)

Zwei Studienergebnisse (oben Abbildungen 23 und 24) belegen, dass die Führungskräfte dies bereits erkannt haben.

In grafischer Form wird die Veränderung in Abbildung 25 dargestellt. Während früher der Blickwinkel des Unternehmens an erster Stelle stand, verändert sich dies hin zu den Bedürfnissen des Mitarbeiters. Dieser Ansatz führt und muss auch dazu führen, dass über diesen Weg der Erfolg des Unternehmens gewährleistet wird.

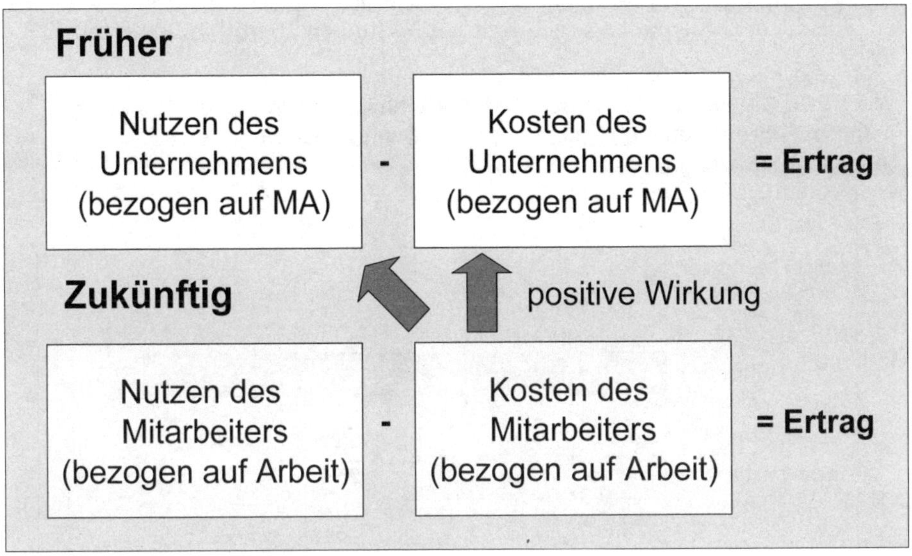

Abb. 25: Fokus der Führungstätigkeit

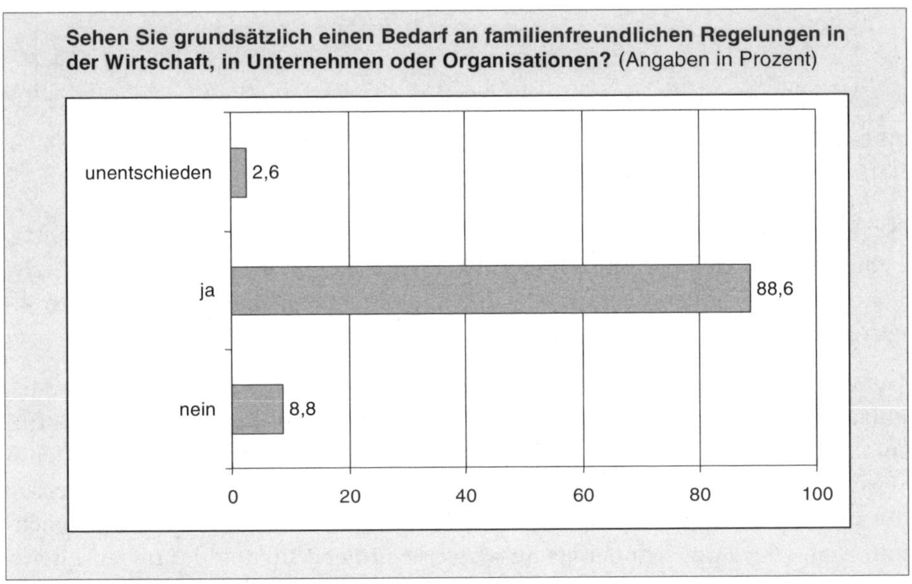

Abb. 26: Bedarf an familienfreundlichen Regelungen in Unternehmen (Quelle: IGS 2007)

Es ist außer Zweifel, dass die Führungskräfte für die Auseinandersetzung und die Umsetzung dieser neuen Anforderungen Unterstützung brauchen. Qualifizierung steht somit an oberster Stelle.

Die Notwendigkeit der Auseinandersetzung mit diesen neuen Anforderungen drückt sich auch in Studienergebnisse aus. Während die Führungskräfte den generellen Bedarf an familienfreundlichen Regelungen in der Wirtschaft und in Organisationen konstatieren, sind sie bezogen auf den eigenen Bereich verhalten, wie die nachfolgenden Ergebnisse (Abbildungen 26 und 27) belegen.

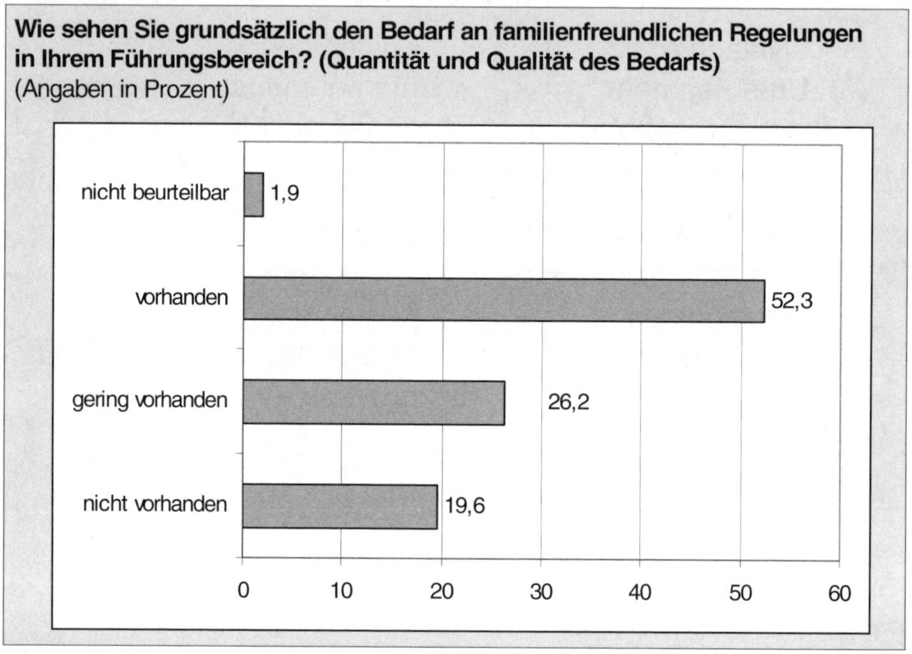

Abb. 27: Bedarf an familienfreundlichen Regelungen in den Führungsbereichen (Quelle: IGS 2007)

Nach Ansicht der Führungskräfte führen vor allem Schwangerschaften, Mitarbeiter mit kleinen Kindern, Schulkinder, Pflegefällen in der Familie, Alleinerziehende sowie die Altersstruktur und die Frauenquote zu einem Bedarf an familienfreundlichen Regelungen.

Gerade an den letzten Ergebnissen zeigt sich auch, dass es Bedarf an einer Auseinandersetzung mit gesellschaftlichen Rollenbildern in der Führung gibt. Immer noch sind die Frauen diejenigen, die familienfreundliche Regelungen benötigen. Die Veränderungen in Werteverständnis und Familienstruktur werden aber gerade Väter auch in die Situation bringen, verstärkt diese Angebote nachzufragen. Dies zeigt sich bereits ansatzweise an der Nutzung des neuen Elterngeldes. Auch hier bedarf es einer intensiven Auseinandersetzung mit »diskriminierungsfreier« Führung bzw. der Ausrichtung an den Bedürfnissen der Mitarbeiter. Es zeigt sich, dass Männer nicht in gleicher Weise die Angebote nutzen (können) wie dies den Frauen gelingt (Abbildung 28).

Sehen Sie im Unternehmen Unterschiede bei der Nutzung familienfreundlicher Maßnahmen bei Frauen und Männern?

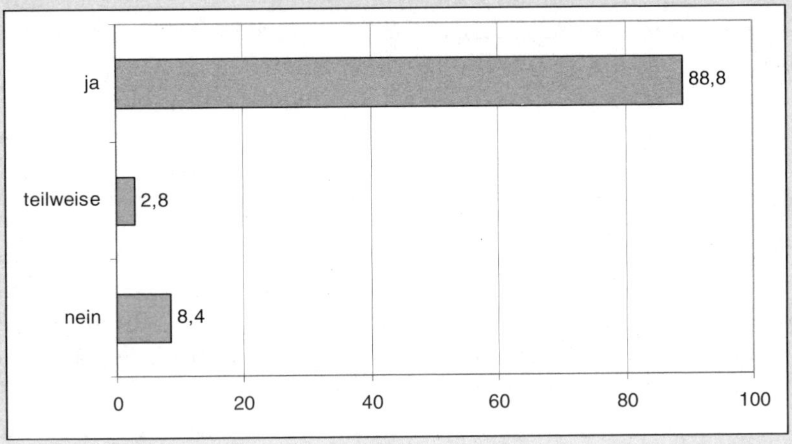

Abb. 28: Unterschiede bei der Nutzung familienfreundlicher Maßnahmen (Quelle: IGS 2007)

In der betrieblichen Praxis nutzen entweder ausschließlich oder überwiegend die Frauen familienfreundliche Regelungen. Während gerade die Frauen überwiegend die Vereinbarkeit durch Arbeitszeitreduktion und Elternzeit planen, reagieren Männer eher ungeplant, spontan und im Notfall. Teilweise nehmen sie auch die Regelungen in Anspruch, um eigene Interessen zu verwirklichen. Familiäre Gründe sind also in vielen Fällen nicht die Ursache.

Für Führung werden sich gerade im Zusammenhang mit der Berücksichtigung individueller Lebenssituationen viele neue Verhaltensmuster und Herangehensweisen herausbilden müssen. Die Führungskräfte sind diejenigen, die über den Erfolg einer solchen Unternehmenskultur entscheiden. Dies geschieht in weiten Teilen unabhängig von etablierten Instrumenten und hängt vielfach einzig und allein vom Vertrauensverhältnis zwischen Führungskraft und Mitarbeiter und dem Werteverständnis und Umsetzungswillen der Führungskraft ab.

Das Letztgenannte kann durch eine klare Ausrichtung in der Steuerung und durch Kommunikation und alltägliche Dokumentation der Unternehmensleitung unterstützt, eingefordert und verdeutlicht werden.

2.7 Handlungsfeld: »Bindung und Aktivierung«

Welchen Einfluss haben individuelle Lebenssituationen auf die Bindung und die Aktivierung von Humanressourcen? Unweigerlich ergibt sich ein wichtiger Zusammenhang. Vor allem aufgrund privater Umstände gehen wichtige Potenziale im Unternehmen verloren. Zu denken ist an den Mitarbeiter oder die Mitarbeiterin, die wegen Elternzeit das Unternehmen (zeitweise) verlässt. Ebenso kann dies für die Pflege eines Angehörigen eintreten. Handelt es sich dann um wichtige Fachkräfte, ist der Verlust für das Unternehmen hoch. Vor diesem Hintergrund muss die Frage gestellt werden, wie sich individuelle Lebenssituationen so entschärfen lassen, dass ein Erhalt der Humanressourcen im Unternehmen gewährleistet ist.

Ehe Aktivitäten beginnen, Instrumente gestaltet, verhandelt und umgesetzt und ehe die Führungskräfte für das Thema sensibilisiert werden, sind die Lebenssituationen der Mitarbeiter zu analysieren. Nur wenn diese Erkenntnisse vorliegen, kann Bindung und Aktivierung erreicht werden. In der betrieblichen Praxis werden dazu Mitarbeiter befragt. Beispielsweise kann über folgende Fragestellungen der Bedarf ermittelt werden:

- Besteht für Sie ein Bedarf an Regelungen zur Vereinbarkeit von Beruf und Familie?
- Welche Unterstützungen sind für Sie hilfreich bezogen auf Vereinbarkeit
  - Beruf & Kinder,
  - Beruf & Partnerschaft,
  - Beruf & Pflege?
- Für welche Zeitdauer sind solche Regelungen für Sie interessant?
- Was können Sie als finanziellen Eigenanteil für das Angebot aufbringen?
- Besteht aus Ihrer Sicht ein Nutzen für das Unternehmen? Wenn ja, welcher?
- Etc.

Solche Befragungen sind nur dann zur Bedarfsabfrage geeignet, wenn tatsächlich der Wille vorhanden ist, an dem Thema im Unternehmen zu arbeiten. Die Gefahr jeglicher Mitarbeiterbefragung liegt darin, dass Erwartungen geweckt werden, die anschließend zum Erhalt der Motivation nicht enttäuscht werden sollten. Insofern muss der Wille zur Transparenz und Offenheit hinsichtlich aller Ergebnisse und beabsichtigten Maßnahmen bestehen.

Auf der anderen Seite führen derlei Befragungen der Belegschaft dazu, dass das Thema im Unternehmen »zum Thema« wird. Die Überlegungen und die Signale sind entscheidend, ob anschließend eine Umsetzung gelingt.

Ein anderer – sich nicht ausschließender, sondern möglicherweise auch ergänzender Weg – liegt in der Analyse interner Daten. Vorhandene Daten im Rahmen einer Personalstatistik über die Personalstruktur, die Alters- und Qualifikationsstruktur, die externen Zugänge, die Abgänge, die Personalkosten, die Personalentwicklung und die Mitarbeiterzufriedenheit (z.B. Weiterbildungsausgaben, Betriebliches Vorschlagswesen, Fluktuation, Krankheitsbedingte Ausfallzeiten) sind in der Regel noch leicht zu ermitteln. Schwieriger wird es mit den individuellen zum Beispiel auch den familienbezogenen Kennzahlen. Weiß der Personalbereich wie viele Kinder jeder Mitarbeiter hat? Wie alt diese sind? Ob jemand alleinerziehend ist oder Angehörige pflegt?

Insofern gibt die folgende Auflistung von möglichen Kennzahlen zur Familienfreundlichkeit einen Eindruck, mit welchen Zahlen die Wirksamkeit einer möglichen Einzelstrategie im Hinblick auf die Bindung von Mitarbeitern beurteilt werden kann.

- Kinder pro Mitarbeiter,
- Alter der Kinder,
- Anzahl Alleinerziehende,
- Mitarbeiterinnen in Elternzeit,
- Mitarbeiter in Elternzeit,
- Durchschnittliche Dauer genommener Elternzeit pro Kind/pro Mitarbeiter,
- Frauen in Führungspositionen,
- Frauen mit Kind(ern) in Führungspositionen,
- Inanspruchnahme von bestehenden Leistungen des Unternehmens, z.B.
  - Geburtsbeihilfe,
  - Notfallbetreuung,
  - betrieblich unterstützte Kinderbetreuung,
  - Teilzeit,
  - Flexible Arbeitszeit,
  - Telearbeit,
- Anteil Bewerber mit Kind(ern),
- Anteil Bewerberinnen mit Kind(ern),
- Krankheitstage pro Mitarbeiter wegen Krankheit der Kinder (teilweise freiwillige Angabe),
- Kündigungen nach oder während der Elternzeit unterteilt nach Mitarbeitern und Mitarbeiterinnen,
- Anzahl Mitarbeiter, die Angehörige pflegen,
- Anzahl Mitarbeiterinnen, die Angehörige pflegen,
- Besetzungskosten für externe Kosten,
- Kündigungen nach oder während der Elternzeit multipliziert mit den Besetzungskosten,
- Veränderungen des Durchschnittsalters,
- Anteile nach Altersklassen und deren Verschiebung im Zeitablauf,
- Veränderungen in der Verteilung bei qualifizierten Fach- und Führungskräften nach Altersstufen,
- Etc.

Diese Auflistung gibt einen Überblick, über welche Kennzahlen eine Analyse der individuellen Lebenssituationen erfolgen kann. Darüber hinaus ist sie die Grundlage, um zu ermitteln, welche Szenarien sich für die Zukunft daraus ableiten lassen. Gerade die Veränderungen des Durchschnittsalters, die Altersverteilung oder die Veränderungen in den Altersstufen von Fach- und Führungskräften lassen möglicherweise Schlüsse auf zukünftige Entwicklungen oder mögliche Handlungsfelder zu.

Ein fiktives Beispiel: Ein Unternehmen hat in den letzten Jahren massiv Personal über Vorruhestandsregelungen abgebaut. Die Grenze lag dabei bei 55 Jahren. In der Folge gibt es heute nur vereinzelt Mitarbeiter jenseits dieser Altersgrenze. Auf der anderen Seite wurden keine Ersatzeinstellungen vorgenommen. Es wurde auf Neueinstellungen und die Übernahme von Auszubildenden verzichtet. In der Folge gibt es eine Altersverteilung, die sich prozentual wie folgt zusammen setzt:

20 – 30 Jahre: 1%
30 – 40 Jahre: 25%
40 – 50 Jahre: 49%
50 – 55 Jahre: 25%

Unterstellen wir ein Unternehmen, in dem überwiegend männliche Beschäftigte arbeiten, stellt sich die Frage, inwieweit familienfreundliche Regelungen zur Vereinbarkeit von Beruf und Kindern greifen. Vielleicht entfalten Maßnahmen zur Vereinbarkeit von Beruf und Pflege von Angehörigen einen größeren Hebel? Dies kann sich völlig anders darstellen, wenn die 25% zwischen 30 und 40 Jahren zu 90% Frauen sind. Dann ist hier die große Gefahr, dass diese Altersklasse noch weiter geschmälert wird.

Zwischenfazit: Um eine eingehende Analyse der Daten kommt keiner herum, wenn er die realistischen Auswirkungen einer auf die Lebenssituationen der Mitarbeiter ausgerichtete Personalpolitik auf die bestehende Belegschaft – damit auf Bindung und Aktivierung – einschätzen möchte.

Die Entschärfung von persönlichen Konfliktsituationen führt zu einer Bindung der Mitarbeiter an das Unternehmen. Unternehmen berichten, dass bei einer solchen Personalpolitik die Fluktuation entweder vollkommen vermieden wird oder vernachlässigbar ausfällt (Praxisbeispiel: www.schoenberger-web.de).

Ein weiterer wichtiger Aspekt ist die Aktivierung von Personal durch die Berücksichtigung individueller Lebenssituationen. Wenn ein Unternehmen einer Mutter in Elternzeit oder einem einen Angehörigen pflegenden Mitarbeiter in Pflegezeit Angebote zur Unterstützung machen kann, lässt sich leichter eine Aktivierung in die Tätigkeit erreichen. Vielleicht auch nur stundenweise – allerdings ist dies durch die zunehmende Verknappung qualifizierter Kräfte oftmals schon eine große Erleichterung.

Darüber hinaus führt diese verantwortungsvolle Personalpolitik zu einem Imagegewinn des Unternehmens, was sich wiederum auf den Absatz auswirken kann. Bindung von Mitarbeitern durch die Berücksichtigung individueller Lebenssituationen ist also kein Selbstzweck. Führungskräfte belegen (IGS 2007), dass gerade im Bezug auf den Vertrieb der Produkte an Endverbraucher ein Zusammenhang zwischen Absatzleistung und einer familienfreundlichen Unternehmenskultur gegeben ist.

2.8 Handlungsfeld: »Alter(n)smanagement und Gesundheitsförderung«

Gesundheitsförderung hat sich in vielen Unternehmen als ein wichtiger Bestandteil angesichts steigender Durchschnittsalter etabliert. Wie ist aber nun Alter(n)smanagement und Gesundheitsförderung im Zusammenhang mit den Lebenssituationen von Mitarbeitern zu sehen?

Wie bereits an anderer Stelle erwähnt, geht es bei diesem Gliederungspunkt nicht darum, für einen bestimmten Teil der Belegschaft – die Älteren – besonders zu sorgen. Gerade im Hinblick auf individuelle Lebenssituationen wie beispielsweise Vereinbarkeit von Beruf und Kindern und von Beruf und der Pflege von Angehörigen spielt allerdings ein Management eines Lebenszyklus eine wichtige Rolle.

Ein Handlungsfeld ergibt sich für das Unternehmen unter anderem aus der Überlegung, dass Ressourcen und Kompetenzen nur dann genutzt werden können, wenn andere Lebensbereiche weitestgehend stressfrei gemanagt werden. Anders ausgedrückt: Mitarbeiter oder Mitarbeiterinnen in einer Trennungsphase oder Kollegen, die mit einer aktuellen und neuen Pflegesituation konfrontiert sind, sind in aller Regel nur eingeschränkt leistungsfähig, weil der andere Lebensbereich in dieser Phase besonders anstrengend, aufreibend und Energie zehrend ist. Es macht also für ein Unternehmen Sinn, sich mit den Lebenssituationen seiner Mitarbeiter zu beschäftigen, damit entsprechende Angebote zum Erhalt der Leistungsfähigkeit und der Leistungsbereitschaft gemacht werden können.

Der Lebenszyklus weist vereinfacht bestimmte Lebensphasen auf, die durch spezifische Belastungssituationen gekennzeichnet sind.

Die erste entscheidende Phase ist die der Familiengründung, die in aller Regel in die »Rush hour« des Lebens fällt. Die Ausbildung ist beendet, Aufstiegsmöglichkeiten im Beruf mit der Realisierung privater Ansprüche (Reisen, Hausbau, Aufbau eines sozialen Umfeldes) und der Familiengründung gehen einher. Im Alter zwischen 30 und 40 Jahren finden für das Leben bahnbrechende und entscheidende Entwicklungen gleichzeitig statt. Dabei ist die Auseinandersetzung sprich die Diskussion der Gestaltungsmöglichkeiten zwischen Partnern bereits ein möglicher Stresser. Was hat sich verändert, dass dieses Thema heute einer besonderen Diskussion bedarf?

Das Leben verlief früher nach einem oftmals berechenbaren Muster. Schulbildung, Ausbildung, Heirat, Familiengründung, Hausbau etc. Dieses Muster ist weitestgehend aufgelöst und teilweise durch andere ersetzt. Beispielsweise ist zu beobachten, dass vor der Entscheidung für ein Kind erst die materiellen Ansprüche befriedigt sein müssen (Auto, Haus, Urlaube etc.). Darüber hinaus erzeugen Optionen auch Entscheidungsbedarf. »Besonders für akademisch qualifizierte Frauen in Jobs mit Gestaltungs-, Selbstverwirklichungs- und Karriereperspektiven ist es in der Tat eine schwierige Frage, ob sie ihre Unabhängigkeit und ihr hohes Berufsprestige aufgeben und für unbestimmte Zeit als Mutter zu Hause bleiben sollen. Das ist keineswegs (nur) als Ausdruck des Trends nach Selbstverwirklichung zu verstehen, denn beispielsweise sind berufliche Anforderungen (Leistung, Mobilität, Flexibilität) massiv gestiegen, (Groß-)Eltern zur Unterstützung sind häufig nicht mehr am selben Ort und der Erziehungsdruck ist gewachsen« (Henry-Huthmacher/Borchard 2008). In der Folge entstehen neue Anforderungen. Aushandlungsprozesse müssen in der (heute gleichberechtigten) Partnerschaft auf Augenhöhe geführt werden, Optionen gegeneinander abgewogen und weitreichende Entscheidungen gemeinsam getroffen werden. Hier kann ein Unternehmen für die Beschäftigten viel Druck nehmen, wenn Qualifizierungen für derlei Prozesse stattfinden.

Weiterhin greifen – bei realisierter Familiengründung – alle Unterstützungsmöglichkeiten im Rahmen eines familienfreundlichen Personalmanagements. Angefangen bei Regelungen zu flexibler Arbeitszeit, zu Telearbeitsmöglichkeiten, zu Teilzeit und Jobsharing, zu Notfallbetreuung und Eltern-Kind-Arbeitszimmern oder zu betrieblicher Kinderbetreuung (im einzelnen vgl. Schmitz 2006). Dabei sind die Unterstützungen nur so wirkungsvoll wie Bedarf bei den Beschäftigten besteht.

Stress im privaten Umfeld kann auch durch Qualifikationen zu Kommunikation oder Konfliktmanagement vermieden werden. Als Hilfe für die Beschäftigten dienen auch Mediation oder Entspannungstechniken. Lebenshilfeangebote und privates Coaching boomen und so können Unternehmensangebote hier den Beschäftigten weiterhelfen. Dabei ist nicht automatisch das Angebot direkt durch das Unternehmen zu erbringen, auch Kooperationsmöglichkeiten können für eine entsprechende Bedarfsdeckung sorgen. Die Folge sind weniger gestresste Mitarbeiter und damit ein Erhalt von Leistungsfähigkeit und Leistungsbereitschaft.

Wie beispielsweise der Erziehungsalltag stresst, ergibt eine Studie von Sinus Sociovision 2007 (entnommen: Henry-Huthmacher/Borchard 2008).

Werden private Situationen außer Acht gelassen, zeigt sich, dass alleine durch die Arbeitsbelastung bereits Überforderungssituationen eintreten können. So jedenfalls geben es die Führungskräfte offen an, wie die nachfolgenden Befragungsergebnisse belegen (Abbildung 30).

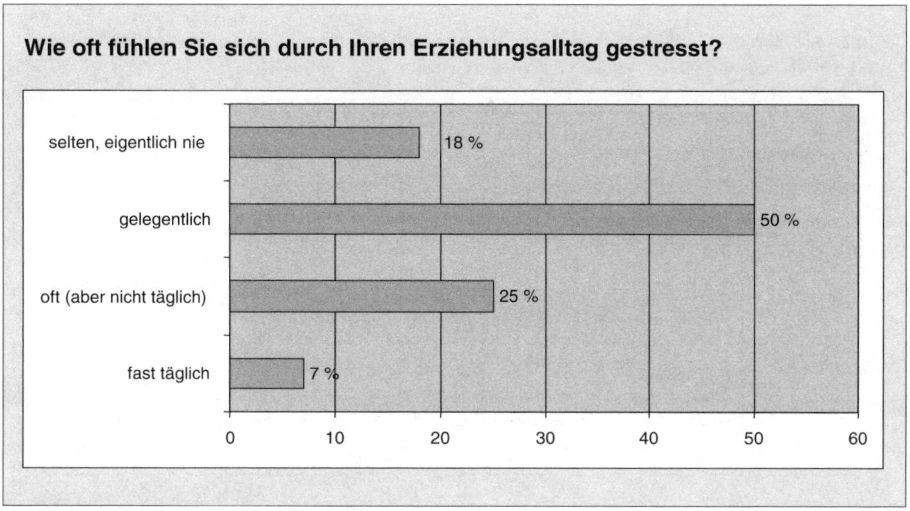

Abb. 29: Stress durch Erziehungsalltag

Diese Erkenntnisse werden auch durch die Befragung von Vätern gestützt. Die nachfolgenden Ergebnisse lassen erahnen, wie es erst um die Mütter bestellt sein mag (Abbildung 31).

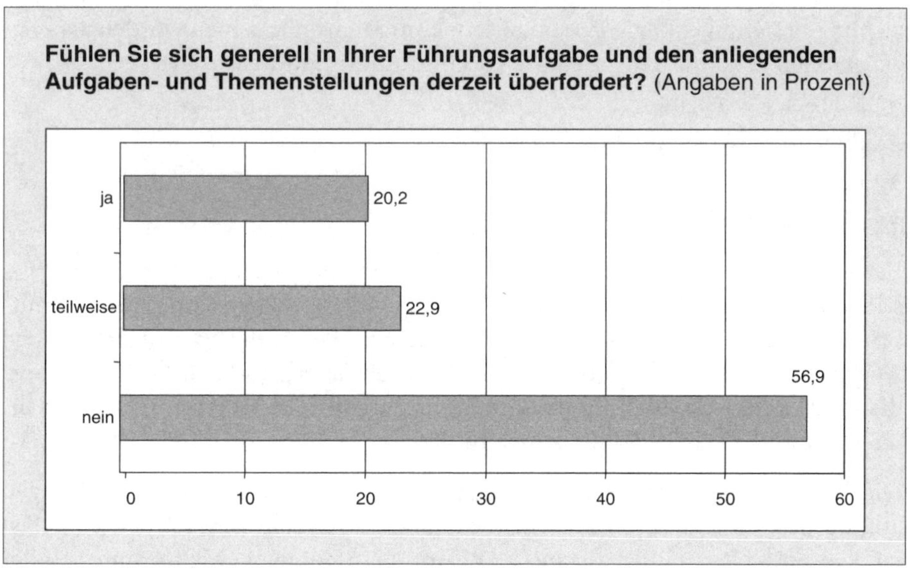

Abb. 30: Überforderung bei den Führungsaufgaben (Quelle: IGS 2007)

Eine nächste Lebensphase tritt häufig ein, wenn Pflegebedarf in den Familien entsteht. Die (staatliche) Maxime, dass die meiste Pflegeleistung im häuslichen Umfeld erfolgen soll, stellt an den Einzelnen unter Umständen enorme Herausforderungen.

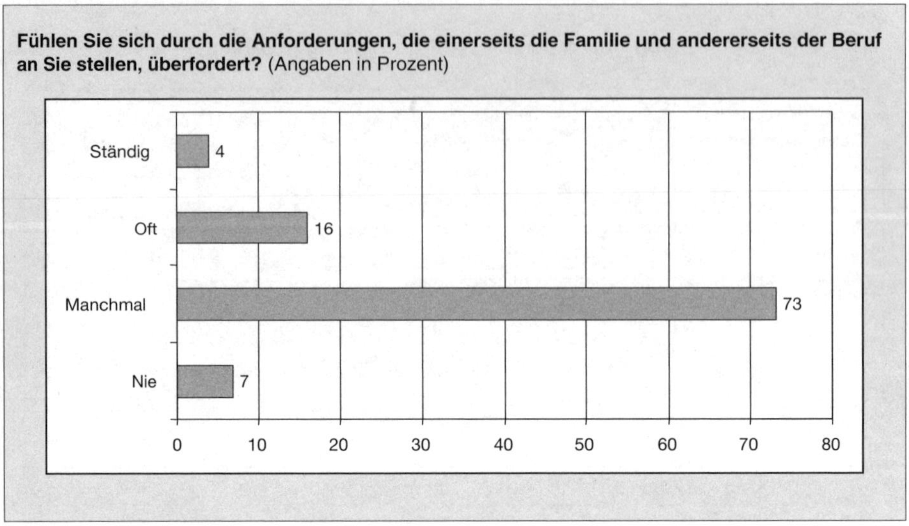

Abb. 31: Überforderung durch Beruf und Familie (Quelle: IGS 2007)

Zunächst ist im Hinblick auf die Pflegesituation festzuhalten, dass es nicht automatisch die Eltern bzw. Schwiegereltern sind, die gepflegt werden. Eine Untersuchung (IGS 2006) zeigt, dass auch der Partner/die Partnerin, Kinder oder sonstige Personen, zu denen möglicherweise keine direkte verwandtschaftliche Beziehung besteht, gepflegte Personen sein können. Im Einzelnen wurden als Pflegepersonen genannt (Angaben in Prozent; Rundungsdifferenzen):

- Partner/Partnerin 8%
- Eltern-/Schwiegerelternteil 69%
- Kind 12 %
- sonstige Person 12 %

Bezogen auf die Pflegenden ist für Unternehmen besonders interessant, dass es sich um Personen handelt, die in besonderer Weise soziale Kompetenzen mitbringen. Die Motive für Pflegeleistungen deuten darauf hin. Damit richten sich Angebote an Pflegende innerhalb des Unternehmens gerade an die Zielgruppe, die in besonderer Weise für die Bewältigung zukünftigen Herausforderungen interessant ist und sich verantwortlich fühlt.

Die Beanspruchung durch die Pflegetätigkeit hat auf lange Sicht Auswirkungen auf die Gesundheit. 70% fühlen sich durch die Pflegetätigkeit körperlich belastet. Fast 60% klagen über psychische Beeinträchtigungen in Verbindung mit der Verarbeitung der Pflegesituation. Über 60% empfinden einen Konflikt zwischen Pflege- und Berufstätigkeit (IGS 2006). Ein Drittel der Befragten hat sogar den Beruf komplett wegen der Pflegetätigkeit aufgegeben – ein Problem für die Unternehmen, wenn es sich nicht nur um sozial kompetente, sondern zusätzlich auch um fachlich qualifizierte Beschäftigte handelt.

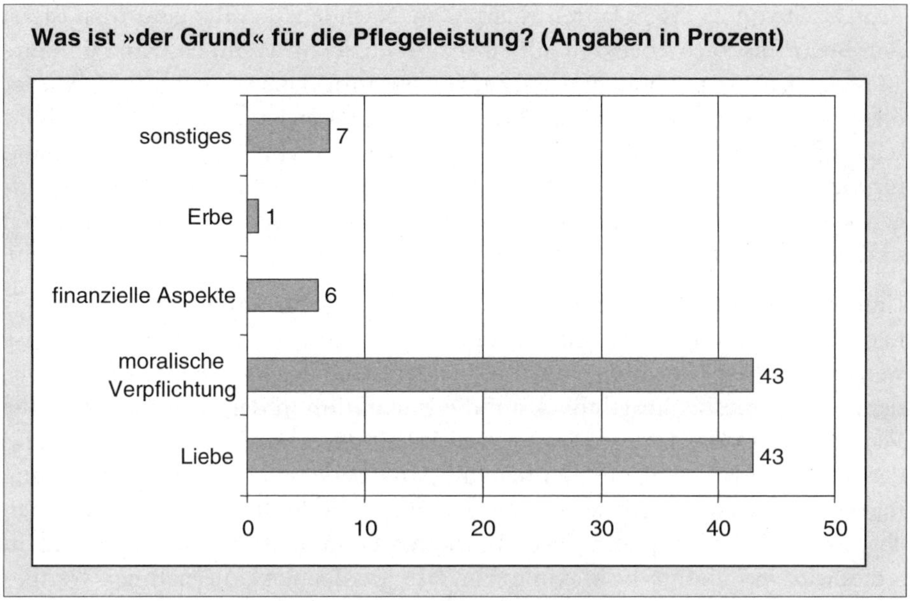

Abb. 32: Grund der Pflegeleistung (Quelle: IGS 2006)

Unterstützung ist in dieser Lebensphase durch die Bearbeitung der persönlichen Situation (z.B. Coaching, Lebensberatung) gegeben. Diese kann innerhalb des betrieblichen Gesundheitsmanagements angeboten und so in eine Gesamtkonzeption integriert werden.

2.9 Handlungsfeld: »Lebensarbeitszeitgestaltung und Vergütungsprinzipien«

Das konsequente Weiterdenken des Lebenszyklusansatzes führt bespielsweise zu unterschiedlichen Arbeitszeiten während der einzelnen individuellen Phasen. Wenn – wie oben bereits dargelegt – die Schaffung von individualisierten Möglichkeiten im Vordergrund einer auf Lebenssituationen ausgerichteten Unternehmenskultur steht, muss sich dieses in den Angeboten zur Arbeitszeitgestaltung als wesentlichem Faktor widerspiegeln.

Dabei kann nicht pauschal auf ein Instrument verwiesen werden. Vielmehr muss es grundsätzlich darum gehen, die Potenziale an Kompetenzen so weit wie möglich dem Unternehmen zu erhalten. Insofern ist der Ausgangspunkt das Bedürfnis des Mitarbeiters, nicht eine zeitliche Regelung.

Flexible Arbeitszeitgestaltung gehört zu den Standardinstrumenten, wie sie heute in Unternehmen anzutreffen sind. So gaben 89 von 114 Führungskräften an, dass dieses Instrument in ihrem Unternehmen vorhanden ist (IGS 2007). Der nächste Schritt ist die variable Festlegung von Arbeitszeiten für eine bestimmte Periode. Beispielsweise ist es für jemanden sinnvoll, 100% der tarifvertraglichen

Arbeitszeit von 25 bis 38 Jahren zu arbeiten. Nachdem er Vater geworden ist, ist sein Bedürfnis, die Arbeitszeit auf 80% zu reduzieren. Wenn das Kind 12 Jahre alt ist, er also 50 ist, erhöht er wieder auf 100%, mit 55 Jahren will er seine Mutter pflegen und reduziert auf 65%. Diese verstirbt, als er 58 Jahre alt ist, er erhöht seine Zeit wieder auf 100%, ehe er mit 62 Jahren langsam kürzer treten will und für die restlichen fünf Jahre auf 73% herunterfährt. Solche flexiblen Festlegungen werden in Zukunft zur Regel gehören, da sich Lebensläufe individualisieren und sich je nach Phase und Bedürfnis auch im Arbeitszeitumfang widerspiegeln.

Unternehmen sind gut beraten, dem Mangel an qualifiziertem Personal mit einer Schaffung von individuellen Möglichkeiten zu begegnen. Auf diese Weise werden sie unter Umständen auch in kleinem Umfang Mitarbeiter halten können. Gerade dies ist im Hinblick auf die Integration in den Arbeitsprozess, die Veränderungen des Unternehmens, den Erhalt der Aktualität des Wissens und den Kontakt zwischen Unternehmen und Mitarbeiter eine wichtige Ausrichtung und erspart Wiedereingliederungskosten und unproduktive Zeiten. Besser einen Tag die Woche einen qualifizierten Beschäftigten im Unternehmen als gar nicht – dies wird in Zukunft die Maxime sein. Hier werden die Unternehmen Wettbewerbsvorteile realisieren, die sich flexibel zeigen und entsprechend den Wünschen der Mitarbeiter reagieren können.

Selbstverständlich müssen auch hier die betrieblichen Belange berücksichtigt werden. Allerdings muss die grundlegende Herangehensweise durch die Frage geprägt sein, wie es gehen könnte, und nicht, warum es nicht geht.

Eine konsequente Fortsetzung dieses Gedankens führt dazu, neue Karrieremuster zu entwerfen. Zusätzliche Verantwortung ist vielleicht im Alter von 50 viel besser in den Lebenslauf zu integrieren, als mit 35 einen weiteren Karriereschritt in Angriff zu nehmen. Auch hier stellen sich individuellere Wege in Zukunft heraus. Unternehmen sollten überlegen, ob sich nicht die Karriereplanung an solchen Grundsätzen ausrichtet. Die Einbeziehung der familiären Situation der Mitarbeiter ist äußerst sinnvoll. Umfragen belegen, dass ansonsten Potenzialträger auch Konsequenzen ziehen und Karriereschritte ausschlagen (Abbildung 33).

Im Vorfeld aktiv zu werden und zum Beispiel in Mitarbeitergesprächen Wünsche des Beschäftigten zu erfragen und in die Planungen einzubeziehen, ist wesentlich effektiver als ausschließlich aus der Sicht des Unternehmens heraus zu agieren (»Wir haben jetzt die Position zu besetzen und bedenken Sie, wenn Sie einmal ›nein‹ sagen…«).

Damit ist auch verbunden, den Blick auf die tatsächlichen betrieblichen Notwendigkeiten zu werfen und nicht auf die Komfortzonen der Vorgesetzten. Natürlich ist es stressfreier und mit weniger Koordinierungsaufwand verbunden, wenn eine Stelle mit einem Mitarbeiter besetzt ist, der den gesamten Tag zur Verfügung steht und somit jederzeit abrufbar ist. Allerdings können sich auch zwei in Teilzeit eine Stelle teilen, Telearbeit gelebt oder bestimmte Aufgaben auch mit

75% des Zeiteinsatzes erledigt werden. Die Möglichkeiten stehen zur Verfügung, teilweise ist dies allerdings mit mehr Führungs-, Umverteilungs- und Koordinierungsaufwand verbunden. Zukünftig werden Unternehmen und Führungskräfte abwägen müssen, ob es nicht sinnvoller ist, die Kompetenzen überhaupt im Unternehmen zur Verfügung zu haben, anstatt niemanden zu finden, der die entsprechende Arbeit erledigen kann.

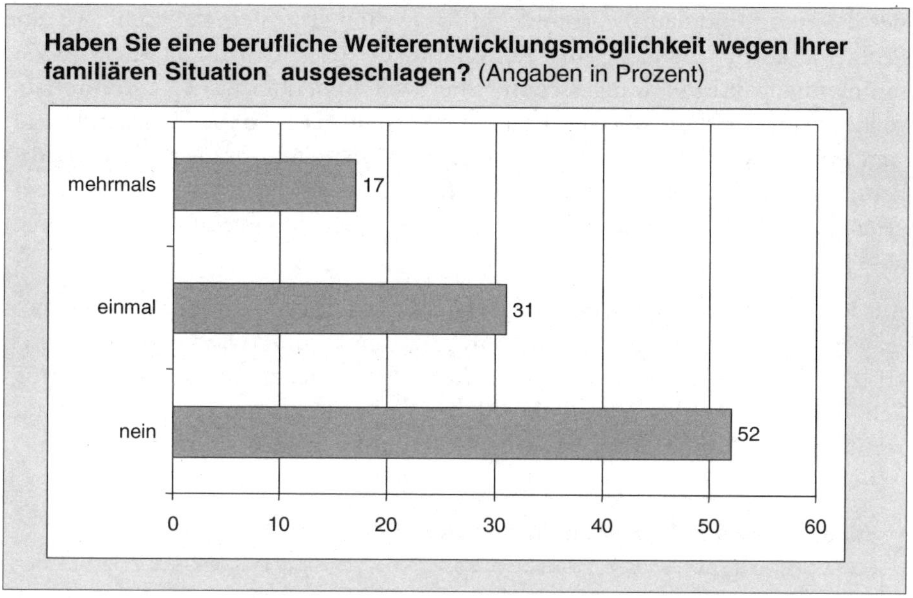

Abb. 33: Verzicht auf Weiterentwicklungsmöglichkeiten (Quelle: IGS 2005)

Neben der Arbeitszeit ist auch die familienfreundliche Gestaltung der Vergütung in Angriff zu nehmen. So können Betreuungskosten für Kinder steuerbegünstigt realisiert werden. Außerdem können Hilfsfonds für Pflegende eingerichtet oder auf soziale Tätigkeiten abgestimmte Vergütungsbestandteile gezahlt werden. Das Unternehmen kann beispielsweise einen Obolus für die Organisation einer Elterninitiative zur Kinderbetreuung im Unternehmen vergüten, um zu signalisieren, dass diese Tätigkeiten Wertschätzung erfahren.

Nicht zuletzt bieten sich variable Vergütungsbestandteile an, die an eine realisierte familienfreundliche Führung geknüpft werden. Dieser Punkt ist zugegebenermaßen kompliziert zu regeln, da Bereichsstrukturen eventuell familienfreundliches Verhalten nicht erfordern. Allein die Implementierung in die Beurteilung durch den Vorgesetzten entfacht aber eine Signalwirkung.

Insgesamt sind Lebensarbeitszeitgestaltung und Vergütung wichtige Ansatzpunkte, um Familienfreundlichkeit zu implementieren. Vor allem die flexible Anpassung der Arbeitszeit an die Bedürfnisse des Mitarbeiters und die ausbleibende unternehmenskulturelle Sanktionierung von »weniger-als-100%-Arbeitsleistung« durch ausbleibende Karriereoptionen oder Ähnliches sind wichtig, um tatsächlich eine Organisation zu sein, die sich an den Lebenssituationen der Mitarbeiter ausrichtet und die damit verbunden positiven betriebswirtschaftlichen Wirkungen realisiert.

2.10 Handlungsfeld: »Berufsaustritt – Know-how-Transfer«

Berufsaustritt und damit verbundener Know-how-Transfer sind nicht nur eine Problematik im Übergang zum Ruhestand. Berufsaustritt findet auch im Zusammenhang mit Schwangerschaft, Elternzeit und Elterngeld (Vätermonate) sowie Pflegezeit statt. Im Gegensatz zur Verrentung ist dieser Umstand sogar weit problematischer, da er höchstens neun Monate im Voraus geplant werden kann, bei der Inanspruchnahme einer Pflegezeit meist noch kurzfristiger. Demgegenüber ist die Verrentung in den meisten Fällen auf wesentlich längere Sicht absehbar.

Aus Unternehmenssicht ist es – unter dem Aspekt des Wissenserhaltes – das beste, wenn es zu keinen oder nur kurzen Auszeiten kommt. Das personalpolitisch erklärte Ziel muss es daher sein, dass Eltern- bzw. Pflegezeiten so kurz wie möglich verlaufen, um das Wissen aktuell, die Verbindung zum Unternehmen aufrecht und die Kompetenzen des Mitarbeiters auf Dauer im Betrieb zu halten.

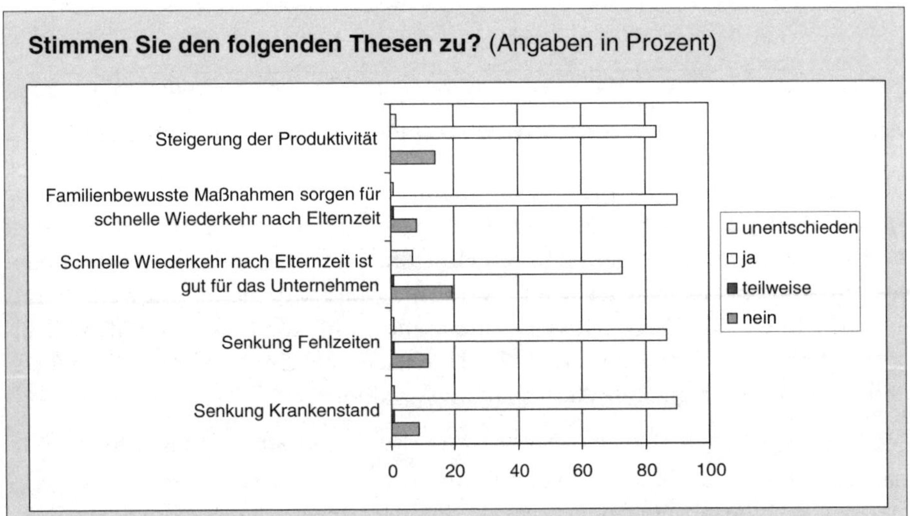

Abb. 34: Zustimmung zu verschiedenen Thesen (Quelle: IGS 2007)

Diese Forderung stößt in der Praxis auf zwei Widerstände. Zum einen kollidiert der möglichst schnelle Wiedereinstieg mit Wertvorstellungen der Führungskräfte. Die Vorstellung zum Beispiel, dass die Mutter (in Ausnahmefällen auch der Vater) in der ersten Zeit zum Kind gehört, ist weit verbreitet. Dies macht sich auch an Untersuchungsergebnissen fest. Während die befragten Führungskräfte in überwiegender Anzahl vorgegebene Aussagen zu positiven Effekten von Familienfreundlichkeit bejahen, fällt der Prozentsatz in der Zustimmung zum schnellen Wiedereinstieg ab. Hier ist zu vermuten, dass die moralischen Vorstellungen die betriebs- und personalwirtschaftliche Sichtweise überlagern.

Führungskräfte müssen über diese Thematik also diskutieren können und der Personalbereich die Folgen proaktiv vermitteln.

Die zweite Quelle des Widerstandes lässt sich häufig von Seiten der Unternehmensleitung ausmachen. Gerade in Personalabbauprozessen ist es aus deren Sicht gut, wenn »Kopfzahlen« abgebaut, zum Beispiel Mitarbeiterinnen aus der Elternzeit also nicht wieder in das Unternehmen integriert werden. Diese Sichtweise ist kurzfristig verständlich, langfristig sträflich. Wichtige Ressourcen und Potenziale gehen auf diese Weise verloren. Aus personalwirtschaftlicher Sicht ist deutlich zu machen, dass es nicht nur auf die Quantität, sondern auch auf die Qualität des Personalabbaus ankommt. Die bloße Vollzugsmeldung, dass der angestrebte Abbau umgesetzt worden ist, muss nicht automatisch einen Erfolg für das Unternehmen bedeuten. Vielfach ist es genau umgekehrt: Es werden genau die falschen Kompetenzen abgebaut, da wertvolle Mitarbeiter aufgrund anderer Chancen auf dem Markt das Unternehmen verlassen. Zu einem späteren Zeitpunkt werden diese dann wieder gesucht und – wenn sie überhaupt rekrutiert werden können – teurer wieder eingestellt.

Der Personalbereich hat die Aufgabe, auf diese Entwicklungen hinzuweisen und entsprechend der personalwirtschaftlichen Sichtweise zukunftsweisend zu argumentieren und demografische Entwicklungen in die Betrachtung einfließen zu lassen.

Aus der Forderung, dass die Auszeiten wegen individueller Lebenssituationen wie zum Beispiel Schwangerschaft, Eltern- oder Pflegezeit etc. kurz zu halten sind, folgt, dass Unterstützungsangebote gerade für diese Zeit zur Verfügung stehen müssen. Geholfen ist vielfach schon, wenn eine Teilzeit- oder Telearbeitstätigkeit ermöglicht wird. Das Wissen bleibt aktuell, der Betroffene »im Thema«, die Verbindung zum Unternehmen erhalten und eine Ersatzeinstellung ist überflüssig. Weiterhin sind Möglichkeiten zur Unterstützung der Betreuung sinnvoll. Gerade für das Angebot der Betreuung von »Unter-Dreijährigen« reichen staatliche Möglichkeiten nur selten aus. In der Praxis zeigt sich, dass in diesem Bereich aus den genannten Gründen bereits viele Unternehmen aktiv geworden sind. Eltern-Kind-Arbeitszimmer oder eine Notfallbetreuung können ebenfalls helfen, die Kompetenzen im Unternehmen nutzbar zu halten.

Kommt es trotz aller Angebote zum zeitweiligen Austritt aus der Berufstätigkeit, was im Rahmen individueller Aushandlungsprozesse ja eine Option ist, sollte sich das Unternehmen auf den Wissenserhalt und die Bindung einstellen. Hier ist nicht automatisch an kostspielige Aktionen zu denken. Eine Krabbelgruppe einmal pro Woche, um sich mit Kollegen und Kolleginnen in Elternzeit auszutauschen, schafft Bindung und Informationsmöglichkeiten. Im Übrigen sind Newsletter oder die Versendung der Mitarbeiterzeitung ebenfalls Optionen für das Unternehmen. Immer mehr Unternehmen treten darüber hinaus von Personalseite mit dem Beschäftigten in Kontakt und klären während der Schwangerschaft Willen und Möglichkeiten der Unterstützung und Weiterbeschäftigung bzw. des Wiedereintritts nach der Elternzeit. Gespräche während der Elternzeit helfen einerseits individuell die Überbrückungsmaßnahmen zur Erhalt der Qualifikation festzulegen, andererseits auch den Kontakt zu halten. Diese Gespräche gehören in die Zuständigkeit der Führungskraft. So bleiben auch in Elternzeit befindliche Mitarbeiter präsent.

Eine Auszeit zur Pflege wird Beschäftigten in einigen Unternehmen angeboten. Für diese gilt das gleiche wie für die Elternzeit. Der ständige Kontakt von Seiten des Unternehmens ist ein wichtiges Mittel zum Qualifikationserhalt und zur Bindung.

Wichtig ist, den Führungskräften Verantwortung für den Kontakt zum Mitarbeiter zu übertragen und von Personalseite lediglich unterstützend und ergänzend zu agieren. So kann die Bindung an den alten Bereich gewährleistet und der Führungskraft verdeutlicht werden, dass ihr die Aufgabe der Ressourcensteuerung obliegt.

2.11 Kritische Erfolgsfaktoren: Einzelstrategie Berücksichtigung individueller Lebenssituationen

Als kritische Erfolgsfaktoren gelten:

1. Die Unternehmensleitung muss hinter der Strategie stehen und die Umsetzung durch Unterstützung und Vorbild begleiten.
2. Instrumente sind nur die eine Seite. Wichtiger ist die nachhaltige Implementierung einer auf individuelle Lebenssituationen ausgerichteten Unternehmenskultur. Hierzu bedarf es eines strukturierten und begleiteten Veränderungsprozesses.
3. Die Argumentation erfolgt im Unternehmen über zwei Optionen:
   a) Qualitätssicherung und Kundenbindung erfordern qualifiziertes Personal. Dieses kann über die Berücksichtigung privater Bedürfnisse gebunden und rekrutiert werden. Eine solche Kultur ist damit ein aktiver Beitrag zu den Unternehmenszielen.
   b) Der Personalbereich übernimmt eine unternehmensstrategische Rolle. Aus dieser heraus ergibt sich der Bedarf zur Rekrutierung und Bindung von qualifiziertem Personal zur Lösung demografischer Herausforderungen. Diese Zielsetzung wird durch eine Personalstrategie, die im Besonderen die individuellen Lebenssituationen der Mitarbeiter einbezieht, umgesetzt.

3 Die Ressourcen der Generationen

3.1 Einleitung und Nutzen

Die Generation »50plus« wurde in den Unternehmen in den letzten Jahren sträflich vernachlässigt. Gut in Erinnerung ist die Zeit, in der in vielen Unternehmen jeder Beschäftigte im Alter von Mitte 50 und älter »Potenzial« genannt wurde. »Potenzial« war allerdings nicht auf Wissen und Personalentwicklung gemeint. Vielmehr betraf es den Gesichtspunkt des Personalabbaus: »Potenzial« war derjenige, der unter eine Vorruhestandsregelung fiel und ausscheiden konnte oder musste.

Der Fach- und Führungskräftemangel, der in Verbindung mit der demografischen Entwicklung eintritt, führt nun zu einem anderen Blickwinkel auf diese Generation. Alleine schon die Verschiebung des Renteneintritts auf zunächst 67 Jahre bedeutet, dass derjenige, der 50 Jahre alt ist, noch 17 Jahre im Arbeitsprozess verbleibt. Es macht daher viel Sinn, sich intensiver mit der Zielgruppe auseinanderzusetzen.

Je nach Altersstruktur im Unternehmen kann es sein, dass die Einzelstrategie zum Generation Resource Management sogar naheliegender ist als beispielsweise familienfreundliches Personalmanagement. Denn in der Tat finden sich in vielen Unternehmen derart »veraltete« Belegschaften, dass die Zeit der Familiengründung und die Fragen von Vereinbarkeit von Familie und Beruf allenfalls im Hinblick auf die Pflegeproblematik von Angehörigen interessant erscheinen.

Bevor allerdings die einzelnen Handlungsfelder bezogen auf Generation Resource Management die Strategie erläutern, zeigen einige Informationen die Bedeutung der Generation 50plus auf.

Deutschland hat in den letzten 30 Jahren niedrige Geburtenraten. Eine Schrumpfung ist die Folge, ebenso wie eine Alterung der Gesellschaft. Im Jahre 2005 lag das Durchschnittsalter der Bevölkerung in Deutschland bei 41 Jahren. Im Jahre 2030 wird es auf 51 angestiegen sein (Rump 2007). Auf Unternehmen bezogen liegt das Durchschnittsalter der Belegschaften in Deutschland derzeit bei 43 Jahren und es wird ebenso um 10 Jahre bis zum Jahre 2030, also auf 53 Jahre angestiegen sein (Abbildung 35). Es kommt also zu einer erheblichen Verschiebung in den Altersgruppen der Belegschaften.

Diejenigen, die über 60 Jahre alt sind, machen zurzeit 24,8% der Bevölkerung aus, im Jahre 2030 beträgt der Anteil 35,4% (ebenda). Da insgesamt mit einer Verringerung des Erwerbspersonenpotenzials zu rechnen ist – das Forschungsinstitut zur Zukunft der Arbeit (IZA) hat für das Jahr 2025 eine Lücke von 350.000 Personen errechnet (Flüter-Hofmann 2007) – steigt die Bedeutung der Beschäftigten im Alter von mindestens 50 Jahren umso mehr. Der Handlungsdruck stellt sich in allen Ländern, die eine ähnliche demografische Entwicklung in den nächsten Jahren bewältigen müssen. Allerdings hat Deutschland hier ein besonderes Thema, da die Generation geradezu aus dem Erwerbsleben herauskomplimentiert wurde. Vergleiche der Arbeitslosenquoten der 55- bis 64-Jährigen zwischen den OECD-Ländern (Abbildung 36) zeigen Deutschland mit 11,3% an der Spitze (Umnus-Lackner/Schmidt-Kubeneck 2006). Während Norwegen auf der anderen Seite 1,1% aufweist, ist der zweitletzte mit 7,3% Frankreich. Es zeigt sich also ein deutlicher Abstand von Deutschland im internationalen Vergleich.

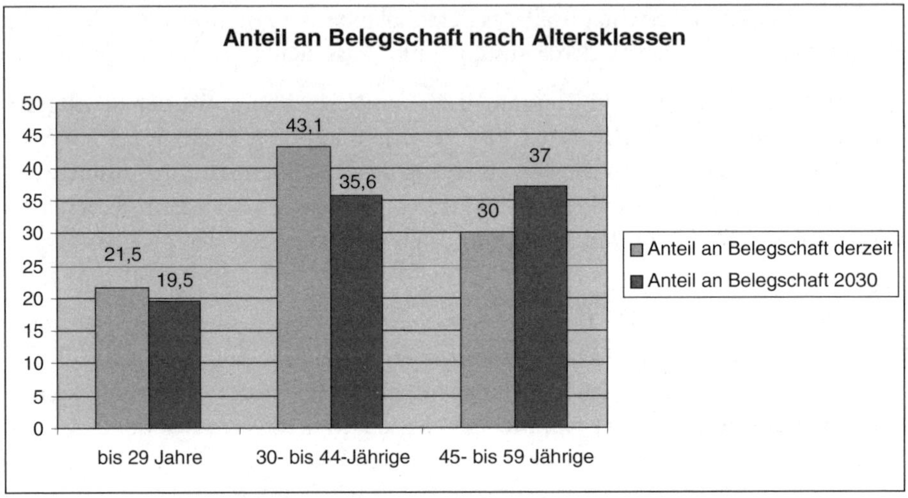

Abb. 35: Anteil an Belegschaften nach Altersklassen, Zahlen vom Institut der deutschen Wirtschaft Köln

Ergänzend muss berücksichtigt werden, dass durch frühere Verrentung dem Arbeitsmarkt in Deutschland nur noch 27% der 60- bis 65-Jährigen zur Verfügung stehen. Die Jugendorientierung in den deutschen Unternehmen hat darüber hinaus dazu geführt, dass in 860.000 bzw. 40,7% der Firmen überhaupt keine Mitarbeiter über 55 Jahre beschäftigt sind.

Leistung und Strukturwandel der Wirtschaft werden also in Zukunft weniger über einen Generationenwechsel, als vielmehr von den Erwerbstätigen des mittleren und höheren Alters getragen werden. Medizinische und psychologische Studien sehen darin kein Problem. Sie zeigen vielmehr, dass Aktivität, Schaffenskraft und Gesundheit bis ins hohe Alter möglich sind. Beispiele hierfür gibt es in unerschöpflicher Menge. Sie reichen von Konrad Adenauer, der seine 14-jährige Amtszeit als Bundeskanzler mit 73 Jahren begann, über Unternehmer wie Theo Lieven, der nach dem Verkauf Europas größter PC-Handelskette Vobis eine Karriere als Pianist begann, bis hin zur Tatsache, dass jeder 15. Student an deutschen Hochschulen über 50 Jahre alt ist.

Massive Veränderungen werden auf die Unternehmen zukommen. Von daher ist es ratsam, sich mit den einzelnen Handlungsfeldern auseinanderzusetzen und als Unternehmen frühzeitig auf die Entwicklungen zu reagieren.

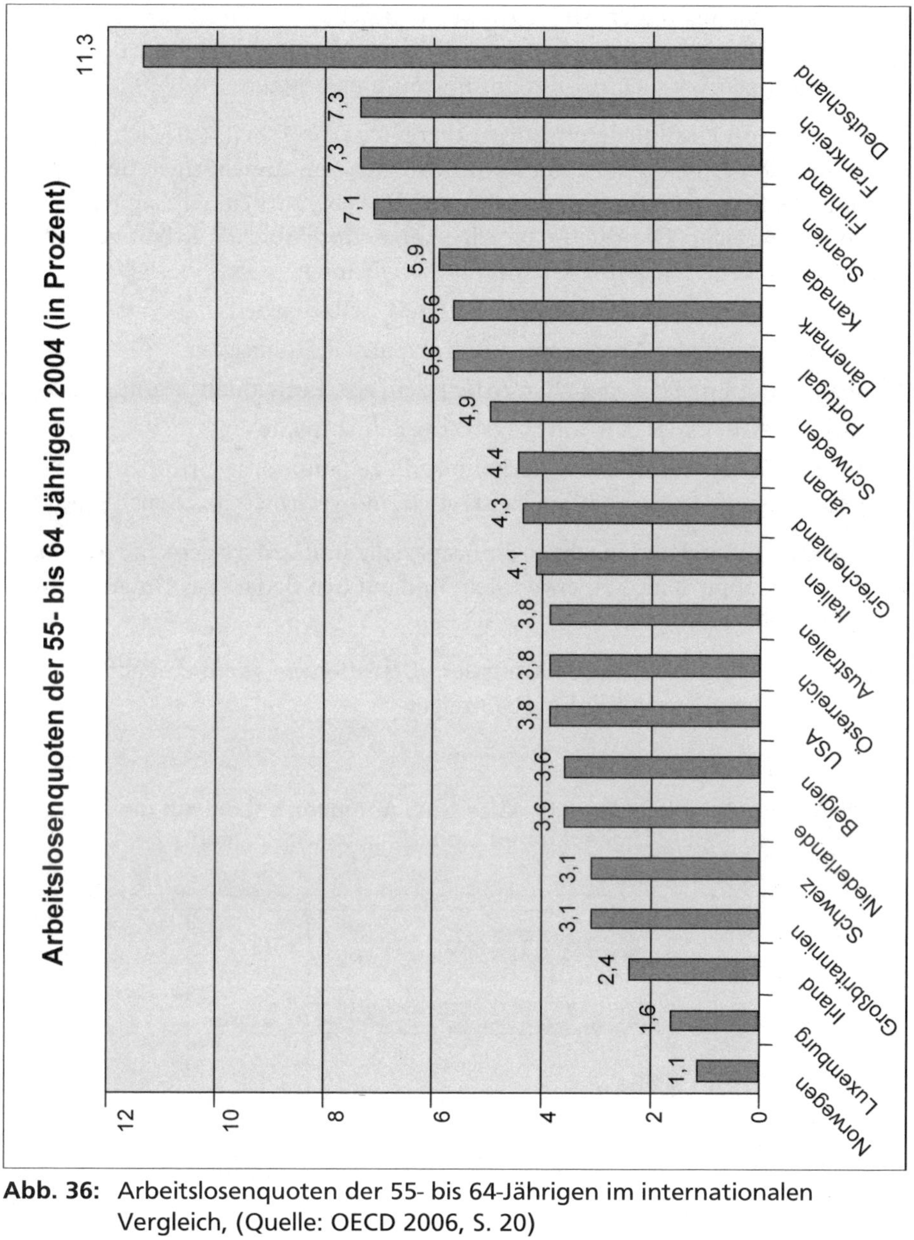

Abb. 36: Arbeitslosenquoten der 55- bis 64-Jährigen im internationalen Vergleich, (Quelle: OECD 2006, S. 20)

3.2 Handlungsfeld: »Personalplanung und Flexibilisierung«

Zur systematischen Bearbeitung der Altersstruktur empfiehlt sich die Durchführung einer Altersstrukturanalyse. Hierbei wird die Altersverteilung innerhalb des Unternehmens erfasst, womit zukünftige Entwicklungen vorausgesehen und Problembereiche identifiziert werden. Hieraus kann sich ergeben, dass auch gezielt Personal aus dieser Altersgruppe eingestellt wird. Insgesamt sollte eine ausgewogene Verteilung zwischen den einzelnen Altersgruppen bestehen, damit die gegenseitigen Vorzüge zur Entfaltung kommen können.

Im Rahmen von Flexibilisierungsinstrumenten ist die Arbeitszeit wichtig. Flexibilisierung von Arbeitszeit ist auch ein Bedürfnis von Angehörigen der 50plus-Generation. Dies nicht nur im Hinblick auf die Lebensarbeitszeit, sondern auch auf andere Bereiche. Die Palette der lebensphasenorientierten Arbeitszeitgestaltungsmöglichkeiten benennt Knauth (2007) wie folgt:

- Dauer der Arbeitszeit, z.B. Wahlarbeitszeit, Teilzeitarbeit
- Unterbrechung der Arbeitszeit, z.B. Kurzpausen, Ruhezeiten
- Beginn und Ende der täglichen Arbeitszeit, z.B. Individualisierung
- Lage der Arbeitszeit, z.B. alternsgerechte Schichtpläne
- Arbeitszeitautonomie der Mitarbeiter, z.B. zeitautonome Gruppen, Vertrauensarbeitszeit, Kurz- und Langzeitkonten, individualisierte Dienstpläne

Vor diesem Hintergrund macht es Sinn, spezielle und bedarfsgerechte Angebote für die Zielgruppe 50plus zu entwickeln und auf den Bedarf des Unternehmens abzustimmen.

Dies ist auch die Erwartungshaltung der »Betroffenen« wie die nachfolgenden Befragungsergebnisse (Abbildung 37) zeigen.

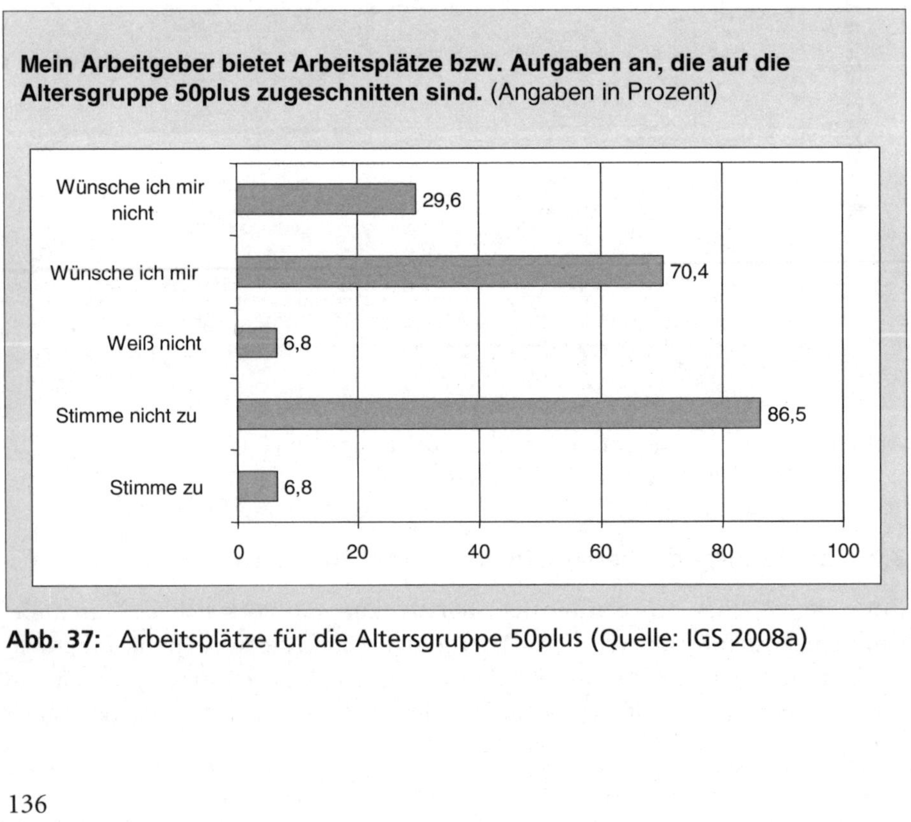

Abb. 37: Arbeitsplätze für die Altersgruppe 50plus (Quelle: IGS 2008a)

3.3 Handlungsfeld: »Personalgewinnung«

Die gezielte Personalgewinnung von Fach- und Führungskräften der Generation 50plus ist eine Möglichkeit zur Deckung eines Bedarfes. Diese Möglichkeit wird von sehr wenigen Unternehmen aktiv betrieben.

Dies belegen die nachfolgenden Angaben (Abbildung 38).

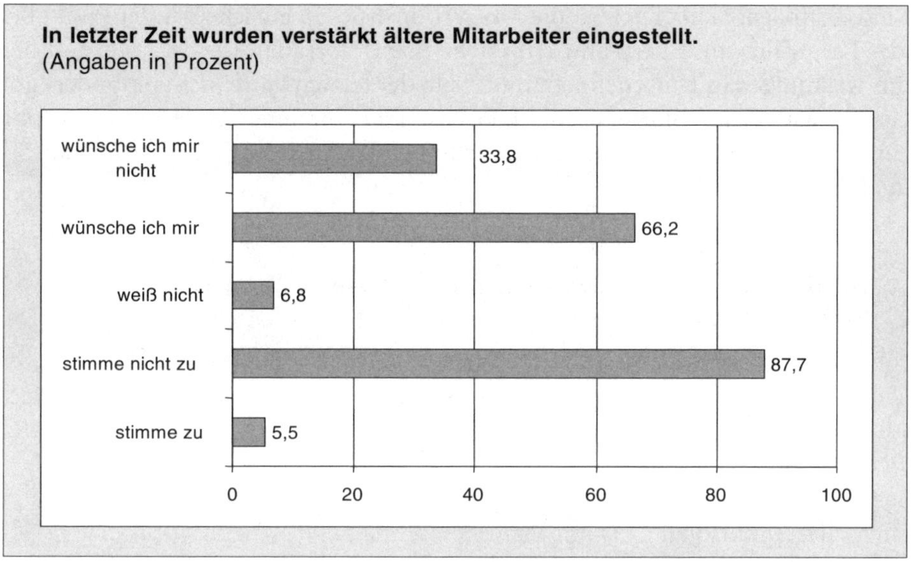

Abb. 38: Personalrekrutierung von älteren Mitarbeitern in Prozent (IGS 2008b)

Einige Unternehmen, vor allem im Ingenieurbereich, arbeiten mittlerweile gezielt daran, die Projekterfahrung der Älteren zu nutzen (Ruess 2006). Insofern ist hier die Möglichkeit zur Bearbeitung eines Handlungsfeldes gegeben. Dabei muss berücksichtigt werden, dass ggf. die Medien, über die potenzielle Mitarbeiter gesucht werden, auf die Zielgruppe abgestimmt sind. Zum Beispiel eignet sich die klassische Zeitungsannonce gut gegenüber z.B. der Anzeige in der Internet-Jobbörse.

3.4 Handlungsfeld: »Personalentwicklung«

Personalentwicklung ist ein zentrales Thema im Generation Resource Management. Gerade in letzter Zeit haben sich viele Autoren Gedanken zu einer altersgerechten Personalentwicklung gemacht. Das Ergebnis von Analysen aus Gerontologie, Soziologie und Pädagogik unterstützt diese Ausrichtung, da sie belegen, dass grundsätzlich die Persönlichkeitsstruktur, die Berufsbiografie und die Motivationslage die Lernbereitschaft und Lernfähigkeit eines Arbeitnehmers beeinflussen. Das biologische Alter ist kein entscheidender Faktor. Die besonderen Herausforderungen bei der Personalentwicklung von älteren Mitarbeitern konzentrieren sich auf drei Kernpunkte:

- Erhalt der Kompetenzen,
- Erwerb von neuen/zusätzlichen Kompetenzen,
- Begleitung möglicher Neuorientierungen im Alter von 50plus.

Ob es gelingt, diese Ziele der Personalentwicklung umzusetzen, ist auch in entscheidendem Maße davon abhängig, in welcher Situation sich die »internen Kunden« der Personalentwicklung, hier also diejenigen, die 50 Jahre und älter sind, befinden. Schließlich ist die Motivationslage ein entscheidender Punkt bei der Lernwillig- und Lernfähigkeit (siehe oben). Gerade diese ist aufgrund der Entwicklungen in Unternehmen innerhalb der letzten Jahre nicht besonders gut ausgeprägt. Viele Mitarbeiter der hier besonders interessierenden Altersgruppe äußern sich in einer aktuellen Untersuchung unzufrieden mit der beruflichen Situation.

Wie beurteilen Sie Ihre derzeitige Arbeitssituation allgemein?
(Angaben in Prozent)

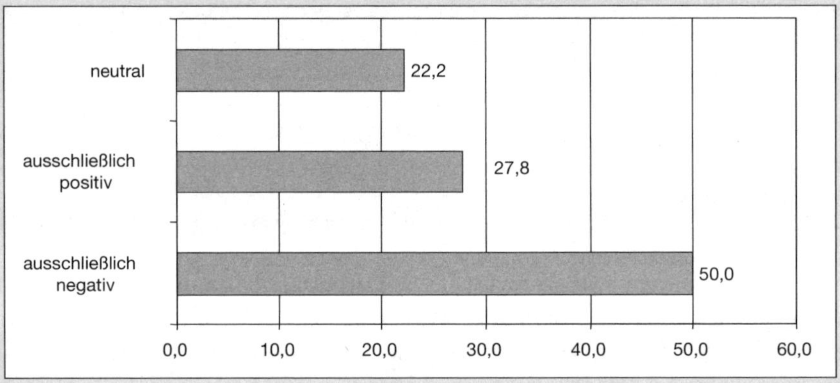

Quelle: IGS 2008b, Angaben in Prozent

Abb. 38a: Beurteilung der Arbeitssituation (IGS 2008 b)

Als Basis der Motivation kann das persönliche Wertesystem angesehen werden (Middendorf/Schmitz 2006). Dieses bietet somit eine Grundlage für eine weitergehende Systematisierung bezogen auf die Situation der Zielgruppe.

Das Generationenmodell nach Zemke, Raines und Filipczak (Zemke u.a. 1999) schreibt der Generation 50plus – den »Veteranen« – vor allem Eigenschaften wie Pflichtbewusstsein, Disziplin, Loyalität und Verlässlichkeit zu. Nach Erfahrungen aus Seminaren mit dieser Zielgruppe kann diese Aufzählung um Fürsorge und Menschlichkeit gegenüber den Mitarbeitern ergänzt werden. Aufbauend auf dieser Grundlage führt die Systematisierung der Situation dieser Generation in Unternehmen im Wesentlichen zu vier Gruppen.

1. Zunächst die Hochmotivierten. Erfolgreich, mit Perspektiven, aus innerem Antrieb heraus handelnde Fach- und/oder Führungskräfte. Sie erfahren im Unternehmen – meistens durch unmittelbare Vorgesetzte und Akzeptanz bei den Mitarbeitern – Wertschätzung. Sie werden auf Basis ihrer persönlichen Werte, die sie leben, akzeptiert und respektiert.
2. In der zweiten Kategorie können diejenigen zusammengefasst werden, die durch aktuelle Entwicklungen und Veränderungen überfordert sind – die Überforderten. Die Nachvollziehbarkeit von Entscheidungen fehlt und so ist diese Gruppe einerseits zwar generell mit dem Unternehmen verbunden, andererseits aber demotiviert, weil »jeden Tag eine andere Sau durch's Dorf getrieben wird«. Die wichtigen Werte Verlässlichkeit und Zuverlässigkeit finden sich im Unternehmensalltag nicht mehr wieder.
3. Die dritte Gruppe bildet sich aus denjenigen, die demotiviert sind – die Demotivierten –, weil sie im Unternehmen keine Wertschätzung erfahren. PE-Programme binden die Zielgruppe der Erfahrenen nicht mehr ein, Weiterbildung wird als Schulung erlebt, wie man Schüler unterricht und nicht, wie man Erfahrung wertschätzt und als Teilnehmer einbringen kann. Darüber hinaus leiden die Mitglieder dieser Kategorie häufig darunter, dass Geleistetes nicht anerkannt wird.
4. Und dann gibt es noch die Gruppe, die den Ausstieg aus dem System geplant hatte und nun erfahren muss, dass die Planungen sich nicht in die Realität umsetzen lassen – geplante Aussteiger. Das sind diejenigen, die auf die Inanspruchnahme von Vorruhestandsmodellen gebaut und nun bitter enttäuscht werden. Sie können nicht aussteigen und sollen stattdessen – u.U. haarscharf den Stichtag verfehlt – noch einige Jahre zur Verfügung stehen.

Unternehmen können sich die letzten drei Gruppen immer weniger leisten. Mehr noch: Sie sind darauf angewiesen, dass sich die Generation 50plus aktiv einbringt, ihr Potenzial dem Unternehmen zur Verfügung stellt. Dieses Potenzial ist für den Unternehmenserfolg von wichtiger Bedeutung. Dies belegt zum Beispiel die Analyse einer aktuellen Studie (IGS 2007). Danach gaben über insgesamt 20,4% der Führungskräfte an, mit den anliegenden Aufgaben- und Themenstellungen überfordert zu sein. Differenziert man diese Angaben nach Altersgruppen, dann geben 22,4% der bis 50-Jährigen eine Überforderung an. Bei den über 50-Jährigen sind dies lediglich 15,2%.

Insofern spricht viel dafür, dieser Gruppe spezielle Weiterbildungsangebote in Unternehmen anzubieten, die auf die drei genannten Ziele ausgerichtet sind. Einzelne Maßnahmen folgen idealer Weise einer grundlegenden Personalentwicklungssystematik. Hieran mangelt es bereits in vielen Unternehmen, da eine Ausrichtung auf das zukünftige Erwerbsalter nicht stattfindet. Stattdessen finden Potenzialanalysen, die als Grundlage für weitere Maßnahmen dienen, bis allerhöchstens Anfang 40 statt. Die Zielgruppe der erfahrenen Potenzialträger wird so gut wie nicht berücksichtigt. Es ergibt sich als grundlegende Voraussetzung die Forderung nach einer generationenübergreifenden und bis zum Rentenalter ausgerichteten PE-Systematik. Diese muss alterskontinuierlich entsprechend der Abbildung 39 ausgestaltet sein.

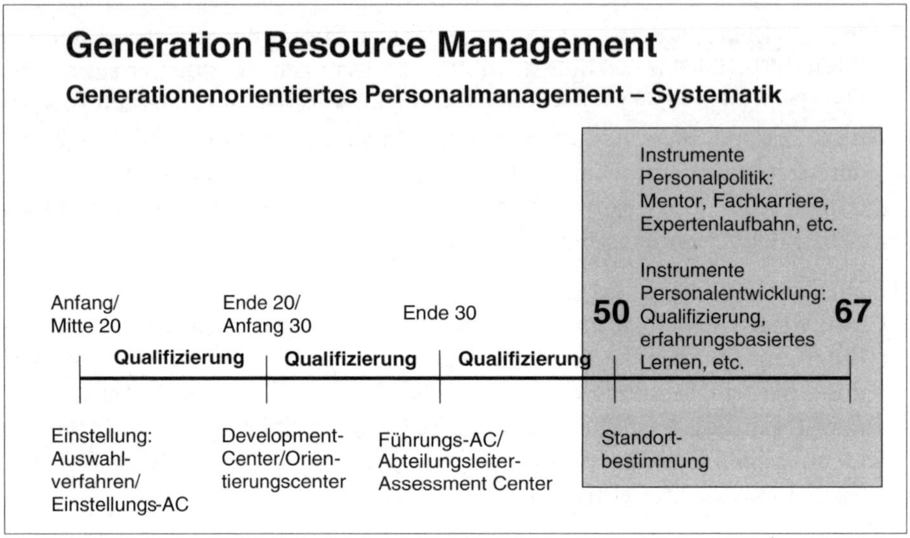

Abb. 39: Personalentwicklungssystematik eines generationenorientierten Personalmanagements (eigene Darstellung)

Aus der vorgestellten Systematik leiten sich Handlungspunkte für die Instrumente der Personalpolitik ab, die im Gliederungspunkt »Handlungsfeld Kulturentwicklung« näher beschrieben werden. An dieser Stelle interessieren die Maßnahmen und Instrumente, die in den Bereich Personalentwicklung fallen.

Bei dieser Betrachtung bietet sich im Rahmen gelebter interner Kundenorientierung an, zu fragen, welche Maßnahmen sich die Zielgruppe wünscht. Dabei nennen die 50plus-Jährigen laut der aktuellen IGS-Studie (IGS 2008a) folgende Punkte:

- Laufbahnplanung Unterstützung bei Stellenwechsel, Karriereplanung fortführen, spezielle Aufgaben und Funktionen, Wechsel von Führungs- in Fachlaufbahn; Beratungsfunktionen, Expertenstatus, Mentorenprogramme 29,0 %
- Weiterbildung auch für ältere Mitarbeiter, auf Bedürfnisse der Zielgruppe abgestimmt, spezielle inhaltl. Angebote 25,8 %
- Individuelle PE-Maßnahmen, PE-Gespräche, Coaching, Supervision, Stärken-Schwächen-Analyse und Bearbeitung, Orientierungscenter 19,4 %

- Arbeitszeitmodelle Gleitzeitmodelle, die den Bedürfnissen älterer Mitarbeiter entsprechen, Balance von Arbeit und Leben 16,1 %
- Keine Sonderbehandlung; Gleichberechtigte Förderung und Forderung über alle Altersgruppen, Normalität, keine speziellen Aufgaben, Abbau von Vorurteilen 12,9 %
- Unterstützung im Bereich IT-/EDV-Anwendertrainings, Geduld 12,9 %
- Orientierungsangebote Begleitung von Umbruchsituationen, Change Management, Seminare zur Selbstreflexion 12,9 %

An die Personalentwicklung wird damit die Erwartung gerichtet, eine alterskontinuierliche Systematik zu entwickeln und umzusetzen sowie auf die Altersgruppe bezogene besondere Angebote zu kreieren.

In der praktischen Arbeit hat sich in diesem Kontext die Methode der kollegialen Fallberatung bewährt. Nicht Schulung, sondern Austausch stehen im Vordergrund, wobei Erfahrung geradezu gefordert und dadurch die Akzeptanz zum Lernen stark gefördert wird. Als ein Beispiel für eine mögliche Vorgehensweise folgender Bericht über eine Seminarkonzeption:

Exkurs: Konzept Führungswerkstatt

Ein »Führungstraining« für Führungskräfte 50plus kann an den konkreten Erfahrungen der »alten Hasen« ansetzen. Einen Einstieg ist der Vergleich »Führung früher – Führung heute«. Meist wird bei der Gegenüberstellung schon deutlich, dass es Führung heute vor allem mit dem Umgang mit Dilemmata zu tun hat. Typisch ist der Konflikt zwischen sozialer Verantwortung und Effizienz. Oder der beschriebene Konflikt, in übergeordnete Entscheidungen eingebunden zu sein und dazu in vielen Gremien zu sitzen, andererseits als Ansprechpartner für die Mitarbeiter zur Verfügung stehen zu sollen und zu wollen.

Die Diskussion solcher Dilemmata führt zu einer immer wieder zu beobachtenden Reaktion: Die Teilnehmer stellten meist überrascht fest, dass es ihren (gleichaltrigen) Kollegen genauso ergeht, was sie als entlastend erleben. Sie erfahren weiterhin, dass es für diese Art von Konflikten keine Patentlösung und keine Richtlinien gibt. Es gibt auch kein richtig oder falsch – es gibt nur sie als Führungskraft mit ihren persönlichen Werten. Sie müssen in solchen Situationen eine Entscheidung treffen und sich der Konsequenzen bewusst werden – und diese akzeptieren.

Teil 2 und der wesentliche Part der »Führungswerkstatt« setzt ebenfalls an den Erfahrungen der Teilnehmer an: kollegiale Fallberatung. Die Teilnehmer benennen zunächst aus ihrem aktuellen Umfeld Fragestellungen, die offen und noch nicht gelöst sind. Aus der Vielzahl der Fallschilderungen werden gemeinsam Fälle ausgewählt und mit den Anwesenden diskutiert und hinterfragt. Nach Klärung der geschilderten Situation werden Lösungsansätze erarbeitet. Den Moderatoren kommt dabei die Aufgabe zu, einerseits den Prozess zu gestalten, andererseits – wenn sinnvoll – tiefer in die Analyse einzusteigen und ergänzende Ansätze und Hilfestellungen einzubringen. So werden oftmals abstrakte Vorschläge wie »Du musst mal ein Gespräch mit dem Mitarbeiter führen« zu konkreten Gesprächsleitfäden entwickelt.

In einem Follow-up-Termin ca. ein halbes Jahr später werden dann die durchgeführten Umsetzungen besprochen, Ergebnisse diskutiert und generelle Erkenntnisse abgeleitet.

Viele Teilnehmer benennen als schwierige Situation den Umgang mit problematischen Mitarbeitern: Innere Kündigungen, nicht angemessene Arbeitsleistungen, Unzufriedenheit auf beiden Seiten (Führungskraft und Mitarbeiter). Über die kollegiale Beratung erhalten sie eine Reihe konkreter Empfehlungen zum weiteren Vorgehen. Diese werden auf ein Flipchart geschrieben und dem Fallgeber nach Abschluss der »Beratung« mit der Bitte mitgegeben, den Fall sowie den Maßnahmen-Katalog zum Follow-up-Termin wieder mitzubringen.

Bei diesem Follow-up-Tag gibt es immer wieder Führungskräfte, die nicht nur das empfohlene Gespräch geführt haben und dabei dem erarbeiteten Gesprächsleitfaden gefolgt sind (der vor allem Sicherheit für ein Problemgespräch gegeben hat). Vielmehr berichten diese auch, dass sie sich plötzlich mit dem Mitarbeiter, den sie vorher als besonders kritisch und unzugänglich erlebt haben, stundenlang unterhalten haben. In Erinnerung ist eine Führungskraft, die vier Stunden alle Angelegenheiten besprochen und bereinigt hat, was zu einer erheblichen Verbesserung der Zusammenarbeit geführt hat. Dabei wurde auch vereinbart, die Gespräche zur Regel werden zu lassen und sich in bestimmten Abständen auszutauschen.

Ein weiteres, nicht selten angesprochenes Problem ist der Umgang mit Mitarbeitern, die entweder eine Alkoholerkrankung oder psychische Probleme haben – ein zunehmendes Problem in vielen Unternehmen. Gerade Fälle des zweiten Themenkreises nehmen stark zu, was auch ein Personaler bestätigt: »Bei uns fällt jeder vierte Langzeitkranke aufgrund psychischer Probleme aus.« Ein typischer Rat in solchen Fällen ist die Inanspruchnahme von Experten, die entweder im Unternehmen oder extern zur Verfügung stehen. Hier wird im Follow-up von Eskalationsketten und der in Anspruch genommenen Hilfe durch eben diese Experten berichtet. Wege, die die betreffenden Führungskräfte ohne ein Seminar nicht gegangenen wären.

Es werden durchaus auch Probleme mit der eigenen Führungskraft angesprochen. Dabei geht es z.B. um nicht eingehaltene Versprechungen und die Vorbereitung auf sachliche Gespräche mit dem eigenen Chef. Auch wenn diese Fragestellungen weitaus schwieriger zu bewältigen sind, werden auch hier Erfolge im Follow-up berichtet.

Konkret sind zum Beispiel folgende Fälle in Erinnerung geblieben. Eine sehr gewissenhafte und sorgfältige Führungskraft hatte einen Mitarbeiter zu führen, der von seiner Persönlichkeit her vollkommen anders »gestrickt« war. Seine Devise war: »Schauen wir mal, es wird schon klappen. Hauptsache, es geht immer weiter.« Hier hat die kollegiale Beratung sowie das unterstützte Aufzeigen der sehr unterschiedlichen Persönlichkeiten Erstaunliches bewirkt. Die Führungskraft erkannte eigene typische Verhaltensweisen und die des Mitarbeiters und verstand, dass die Differenzen hierin begründet waren. Die Erleichterung, dass nicht Unfähigkeit die Ursache für das Problem war, führte dazu, dass der Teilnehmer weitaus gelassener mit dem Mitarbeiter umgehen konnte und im Follow-up-Termin kaum wieder zu erkennen war. Die persönliche Entwicklung war im höchsten Maße bemerkenswert.

Ein weiterer Fall, bei dem ein Teilnehmer beim Follow-up von der konkreten Umsetzung zu seiner Fragestellung berichtet hat: »Ich habe angefangen, meine Vorschläge gegenüber meinem Chef schriftlich zu formulieren und – wenn sie immer noch nicht aufgegriffen werden – schließlich auch dem nächsthöheren Vorgesetzten zur Kenntnis geschickt. Erstaunlich, welche Wirkung das erzielt hat!«

Diese Vorgehensweise und dieses Design ermöglicht, die Gruppen zwei bis vier in der oben dargestellten Systematik »abzuholen«. Ein großer Vorteil ist, dass dies kein Trainer oder Moderator übernimmt, es machen die Teilnehmer selbst. Dabei wird auch die Motivation der ersten Gruppe »genutzt«. Auf diese Weise können positive Effekte für alle Beteiligten generiert werden und die speziellen Bedürfnisse der Zielgruppe 50plus aufgenommen und in eine Weiterbildungsmaßnahme integriert werden.

(Schmitz, Thönneßen 2008)

Weitere Möglichkeiten für spezielle an die Zielgruppe 50plus angepasste Seminarangebote sind:

- Optimal Experience Center – OEC:
  Revitalisierung durch Diagnose der IST-Situation und des Potenzials, Erarbeitung eines Entwicklungsplans und begleitendes Coaching.
- Generationenmix Seminare und Workshops:
  Typische Weiterbildungs- und Workshopthemen werden speziell für eine fruchtbare, generationsübergreifende Zusammenarbeit aufbereitet.
- Vorträge, Podiumsdiskussionen, Keynote Speaker.

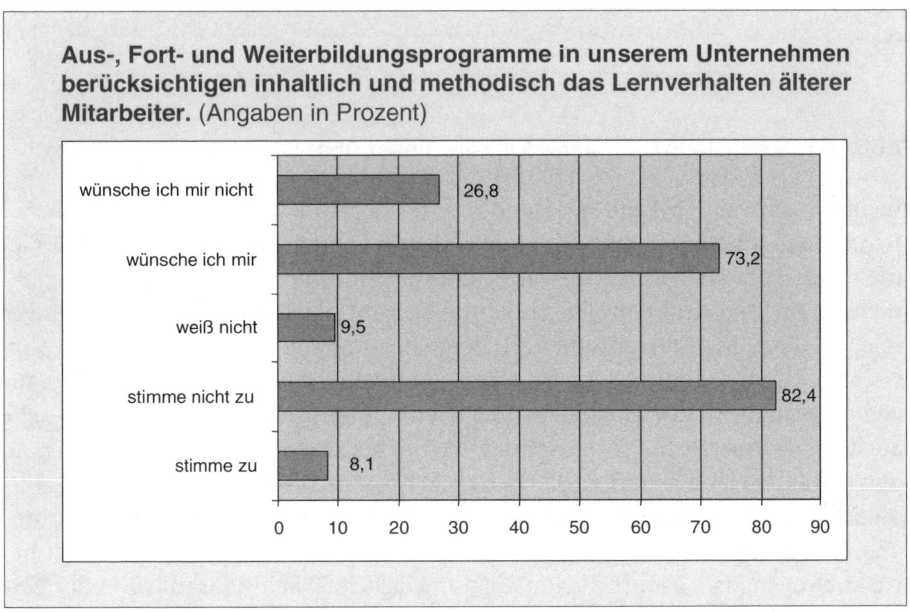

Abb. 40: Berücksichtigung des Lernverhaltens älterer Mitarbeiter in Aus- und Weiterbildungsprogrammen (Quelle: IGS 2008b)

Es besteht Bedarf bei der Umsetzung solcher Maßnahmen, die – wie weiter oben aufgezeigt wurde – von den Kompetenzträgern gewünscht werden. Die betriebliche Realität ist weit davon entfernt, solche Angebote zu machen, wie die folgenden Studienergebnisse belegen.

Lediglich in knapp 7 % der Unternehmen gibt es nach Angaben der Befragten (IGS 2008b) spezielle Weiterbildungsangebote für den Teil der Belegschaft, der 50 Jahre und älter ist. Die Zahl der Unternehmen, die bezogen auf Laufbahnplanungen spezielle Maßnahmen anbieten, ist genauso niedrig. Noch schlechter sieht es bezogen auf Angebote zur Ermittlung persönlicher Stärken und Schwächen aus, wie die Abbildung 41 aufzeigt.

Gibt es spezielle Maßnahmen für Mitarbeiter/innen ab 50 Jahren zur Ermittlung persönlicher Stärken und Schwächen (z.B. spezielle Assessment Center, Orientierungscenter, Development Center)
(Angaben in Prozent)

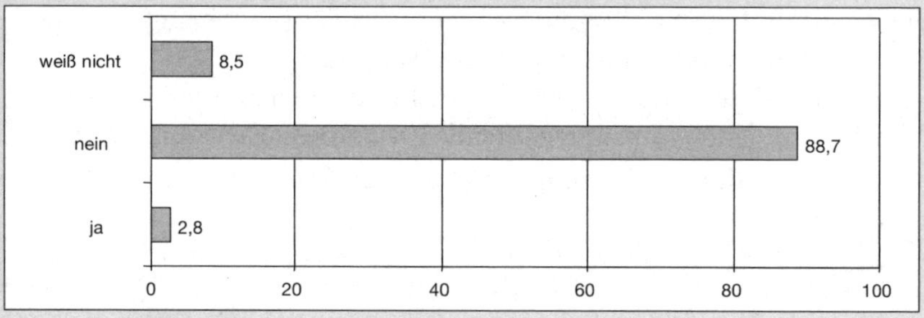

Abb. 41: Spezielle Maßnahmen für Mitarbeiter über 50 (Quelle: IGS 2008b)

Insofern zeigt sich gerade im Handlungsfeld Personalentwicklung erheblicher Bedarf in den Unternehmen. Es kommt darauf an, den Fokus zu verändern. Gemeinhin ist das Defizitmodell, welches zur Jugendorientierung in den Unternehmen geführt hat und von der Annahme ausgeht, dass Jüngere leistungsfähiger seien als ältere Mitarbeiter, etabliert. Bei dieser Annahme wird lediglich die physische Leistungsfähigkeit (Sehen, Hören, Schnelligkeit, Beweglichkeit, etc.) angenommen, die in der Tat ab dem 40. Lebensjahr kontinuierlich abnimmt (siehe auch Bundesanstalt für Arbeitsschutz und Arbeitsmedizin 2004). Gemessen an den in der betrieblichen Praxis erzielten Arbeitsergebnissen lässt sich diese Aussage jedoch nicht halten. Dies bedeutet in der Konsequenz, dass das Defizitmodell im Unternehmen abgelöst werden muss. Bei allen Maßnahmen ist zu berücksichtigen, dass gerade die Entwicklung der Unternehmenskultur in der Vergangenheit viel dazu beigetragen hat, dass die Zielgruppe 50plus aus dem Bewusstsein geraten ist. Die demografische Entwicklung wird demgegenüber dazu führen, dass auch die Gestaltung der Unternehmenskultur in Angriff genommen werden muss, um Akzeptanz für die Nutzung der Instrumente zu schaffen. Insofern funktioniert die Implementierung von Maßnahmen besser durch einen begleitenden unternehmenskulturellen Prozess.

3.5 Handlungsfeld: »Kulturentwicklung und Bewusstseinswandel«

Instrumente der Personalentwicklung oder der Personalpolitik funktionieren nur dann, wenn der kulturelle Rahmen die Nutzung ermöglicht. Mit anderen Worten: Zur Lösung einer Fragestellung bedarf es zunächst des Bewusstseins für das Problem ehe die Unterstützung durch Instrumente auf fruchtbaren Boden fällt.

Folgende, in der nachfolgenden Abbildung 42 dargestellte Prozessschritte können für einen solchen Veränderungsprozess angegangen werden.

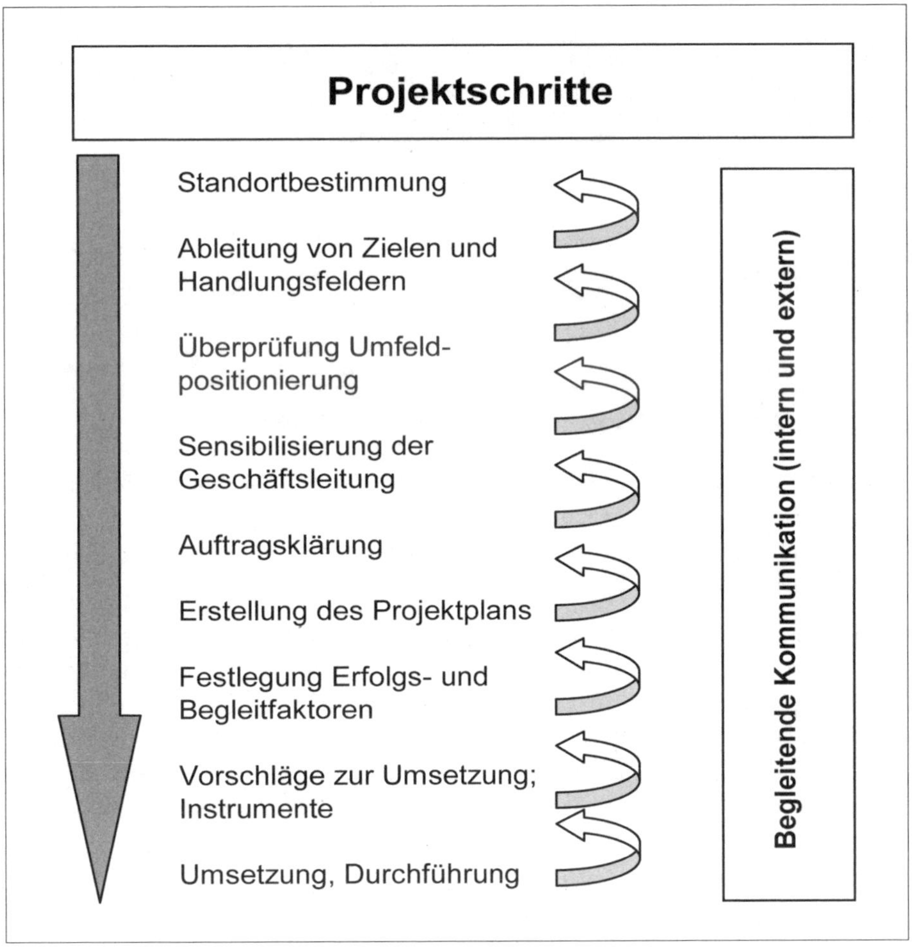

Abb. 42: Umsetzung eines Veränderungsprozesses (Quelle: Schmitz/Kohn 2007)

Auf diese Weise kann eine generationenbewusste Unternehmenskultur entwickelt werden. Ein Ziel eines solchen Veränderungsprozesses ist in aller Regel die Schaffung von Wertschätzung für die benannte Zielgruppe. In der IGS-Studie (Abbildung 43) gaben die Befragten zu lediglich 21,2% an, Wertschätzung durch die Unternehmensleitung zu erfahren. Je größer die Ähnlichkeit, umso mehr Wertschätzung wird entgegengebracht. Aus diesem Grunde ist auf »Kollegenebene« der Wert am höchsten, allerdings mit 63,5% auch noch unterhalb der zwei Drittel Marke.

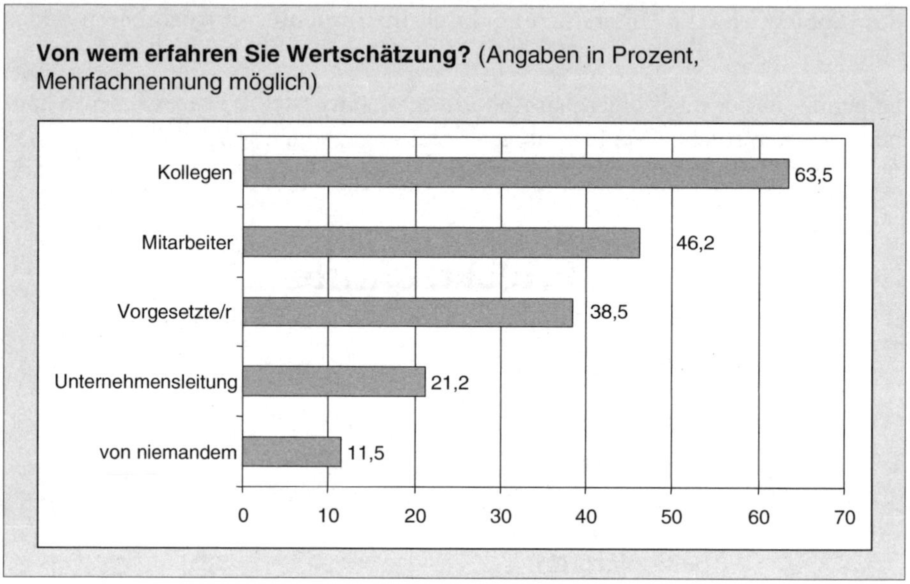

Abb. 43: Quellen der Wertschätzung (Quelle: IGS, 2008b)

Vor diesem Hintergrund bedarf es also nicht nur des Ziels, im Rahmen eines Veränderungsprozesses »generationenbewusste Unternehmenskultur« die Wertschätzung zu steigern, sondern auch die Unternehmensleitung für das Thema zu sensibilisieren.

Wenn dieses erreicht ist, können Instrumente die Implementierung unterstützen. Personalpolitische Instrumente sind weiter oben bereits genannt und werden im Folgenden näher ausgeführt. Es ist nicht beabsichtigt, eine vollständige Auflistung aller möglichen Instrumente vorzunehmen. Stattdessen sollen die erwähnten Möglichkeiten aufgezeigt werden. Im Einzelnen müssen nach erfolgter Analyse die Instrumente auf den Bedarf und das Unternehmensumfeld abgestimmt werden.

Interessant ist, dass die Betroffenen selbst sich zu fast einem Drittel eine Laufbahnplanung wünschen. Dies bedeutet im Einzelnen eine Abkehr von bestehenden Regelungen hin zu einer flexiblen Gestaltung der Aufgaben und Verantwortung. Dies kann durchaus gekoppelt werden mit einer Verringerung der Führungsverantwortung und stattdessen einer entsprechenden fachlichen Aufgabe bzw. Projektarbeit. Insgesamt zieht dieser Wunsch nach sich, die Kompetenzen, die ein Mitarbeiter der entsprechenden Altersgruppe mitbringt, zu nutzen, aber möglicherweise im Schwerpunkt zu verändern. Allerdings muss die herrschende Unternehmenskultur einen »Gesichtsverlust« ausschließen.

Dieser Wunsch stimmt mit Ergebnissen von psychologischen Studien überein, nach denen gerade im Alter von um die 50 Jahre der Wunsch nach einer neuen Aufgabe ent- und besteht. Der gemeinhin unter Midlifecrises negativ belegte Wille zu Veränderung kann durch ein Unternehmen – aktiv angegangen – positiv genutzt werden. Dazu müssen allerdings Mitarbeitergespräche diese Punkte aufnehmen und die Artikulation im Unternehmen vonseiten der Betroffenen möglich sein sowie entsprechende, auf die Zielgruppe zugeschnittene, Aufgaben bestehen.

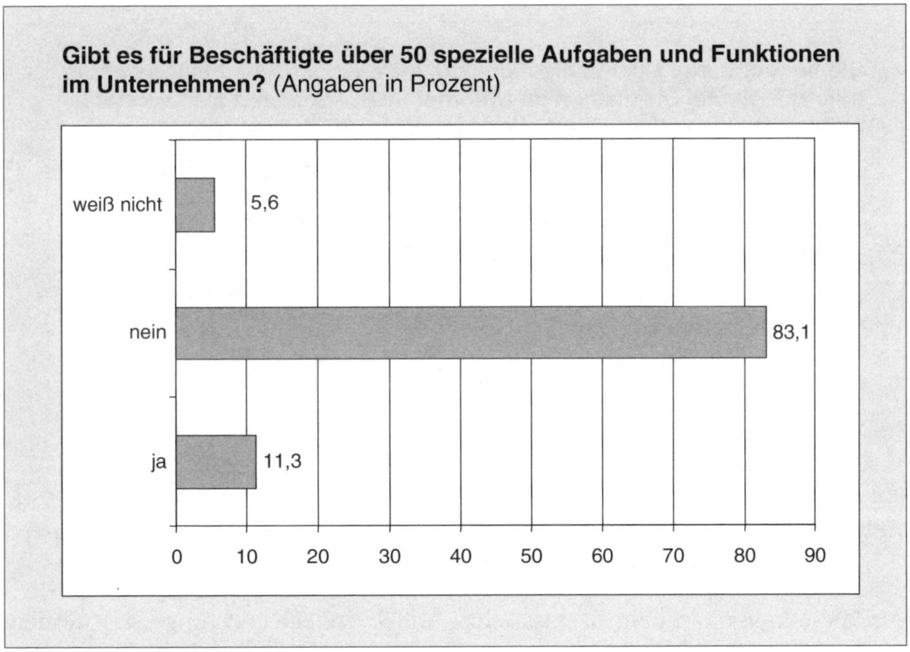

Abb. 44: Spezielle Aufgaben und Funktionen für Beschäftigte über 50 (Quelle: IGS 2008b)

Ein weiteres Instrument ist die Schaffung eines Mentorprogrammes, welches nicht nur die Wissensweitergabe ermöglicht, sondern auch Wertschätzung signalisiert und intergenerationales Arbeiten ermöglicht. Bei nahezu 17% der Befragten der IGS-Studie (IGS 2008b) gibt es solche Programme im Unternehmen. Weitere spezielle Programme wie zum Beispiel »Dialog zwischen den Generationen« (Seitz 2007, S. 183) können für einen Austausch zwischen den Generationen genutzt werden.

Vielfach ist es darüber hinaus sinnvoll, Möglichkeiten zu schaffen, langsam in den Ruhestand zu gleiten (z.B. durch Teilzeitmodelle). Dies wird von 94% der Befragten auch gewünscht. Nach Erreichung der Altersgrenze im Unternehmen weiter arbeiten zu können, ist eine weitere Möglichkeit zur Flexibilisierung und Schaffung individueller Optionen. In der Studie wünschen sich fast die Hälfte (47,2%) dieses. Für die Erhaltung von Kompetenzen und die Erschließung einer Gruppe von qualifizierten Fach- und Führungskräften ist dies eine wichtige Option für Unternehmen.

Alle diese Maßnahmen gehören in einen strukturierten Veränderungsprozess, bei dem auch immer wieder die begleitende Kommunikation von Überlegungen, Informationen und Maßnahmen im Vordergrund stehen muss.

Hier zeigt sich zum gegenwärtigen Zeitpunkt ein erhöhter Handlungsbedarf, wie folgende Studienergebnisse (Abbildung 45) belegen.

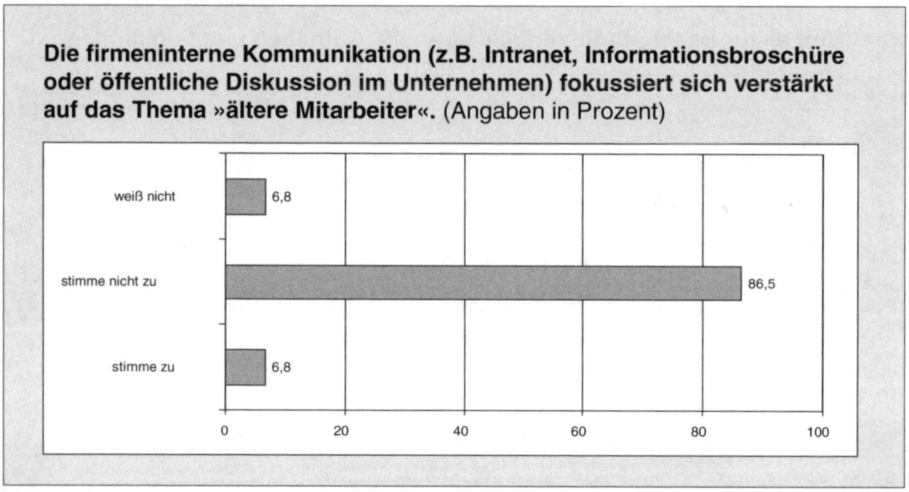

Abb. 45: Fokussierung der firmeninternen Kommunikation auf das Thema »ältere Mitarbeiter« (Quelle: IGS 2008b)

Auf diese Weise kann ein Bewusstseinswandel erreicht und umgesetzt werden. Im Ergebnis existieren mehr gegenseitige Wertschätzung und die Nutzung eines gerade im demografischen Wandel immer wichtiger werdenden Potenzials an erfahrenen Mitarbeitern.

3.6 Handlungsfeld: »Führung – neue Anforderungen«

An anderer Stelle (Einzelstrategie individuelle Lebenssituationen) wurde bereits erläutert, wie sich Führung entwickeln muss und welche Schwerpunkte zukünftig bearbeitet werden sollten. Insgesamt bedarf es einer auf Potenziale und Kompetenzen ausgerichteten Führung, die sich in einem hohen Maße der Individualität eines Mitarbeiters zuwendet. In der Folge entsteht ein höherer Kommunikationsaufwand zwischen Führungskraft und Mitarbeiter. Gerade dieser hat durch die zunehmende Arbeitsverdichtung und die zusätzliche Belastung von Führungskräften mit nicht unmittelbar zur Aufgabe gehörenden Tätigkeiten wie beispielsweise Terminvereinbarungen durch Streichung von Sekretariaten gelitten. Hier ist einerseits zu fragen, ob die Potenziale, die in einem Unternehmen vorhanden sind, optimal genutzt werden. Zum anderen bedarf es einer Sensibilisierung und zeitlichen Ermöglichung eines individuell auf die Mitarbeiter abgestimmten Ressourcenmanagements. Im Übrigen: Hier bringt nur der Bewusstseinswandel auf der Führungsebene, der auch durch die Unternehmensleitung betrieben und eingefordert wird, weiter. Die Etablierung von strukturierten Mitarbeitergesprächen oder systematisch erfassten Kompetenzeinschätzungen der Mitarbeiter stoßen angesichts des ohnehin gestiegenen Gesamtaufwandes auf Widerstand, wenn nicht im Rahmen eines Veränderungsprozesses der Sinn dieser Instrumente ausführlich verdeutlicht wird.

So wie dies bereits bei der Einzelstrategie zur Berücksichtigung individueller Lebenssituationen beschrieben ist, kann dies für die Einzelstrategie »Generation Resource Management« uneingeschränkt übernommen werden. Auch in diesem Feld geht es darum, individuelle Möglichkeiten zu eruieren und gemeinsam Wege zu erarbeiten, wie sowohl die Interessen des Unternehmens als auch diejenigen des Mitarbeiters berücksichtigt werden können.

Dabei ist vor allem der Wert der erfahrenen Mitarbeiter zu verdeutlichen und vor dem Hintergrund der eingangs erwähnten und anzustrebenden Qualitätssicherung und Kundenbindung des Unternehmens zu bewerten. Gerade in diesen Bereichen verfügen die »älteren Hasen« über ein großes Potenzial.

Dass es hieran in der erlebten Realität mangelt, zeigen auch die Untersuchungsergebnisse, die den Vorgesetzten der Mitarbeiter über 50 Jahre lediglich zu 38,5% bescheinigen, dass sie den Erfahrenen Wertschätzung entgegenbringen. Hier ist also Schulungs- und Qualifikationsaufwand zu betreiben, um die Führungskräfte auf die kommenden Herausforderungen vorzubereiten. Dies betrifft im Übrigen auch Fragestellungen, wie jüngere Vorgesetzte mit älteren Mitarbeitern umgehen. Es bedarf praktischer Hilfestellung.

3.7 Handlungsfeld: »Bindung und Aktivierung«

Die Zielgruppe der Erwerbstätigen über 50 Jahre vereinigt in einem großen Maße Wissen über Produkte, Markt und Unternehmensgeschichte und weiß insbesondere um die Zusammenhänge. Wissen hat für die Erreichung der Unternehmensziele strategische Bedeutung. Insofern muss analysiert werden, welchen Beitrag die Belegschaftsgruppe 50plus für die Erreichung zukünftiger Unternehmensziele hat.

Neben dem Wissen sind auch die Fähigkeiten und Eigenschaften, die in dieser Altersgruppe vorhanden sind, von großer Wichtigkeit und in Kooperation mit den Eigenschaften, die jüngeren Kollegen zugerechnet werden, vorteilhaft. Eine Studie zum Thema »Generation 50plus« macht deutlich, dass gerade die Ergänzung der unterschiedlichen Fähigkeiten für ein Unternehmen wichtig ist (Abbildung 46).

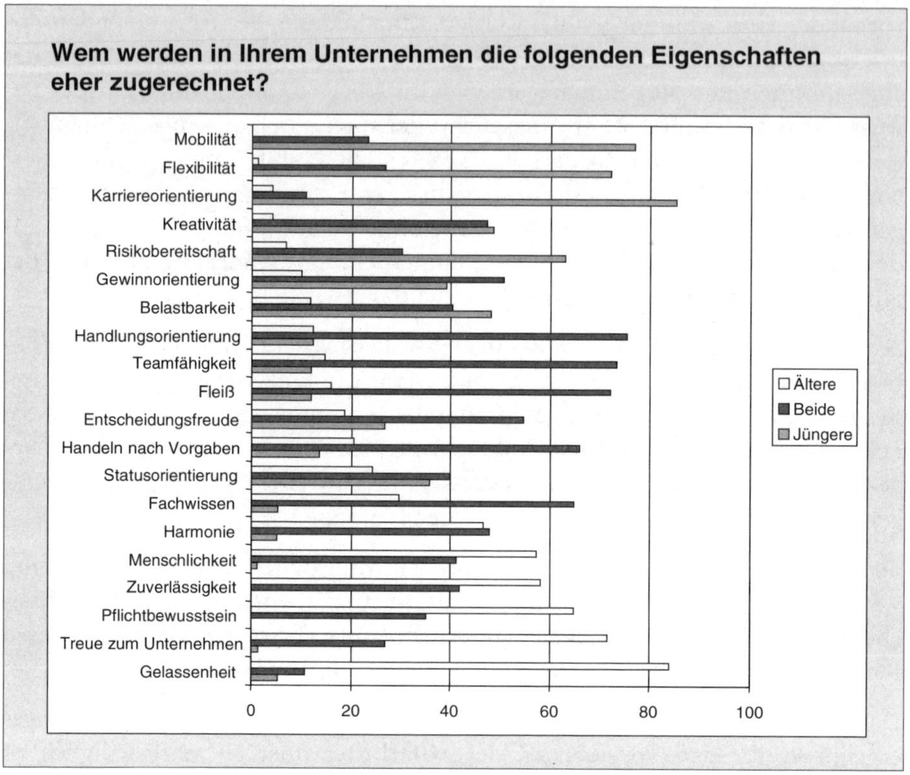

Abb. 46: Zurechnung von Eigenschaften (Quelle: IGS 2008b)

Je nachdem, welche Eigenschaften besonders zur Erreichung der Unternehmensziele benötigt werden, ist die Bedeutung der Zielgruppe 50plus einzuschätzen. Darin drückt sich aus, wie wichtig deren Bindung und Aktivierung ist.

Für die optimale Nutzung der unterschiedlichen Kompetenzen ist die intergenerative Personalarbeit wichtig. Dies bestätigen auch die Befragten der 50plus-Studie (IGS 2008b). Die These, dass die Zusammenarbeit verschiedenen Gruppen im Unternehmen gefördert wird, ergab folgende Reaktionen:

Stimme zu	35,6
Stimme nicht zu	45,2
Weiß nicht	19,2
Wünsche ich mir	87,9
Wünsche ich mir nicht	12,1

Durch Mentorprogramme, die nur in wenigen Unternehmen zur intergenerativen Zusammenarbeit genutzt werden, kann es hier zu einer gegenseitigen Unterstützung kommen (Abbildung 47).

Gibt es in Ihrem Unternehmen Mentorprogramme, in denen Wissen und Fähigkeiten von älteren an jüngere Mitarbeiter/innen weitergegeben werden? (Angaben in Prozent)

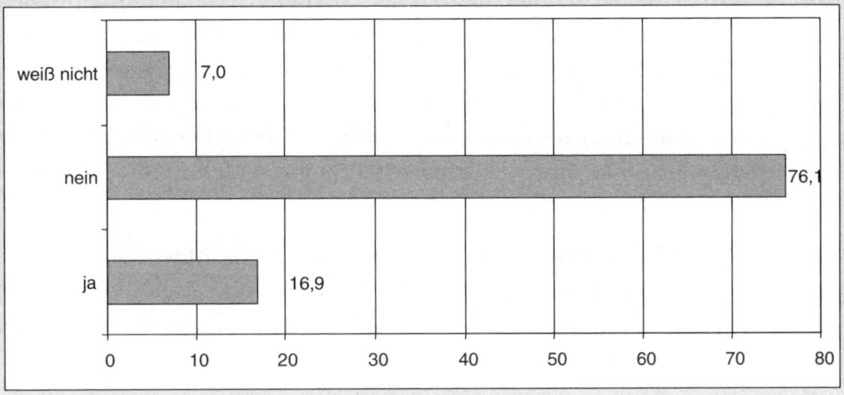

Abb. 47: Mentorenprogramme (Quelle: IGS 2008b)

Vor diesem Hintergrund ist die Generation 50plus personalpolitisch zu bearbeiten. Viele Bemühungen zur Bindung werden dank des dargestellten Wertesystems auf fruchtbaren Boden fallen. Schließlich werden gerade dieser Zielgruppe in besonderem Maße Zuverlässigkeit, Bindung und Loyalität zugeschrieben.

3.8 Handlungsfeld: »Alter(n)smanagement und Gesundheitsförderung«

Nicht nur das allgemeine Gleichbehandlungsgesetz schließt eine Diskriminierung wegen Alter aus (§ 1 AGG: Ziel des Gesetzes ist, Benachteiligungen aus Gründen der Rasse oder wegen der ethnischen Herkunft, des Geschlechts, der Religion oder Weltanschauung, einer Behinderung, des Alters oder der sexuellen Identität zu verhindern oder zu beseitigen.). Auch der gesunde Menschenverstand kommt zu dem Ergebnis, dass »Alte« immer auch ihren Beitrag geleistet haben – und dies heute auch zum Beispiel in Form von Kinder-/Enkelbetreuung oder vielfältigen Aufgaben im Bereich der Ehrenämter noch tun. Gedacht wird allerdings in diesem Zusammenhang an die Rentner, die nach einem erfüllten Erwerbsleben nun »das Leben ausklingen lassen«, die dritte Phase des Lebens also genießen und dabei den Drang nach sinnvoller Gestaltung verspüren.

Im Rahmen des Handlungsfeldes Alter(n)smanagement sei gestattet, diesen Blickwinkel zunächst insgesamt zu überprüfen. Wenn weiterhin der Blick darauf gerichtet ist, dass die Lebenserwartung zum Zeitpunkt der Verrentung nicht mehr besonders hoch ist, werden die realen Gegebenheiten nicht abgebildet. »Der 60-Jährige hat heute schon noch eine durchschnittliche weitere Lebenserwartung von etwa 25 Jahren. Das heißt: Wenn man heute in Rente geht, hat man noch mehr als ein Viertel seines Lebens vor sich – bei besserer Gesundheit und höherer Kompetenz, als dies vor Jahrzehnten der Fall war« (Lehr 2007).

Der Gedanke weitergedacht führt alleine aufgrund der sozialen Sicherungssysteme zu dem untrüglichen Schluss, dass längeres Arbeiten bald bereits zur Normalität gehören wird, da sich keine staatliche Gemeinschaft leisten kann, solche langen Zeiträume für Ausbildung (entspricht einem späten Eintritt ins Erwerbsleben) und für Rente finanziell aufzubringen. Weiterhin wird sich der Anteil der über 80-Jährigen bis 2050 verdrei- bis vervierfachen. Die über 100-Jährigen werden sich bereits bis zum Jahre 2025 von 10.000 auf 44.000 und bis zum Jahre 2050 auf 117.000 erhöht haben (ebenda).

Dieser gesellschaftliche und demografische Gesamtzusammenhang zeigt, wie absurd einerseits die Defizitdiskussion zum Thema 50plus ist, andererseits aber auch, wie notwendig die Auseinandersetzung damit ist, um die Entwicklung der vergangenen Jahrzehnte umzudrehen.

Der Aspekt des Alter(n)smanagements führt damit sinnvollerweise zu einer Neubewertung des Alters in Unternehmen. Über den Nutzen und die Fähigkeiten des älteren Teils der Belegschaften wurde bereits viel gesagt. Allerdings – so auch im Punkt Defizitansatz beschrieben – ist in weiten Teilen »altern« mit Verfall und gesundheitlichen Defiziten verknüpft. Dabei zeigen viele neue Untersuchungen, dass diese eindimensionale Betrachtung viel zu kurz gegriffen ist. Altern bedeutet auch Entwicklung, da sich bestimmte Fähigkeiten gerade im Alter ausbilden. Während die »mechanische Intelligenz« abnimmt (Gedächtnisleistung, Informationsverarbeitung), nimmt die »pragmatische Intelligenz« bis in die 80er Jahre des Lebens zu. Schwierige Situationen können also besser bewältigt werden, das Denken in großen Zusammenhängen fällt leichter. Dinge in den richtigen Zusammenhang einordnen zu können, ist ebenfalls eine Weisheitsgabe des Alters (Dettling 2007).

Genau dieses aufzuzeigen und für ein Unternehmen nutzbar zu machen, ist die Aufgabe des Altersmanagements. In der Folge entsteht für die Zielgruppe 50plus erst ein Bedarf an Gesundheitsprävention. So ist die Beurteilung zwar korrekt, dass insgesamt die Krankheitstage in Unternehmen mit dem Alter zunehmen. Die genauere Betrachtung zeigt allerdings, dass die Krankheitstage bei Spontanerkrankungen in dieser Zielgruppe im Vergleich zu jüngeren Arbeitnehmern nahezu gleich sind. Unterschiede ergeben sich bei chronischen Erkrankungen, die bei den über 55-Jährigen in großen Teilen durch Krankheiten des Muskel-Skelett-Systems und des Herz-Kreislauf-Bereiches verursacht werden (Hölldobler-Heumüller 2007). In der Tat hängt also das Leben im Alter davon ab, wie die Menschen die Jahrzehnte vorher gelebt haben.

Drei Faktoren (Dettling 2007) prägen die Lebensqualität im Alter:

- Ernährung,
- Bewegung,
- Soziale Vernetzung.

Genau an diesen Punkten muss Gesundheitsprävention ansetzen. Dabei ist für Unternehmen zu überlegen, ob die Fokussierung auf Rückenprogramme für die Belegschaft ab 50 Jahren zielführend ist. Vielmehr sollte weit früher angesetzt werden, um Störungen des Gesundheitssystems weitestgehend zu vermeiden.

Bezogen auf die hier bearbeitete Einzelstrategie »Generation Resource Management« entstehen allerdings bezogen auf das Gesundheitsmanagement konkrete Forderungen.

Zum einen geht es um die Prävention des Gesundheitsmanagements. Männer gehen beispielsweise wesentlich weniger zu Vorsorgeuntersuchungen als Frauen. Von daher kann ein Unternehmen ein Interesse haben, einen obligatorischen Gesundheitscheck im Rahmen arbeitsmedizinischer Vorsorgeuntersuchungen durchzuführen und so den Gesamtgesundheitszustand des Mitarbeiters zu erheben. Dies erleichtert auch die Planbarkeit der vorhandenen Ressourcen, da eine rechtzeitige Erkennung einer zukünftig eingeschränkten Ausübbarkeit des Arbeitsplatzes personalplanerisch wesentlich leichter aufzufangen ist, als eine spontane.

Neben den Untersuchungen wird auch die Forderung nach einer Einführung von Anwesenheitsverbesserungsprozessen erhoben (z.B. Knackstedt 2007). Aus praktischen Erfahrungen sind allerdings nicht nur die Wirkungen – zum Beispiel von der Einführung von Krankenrückkehrgesprächen – zu beleuchten, sondern auch die Nebenwirkungen. So empfinden es sowohl Führungskräfte als auch Mitarbeiter oftmals als Gängelung, wenn nach einer dreitägigen Erkältung bei einem Mitarbeiter, der seit 20 Jahren nicht krank war, plötzlich ein formales Gespräch geführt werden soll. Es gilt also, solche Maßnahmen mit Augenmerk einzuführen und lieber in Mitarbeitergespräche einzubeziehen.

Ein weiterer Aspekt sind die Wiedereingliederungsmaßnahmen Langzeitkranker sowie die systematische Herangehensweise im Umgang mit Leistungsgeminderten und -gewandelten. Hier regelt auch das Sozialgesetzbuch das betriebliche Eingliederungsmanagement (§ 84, SGB IX).

Alle Maßnahmen sollten sowohl mit den Krankenkassen als auch der arbeitsmedizinischen Betreuung, die für alle Unternehmen vorgeschrieben ist, angegangen werden.

Es ist völlig einleuchtend, dass in diesem Zusammenhang auch auf den betrieblichen Kennzahlen aufgesetzt wird und Angebote entsprechend den Belastungen der Mitarbeiter gemacht werden.

In diesem Zusammenhang erscheint aber häufig ein im Gesundheitsmanagement gerade für die betrachtete Zielgruppe nicht ausreichend beleuchteter Aspekt wichtig: Die Unterstützung bei psychischen Problemstellungen beziehungsweise bei Fragen, die sich im Rahmen einer Lebenskrise speziell in dieser Altersgruppe stellen. Hierbei sollte sowohl ein Angebot für die Betroffenen selbst als auch für die Führungskräfte im Umgang damit angeboten werden.

Gesundheitsmanagement wirkt damit präventiv und situativ. Es hilft Betroffenen und den Führungskräften. Abschließend wird allerdings nochmals darauf hingewiesen, dass diese Aktivitäten sinnvollerweise in einen Gesamtprozess eingebunden werden. Gesundheit ist nur ein Faktor, der die Arbeitsfähigkeit beeinflusst. Nur eine Gesamtbetrachtung hilft also weiter und sollte sich von daher auch unter der Überschrift Alter(n)smanagement wiederfinden.

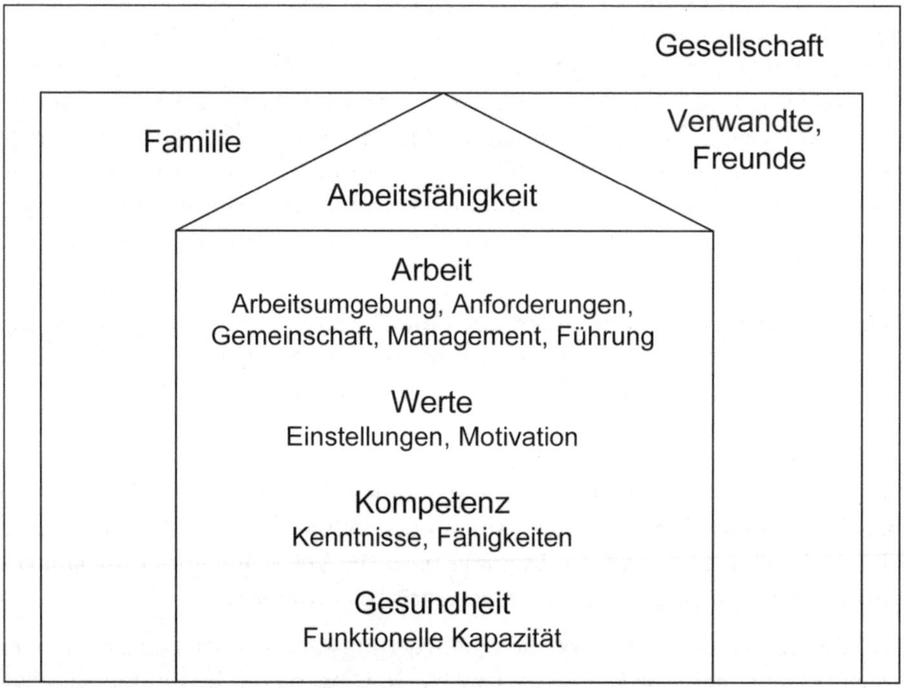

Abb. 48: Das Haus der Arbeitsfähigkeit (in Anlehnung an Umnus-Lackner/Schmidt-Kubeneck 2007, S. 44)

Es geht um die Sicht auf die älteren Mitarbeiter: Kollegen ab 50 Jahren zum alten Eisen zu zählen, für die es besondere Unterstützungsmaßnahmen geben soll, wird selbst von diesen nicht durchgängig als sinnvoll erachtet. Ein Zitat aus der IGS-Studie belegt diese Sichtweise: »Keine speziellen Angebote, nur die Haltung allen Altersgruppen in gleicher Weise gegenüber zu treten. Alter braucht nichts Besonderes, nur Akzeptanz und Normalität.«

Dies ist nachvollziehbar, wenn man bedenkt, dass dieses Alter in einigen Jahren bereits für viele die Lebensmitte darstellt. Hier sich auf die Defizite zu konzentrieren, kann bereits automatisch zu vielen Krankheitssymptomen führen, die bei einer anderen Betrachtungsweise gar nicht aufgetreten wären.

3.9 Handlungsfeld: »Lebensarbeitszeitgestaltung und Vergütungsprinzipien«

»Bei Produkten und Investitionsgütern gibt es ja auch ›life-cycle‹-Betrachtungen. Warum werden bei den Mitarbeitern die veränderten Fähigkeiten und Bedürfnisse nicht berücksichtigt?« (Zitat aus der IGS-Studie, IGS 2008b).

Zum Thema Lebensarbeitszeitgestaltung und Vergütung wäre der völlig falsche Ansatz »Arbeitszeitmodelle für den Mitarbeiter ab 50« auszurollen. Es muss um Bewusstsein und Optionen gehen, sich an die Bedürfnisse und Fähigkeiten der Mitarbeiter auszurichten. Ähnlich wie dies bereits zur Einzelstrategie zur Berücksichtigung individueller Lebenssituationen erläutert wurde, besteht auch hier die Forderung, Möglichkeiten zur Umsetzung von individuellen Vorstellungen einzuräumen. Innerhalb der Zielgruppe 50plus gibt es individuelle Vorstellungen. Der eine möchte es allen anderen noch einmal richtig zeigen, der andere will zeitlich und gehaltlich kürzer treten. Allen sollte im Sinne des Unternehmens die Möglichkeit eingeräumt werden unter Berücksichtigung betrieblicher Interessen die Ressourcen einzubringen.

Um es zu wiederholen: Dieses geschieht unter dem Aspekt, die Ressource überhaupt für das Unternehmen zu sichern und damit einen Beitrag zu Qualitätssicherung und Kundenbindung zu gewährleisten. Nichts ist so teuer, wie ein unmotivierter und unzufriedener Mitarbeiter. Dieser Grundsatz sollte auch in diesem Zusammenhang gelten.

Allerdings bedarf es dafür mehr als einen bloßen Appell an die Bereitschaft flexibel zu sein. Dies wird immer wieder an die kulturellen Grenzen bzw. die fehlende Akzeptanz innerhalb des Unternehmens führen. Begleitung durch Kommunikation und Instrumente ist wichtig.

Lebenszyklische Karrierepfade mit der Möglichkeit, Arbeitszeit und Vergütung zu ändern, können als Muster vorgestellt werden. Die Implementierung einer Fachkarriere und die daran geknüpfte Option zur Verringerung sowohl von Arbeitszeit und Vergütung als auch der Verantwortung für Mitarbeiter sind geforderte Optionen, die, wie weiter oben bereits dargestellt, von der Zielgruppe gewünscht werden.

Es ist unbedingt erforderlich, dass diese Maßnahmen von der Unternehmensleitung aktiv kommuniziert und deren Sinn dargestellt wird. Schließlich ist in vielen Organisationen bis heute die Abgabe von Verantwortung mit einem Statusverlust verbunden. Diese negativen Konsequenzen müssen bearbeitet und langfristig durch eine positive Sichtweise darauf ersetzt werden. Dies funktioniert nur, wenn sich die Geschäftsleitung aktiv einbringt und den Erhalt der Kompetenzen im Unternehmen einfordert.

In diesem Zusammenhang erscheint es auch erwähnenswert, über die Beschäftigung von Mitarbeitern über die Altersgrenze hinaus nachzudenken. Nicht nur, dass damit das Potenzial von nahezu 50% der Befragten getroffen wird. Es ist auch im Rahmen zukünftiger Entwicklungen eine vorausschauende Option. Wenngleich in der derzeitigen Generation Altersarmut kein Thema ist, sondern im Gegenteil die gesundheitliche und finanzielle Ausstattung so gut wie nie zuvor ist, kann sich dies sowohl in Einzelfällen, als auch für zukünftige Generationen ändern. Hier Möglichkeiten zu schaffen, über die Altersgrenze hinaus seinen Beitrag im Unternehmen leisten zu können, ist damit eine sehr weitsichtige Maßnahme. Es eröffnet die Möglichkeit, die Organisation an eine noch generationenübergreifendere Zusammensetzung zu gewöhnen. Potenziale und Kompetenzen, die im Rahmen der demografischen Entwicklung knapp werden, sowie spezielle Fähigkeiten und Kenntnisse können auf diese Weise genutzt werden.

3.10 Handlungsfeld: »Berufsaustritt – Know-how-Transfer«

Seit vielen Jahren werden in der Literatur Nachfolgeregelungen diskutiert. Erklärtes Ziel aller Maßnahmen und Regelungen ist der Erhalt des Know-hows. Gerade dieser Faktor ist in Unternehmen, die zunehmend auf das Wissen der Mitarbeiter angewiesen sind, wettbewerbsentscheidend und zukunftssichernd. Gleichzeitig ist zu beobachten, dass konkrete Regelungen in den wenigsten Unternehmen tatsächlich existieren. Es stellt sich die Frage nach dem Warum.

Geordneter Übergang oder Wünsche wie die eines Befragten (Zitat: »Für meinen Bereich wünschte ich mir ab 60 einen Juniorpartner, der meine Aufgaben nach meinem Ausscheiden ohne Reibungsverluste übernehmen kann und mich in den letzten Arbeitsjahren entlastet« (IGS 2008b) kosten Geld. Doppelbesetzungen, auch nur zeitweise sind personalkostenintensiv, wenngleich sie das Wissen – auch und gerade über Zusammenhänge – im Unternehmen erhalten und Lerneffekte von jüngeren Mitarbeitern nach sich ziehen.

Die Personalkosten scheinen die Begründung dafür zu sein, dass in wenigen Organisationen die Regelungen konkret existieren oder personalplanerisch unterstützt werden.

Insofern bleibt es bei der Empfehlung, den demografischen Wandel dafür zu nutzen, Nachfolgeregelungen zu implementieren, Wissensübergang zu planen und für geordnete Einarbeitungen zu sorgen. Die Wissensstafette ist ein beispielhaftes Instrument, welches für einen geordneten Wissensübergang sorgt (Werle 2007). Ein anderer Ansatz ist das »Morgengebet«. Regelmäßig kommen bei dieser Vorgehensweise pensionierte Mitarbeiter zum Frühstück in den Betrieb, um gleichzeitig bei praktischen Problemen unterstützend zu beraten. Aussagen wie beispielsweise »Das ist uns damals auch schon mal passiert, da lag es an Folgendem...« sind praktische Hilfestellungen und gelebte Wissensweitergabe. Diese Faktoren sichern auf Dauer die Existenz des Unternehmens, die Qualität der Produkte und besonders die Beziehung zu den Kunden.

3.11 Kritische Erfolgsfaktoren: Einzelstrategie Ressourcen der Generationen

Drei kritische Erfolgsfaktoren sind bei der erfolgreichen Bearbeitung der Einzelstrategie zum Generation Resource Management entscheidend:

1. Keine Defizitorientierung. Stattdessen sollten die verschiedenen Generationen und Individuen nach ihren Stärken eingesetzt werden.
2. Einzelmaßnahmen helfen nur bedingt. Eine systematische Bearbeitung als Organisationsentwicklungsprozess, in dem die Thematik auf unterschiedlichen Wegen in die Organisation getragen wird, ist besser als von einander losgelöste Einzelmaßnahmen.
3. Geänderte Sichtweise. Mit 50 beginnt in einer Zeit, in der die Menschen immer älter werden, nicht der Lebensabend, sondern eine hochproduktive und effektive Epoche im Arbeitsleben. Damit gehören diejenigen, die dieser Altersgruppe angehören nicht zum »alten Eisen«, sondern zu einer personalpolitisch wichtigen Zielgruppe.

Nur wenn zukünftig die Qualitäten der erfahrenen Mitarbeiter effektiv für das Unternehmen genutzt werden, sind Qualität, Weitergabe von Wissen und Kontakte zu Kunden gewährleistet.

4 Spezifische Ressourcen: Beispiel Gender Mainstreaming

4.1 Einleitung und Nutzen

Bei allen vorgestellten Einzelstrategien geht es um die Beantwortung der Frage, wie die im Rahmen der demografischen Entwicklung knapp werdenden personellen Kompetenzen und Potenziale effektiver genutzt bzw. wie neue Potenziale in diesem Zusammenhang für Unternehmen erschlossen werden können. Ein Potenzial sind weibliche Fachkräfte. Schließlich sind es die Frauen, die bestens qualifiziert sind, die die hochwertigsten Abschlüsse vorweisen können und gleichzeitig oftmals aus dem Berufsleben wegen der Familie ausscheiden und somit den Unternehmen in einem relativ geringen zeitlichen Umfang zur Verfügung stehen. Auch wenn die Frauenerwerbsquote steigt (Jahr 2000: 14,7 Millionen erwerbstätige Frauen 2004: 16 Mio.), so bedarf es weiterer Anstrengungen, dieses Potenzial sowohl gesamtwirtschaftlich wie auch bezogen auf einzelne Unternehmen besser zu nutzen.

Wie dies unter den Gesichtspunkten der Familienfreundlichkeit bearbeitet werden kann, ist im Rahmen der Einzelstrategie zur Berücksichtigung individueller Lebenssituationen dargestellt.

Allerdings hat die Nutzung des weiblichen Potenzials noch einen weiteren Aspekt. Es ist zu fragen, ob Männer und Frauen die gleichen Kompetenzen aufweisen und wie – sollten diese unterschiedlich sein – eine Organisation diese Unterschiedlichkeit am besten nutzen kann. Um es an dieser Stelle bereits vorweg zu nehmen: Die Kompetenzen sind unterschiedlich. Diese Behauptung wird zu einem späteren Zeitpunkt noch belegt.

Gender Mainstreaming, welches die Berücksichtigung spezifischer Kompetenzen von Frauen und Männern beschreibt, bietet eine ideale Einzelstrategie, um die unterschiedlichen, geschlechtlich bedingten Kompetenzen in Unternehmen optimal nutzen zu können. Leider ist das Konzept weitgehend unbekannt. Ist es bekannt, wird es in aller Regel instinktiv abgelehnt, da der politische Ursprung in der Gleichstellungspolitik liegt und von daher in wirtschaftlichen Organisationen häufig auf Widerstand stößt. Um die nur sehr partielle Umsetzung zu verstehen, ein kurzer Rückblick auf die Entwicklung und Definition des Konzeptes.

Zunächst zur Begrifflichkeit: Gender meint das »soziale Geschlecht«, also die

- gesellschaftlich geprägten,
- individuell erlernten und
- in jeder Generation neu ausgehandelten

weiblichen und männlichen Rollenzuschreibungen.

Zwei Thesen liegen der Vorstellung vom sozialen Geschlecht zugrunde. In Abgrenzung zum körperlichen Geschlecht kommt »Gender« von außen und ist ein soziales und kulturelles Konstrukt. Dies bedeutet konkret, dass geschlechtliche Prägungen in einem gesellschaftlichen Kontext erfolgen, die mit den körperlichen Unterschieden nicht zu begründen sind.

Anschaulich ist in diesem Zusammenhang die beispielsweise im deutschen Kulturkreis vorherrschende »Farbe des Geschlechts«. Während Jungen heutzutage blaue Kleidung, einen blauen Kinderwagen und Ähnliches bekommen, geschieht dies bei Mädchen in gleicher Weise in rosa. Diese Farbzuordnung ist kulturell gewachsen. Interessant ist in diesem Zusammenhang, dass bis in die Zwanziger Jahre des letzten Jahrhunderts, die Zuordnung genau anders herum war. Bis dahin galt die Farbe rot als königlich und männlich, weshalb Jungen in das »kleine rot« (= rosa) gekleidet wurden. Blau hingegen galt als die Farbe des Himmels, weshalb Mädchen diese zugeordnet wurde. Dieses Beispiel belegt, dass Zuschreibungen von außen erfolgen und sich im »sozialen Geschlecht« widerspiegeln.

Mainstreaming bedeutet »in den Hauptstrom bringen«. Zusammengenommen ist Gender Mainstreaming also das Bemühen, bei allen gesellschaftlichen Vorhaben (Maßnahmen, Regelungen, Normen) die unterschiedlichen Lebenssituationen und Interessen von Frauen und Männern von vornherein und regelmäßig zu berücksichtigen, da es keine geschlechtsneutrale Wirklichkeit gibt. Politisch wurde das Konzept 1985 auf der Weltfrauenkonferenz vorgestellt, in ein Gremium zur Gleichstellung von Frauen und Männern überführt und 1998 im Amsterdamer Vertrag von den EU-Staaten als Verpflichtung festgeschrieben (mehr zur Historie: Doblhofer/Küng 2008). Damit bringt das Konzept zwei negative Voraussetzungen mit, die die Umsetzung in der Wirtschaft behindern:

- Es stammt von der Weltfrauenkonferenz und aus der Gleichstellungspolitik.
- Es ist ein politischer Auftrag.

Dabei bieten sich viele Chancen, wenn die hinter Gender Mainstreaming liegenden Gedanken ohne die prägende Historie betrachtet werden. Um diese Vorteile, die sich für eine Organisation ergeben können, geht es daher in der hier vorgestellten Einzelstrategie. Um es noch einmal deutlich zu machen: Es geht in der Umsetzung bei Gender nicht automatisch um den Ausgleich von Benachteiligungen von Frauen. Auch für Männer bestehen in einigen Fällen Benachteiligung. Zum Beispiel sind nur 3% der Fachkräfte in Kindergärten Männer.

Die Absichten der EU-Richtlinie sind folgende:

- Es werden unterschiedliche Situationen und Bedürfnisse von Frauen und Männern berücksichtigt und alle Vorhaben auf ihre geschlechtsspezifischen Wirkungen hin überprüft.
- Maßnahmen werden so gestaltet, dass sie die Chancengleichheit erhöhen.
- Bei konsequenter Anwendung entsteht eine Win-win-Situation für beide Geschlechter.
- Gender Mainstreaming führt zu mehr Qualität, Effizienz und Nachhaltigkeit in der öffentlichen Verwaltung, in der Wirtschaft und im Alltag.

Es besteht die große Chance zum Wohle des Unternehmens Sichtweisen, Interessen und Bedürfnisse der beiden Geschlechter von der Idee über die Planung bis zur Gestaltung aller Vorhaben zu berücksichtigen.

Einen Modellprozess, wie bei Gender Mainstreaming vorzugehen ist, zeigt die Abbildung 49 (s. u.).

Aus dieser Darstellung wird deutlich, dass Gender Mainstreaming in weiten Teilen ein Controlling-Prozess ist. Zahlen-, Daten- und Faktenanalysen stehen im Mittelpunkt. Sie haben zum Ziel, die fehlende Gleichstellung in Organisationen sichtbar zu machen und die Geschlechterperspektive in Bezug auf interessierende Fragestellungen einzunehmen. Basis der Gender-Analysen bilden geschlechtsspezifische Statistiken und Datenbestände. Sie dienen der Bestandsaufnahme der Situation von Männern und Frauen in spezifischen Bereichen. Bei der Analyse geht es um den Ist-Zustand in Organisationen, die Ableitung von Veränderungszielen und Handlungsoptionen sowie die Einschätzung der Auswirkungen einer Entscheidung auf Männer bzw. Frauen.

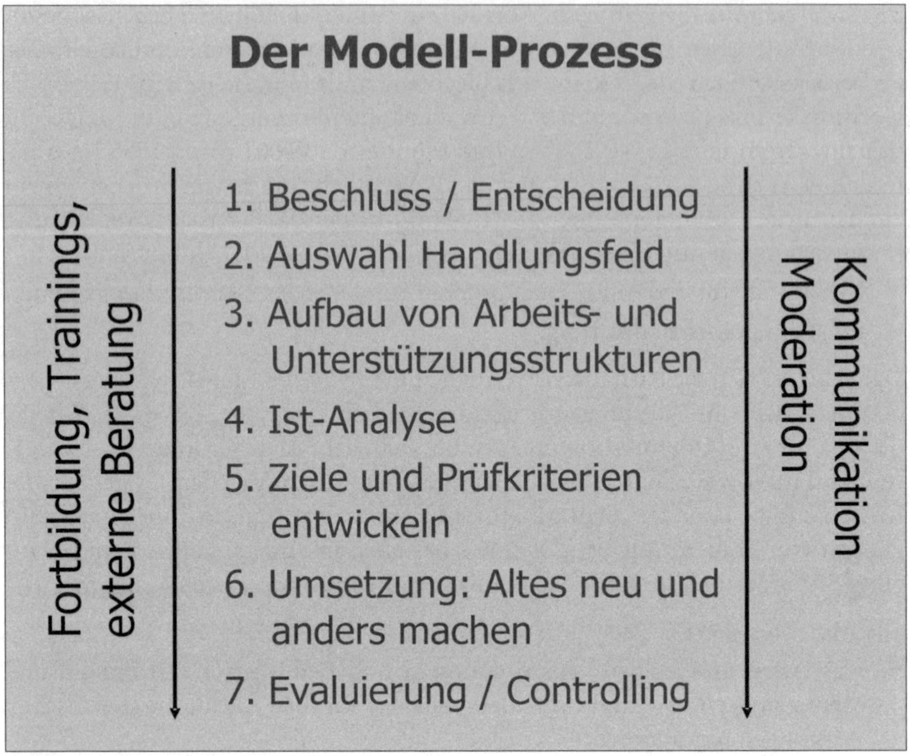

Abb. 49: Modellprozess Gender Mainstreaming

Zum Zwecke der Analyse wurden unterschiedliche Methoden entwickelt. Beispielsweise die Methode der Kurzfragen sowie die 3-R-Methode, die einfach und verständlich Unterstützungen bieten.

Methode der Kurzfragen

Ziel: Einnahme der Geschlechterperspektive **im Vorfeld**.

Bevor Entscheidungen getroffen oder Maßnahmen durchgeführt werden, sind die folgenden Fragen zu beantworten:

1.Inwieweit spricht die geplante Maßnahme/Entscheidung Frauen bzw. Männer besonders an?

2.Haben Frauen Nachteile durch die Maßnahme/Entscheidung? Wie können diese Nachteile verhindert werden?

3.Haben Männer Nachteile durch die Maßnahme/Entscheidung? Wie können diese Nachteile verhindert werden?

4.Welchen Beitrag leistet die Maßnahme/Entscheidung zu mehr Chancengleichheit in der Organisation?

Abb. 50: Methode der Kurzfragen

3-R-Methode

Ziel: Analyse des Ist-Zustandes zur Ableitung von Veränderungszielen

1.Repräsentation
Die Kernfrage lautet „Wie viele?"
z.B. Anzahl von Frauen bzw. Männern auf bestimmten hierarchischen Ebenen, in bestimmten beruflichen Positionen, Vertretung in Gremien etc.

2.Ressourcen
Frage nach dem Ressourceneinsatz in Bezug auf Männer bzw. Frauen
z.B. Verteilung der Gehälter auf Geschlechter, Einsatz von Haushaltsmitteln in Bezug auf geschlechtsspezifische Interessensbereiche etc.

3.Realität
Welche Ursachen könnten zu diesem Status Quo beigetragen haben?
Welche Konsequenzen ergeben sich daraus für zukünftiges Handeln?

Abb. 51: 3-R-Methode

Bei der Analyse und der gendergeprägten Herangehensweise an Problemstellungen kann nicht nur entsprechend der demografischen Entwicklung unter dem Aspekt der Ressourcennutzung eine positive Wirkung erzielt werden. Vielmehr können auch Produktgestaltungen, Funktionalitäten, Ansprache von Frauen und Ansprache von Männern in der Werbung etc. zu wirtschaftlichen Vorteilen führen. Insofern liegt der folgenden Beschreibung der Handlungsfelder immer eine Zweidimensionalität zu Grunde:

- Wie können männliche und weibliche Potenziale im Unternehmen entsprechend ihrer Kompetenzen genutzt werden?
- Wie kann die Erledigung der sachlichen Führungsaufgabe durch die Bearbeitung unter Gender-Gesichtspunkten erfolgreicher verlaufen?

Diese Sichtweise stellt Gender Mainstreaming eindeutig nicht in den politisch-, gesellschaftlich- und gleichstellungsgeprägten Zusammenhang. Gender kann als Konzept eingesetzt werden, um ein Unternehmen und die Aufgabe der einzelnen Führungskraft im Hinblick auf die beiden genannten Aspekte im Rahmen der Bewältigung der demografischen Entwicklung erfolgreicher zu machen.

Ausgangspunkt der Einzelstrategie Gender Mainstreaming ist wie bei den übrigen Einzelstrategien auch der Bedarf des Unternehmens an Kompetenzen zur Erzielung der in der Unternehmensstrategie festgelegten Ziele. Der Personalbereich hat sicherzustellen, dass der Personalbedarf nach Alter und Qualifikation mittel- bis langfristig gedeckt ist, damit die Ziele des Unternehmens erreicht werden können. Wenn das Potenzial in der Gruppe, die derzeit am meisten zur Besetzung von Stellen nachgefragt wird, knapp ist, dann müssen Unternehmen auf andere Gruppen zugreifen. Dies geschieht häufig unter der Vorgabe, ein Diversity-Programm ins Leben zu rufen. Es gibt kaum einen großen deutschen

Konzern, der dieser Idee nicht bereits gefolgt ist. Insofern hat die Vielfalt – zumindest als Idee – Fuß gefasst. So kann es gelingen, die Weitergabe der Verantwortung an denjenigen, der dem Chef am ähnlichsten ist, zu unterbrechen. In der Folge entstehen auch mehr Möglichkeiten für Frauen verantwortliche Positionen zu übernehmen. Das Unternehmen wird zunehmend attraktiver für diese Zielgruppe und kann sich so das Potenzial an weiblichen Fach- und Führungskräften eröffnen. Dies ist allerdings zunächst noch in der Realität eine theoretische Vorstellung (Rickens 2008). Nichtsdestotrotz ergibt sich diese Option für die Personalstrategie.

Auf der anderen Seite stellt sich die Frage, ob bestimmte Kompetenzen bzw. eine überlegte Zusammensetzung von Kompetenzen für Unternehmen nicht ebenfalls Vorteile im Rahmen zum Beispiel der Qualitätssicherung oder der Kundenbindung bieten. Beispielsweise zeigt sich, dass Frauen bei der Entscheidung für Produkte eines Finanzdienstleisters andere Kriterien anlegen als Männer. In der Folge könnte es also vertriebliche Vorteile mit sich bringen, dass Frauen für die Beratung von Frauen zur Verfügung stehen, die besser auf deren Anliegen eingehen und Männer für Männer, die ebenfalls hier die entsprechenden Argumente nachvollziehen können. Die Besetzung von Positionen kann unter diesem Gesichtspunkt für den unternehmerischen Erfolg von großer Bedeutung sein. Gleiches ist beispielsweise auch bei der Produktgestaltung zu beobachten (z.B. Frauenautos und Damenskis).

Personalstrategisch stellt sich also nicht nur die Aufgabe, möglichst viele Gruppen zur Deckung des Fachkräftebedarfes zu eröffnen. Es besteht darüber hinaus die Aufgabe zu fragen, wer die durch die Unternehmensstrategie vorgegebenen Kompetenzen am besten aufweist. Dies setzt ein Verständnis über Gender voraus und damit verbunden über »typisch weibliche« und »typisch männliche« Potenziale. Diese sind den meisten aus dem täglichen Leben zwar durchaus bewusst, allerdings findet sich in den seltensten Fällen eine strategische Berücksichtigung. Bereits die positive Würdigung der unterschiedlichen Kompetenzen findet in der Realität meist nicht statt (Endres 2008). Dabei hat sich bereits bei der Einzelstrategie »Generation Resource Management« gezeigt, dass sich die Berücksichtigung der Kompetenzen unterschiedlicher Generationen positiv bemerkbar machen kann. Gleiches kann für männliche und weibliche Kompetenzen unterstellt werden.

Exkurs: Evolutionspsychologischer Ansatz zur Erklärung männlicher und weiblicher Fähigkeiten

Viele Ansätze versuchen die Unterschiedlichkeit von Frauen und Männern zu erklären. Dies ist nicht erst seit der Veröffentlichung populärer Bücher in die Diskussion geraten (z.B. Gray 1998 und Pease u.a. 2007). Die Entwicklungspsychologie liefert eine Erklärung, die aufgrund ihrer Nachvollziehbarkeit an dieser Stelle dargestellt wird. Sie erläutert, warum sich auf Basis der Evolution bestimmte Fähig- und Fertigkeiten bei Männern und Frauen durchgesetzt haben.

Bei aller Unterschiedlichkeit haben Frauen und Männer auch Gemeinsamkeiten. Sie streben nach Glück, vermeiden Schmerz, suchen Gesellschaft von anderen, sind wissbegierig und emotional, neigen zur Selbstüberschätzung und anderes.

Lang ist aber auch die Liste der Unterschiede, die sich zunächst auf rein körperlich bedingte Fähigkeiten bezieht:

Frauen und Männer nehmen unterschiedlich wahr. Frauen verfügen beispielweise über ein besseres Hörvermögen und bevorzugen im Gegensatz zu Männern geringere Lautstärken. Männer sehen besser bei hellem Licht, Frauen bei weniger Licht. Frauen sind sensitiver auf Bittergeschmack, Männer auf Salzgeschmack. Männer haben eine höhere Toleranz bei Verletzungsschmerz, Frauen demgegenüber bei Mühsalschmerz.

Diese beispielhafte Aufzählung setzt sich für Motorik und Kommunikation fort.

Motorik	
Mann	**Frau**
schlechtere Feinmotorik	bessere Feinmotorik
gut bei Werfen, Zielen, Abfangen	weniger gut bei Werfen, Zielen, Abfangen
weniger anmutige Bewegung	eher anmutige Bewegung (Tanz)
eher krakelige Handschrift	eher schöne Handschrift
Sprache, Kommunikation, Soziales	
weniger Selbstenthüllung	mehr Selbstenthüllung
stumpf f. soziale Nuancen	Antenne für soziale Nuancen
schlechtere Dechiffrierung von Gefühlsausdruck	bessere Dechiffrierung von Gefühlsausdruck
Neigung zu Egoinszenierung	Neigung zu empath. Einfühlung
Dominanzstreben und -akzeptanz	Ablehnung von Dominanz

Dies sind körperliche Unterschiede. Bezogen auf gezeigtes Verhalten lässt sich konstatieren, dass Männer aggressiver, risikobereiter und thrillsüchtiger als Frauen sind. Dies lässt sich auch anhand von Daten belegen, wie in dem folgenden Schaubild zu den inhaftierten Straftätern für die Vereinigten Staaten von Amerika zu entnehmen ist.

Nebenbei bemerkt zeigt sich an dieser Grafik, wie wichtig es sein kann, geschlechtsspezifische Daten zu erheben – eine wichtige Aufgabe der Gender-Analyse.

Ergänzt wird dies durch die Analyse von Verkehrsunfällen mit Todesfolge bei jungen Menschen. 71% der Verunglückten sind Männer.

Diese Beobachtungen und Erkenntnisse können über die Vererbung erklärt werden. Die evolutionäre Psychologie geht von der Überlegung aus, dass die heutigen Menschen von denjenigen abstammen, die sich am erfolgreichsten fortgepflanzt haben. Im Rahmen der Fortpflanzung ist das alles Entscheidende, die eigenen Gene wirkungsvoll in die nächste Generation zu übertragen. Vor diesem Hintergrund stellt sich im Hinblick auf die unterschiedlichen Eigenschaften von Frauen und Männern die Frage, welchen Fortpflanzungsvorteil bestimmte Eigenschaften in der Evolution gehabt haben. Dazu muss zunächst festgehalten werden, dass Frauen in eine einzige Fortpflanzung – wie alle weiblichen Säugetiere – mehr investieren müssen, als Männer. Schwangerschaft, Stillzeit und jahrelanges Herumtragen und Aufziehen sind mit einer einzigen Reproduktion verbunden. Bei Männern hingegen ist die Investition minimal, da der eigene Entzug nach der Zeugung die Reproduktion nicht mehr gefährdet. Aufgrund der geringeren zeitlichen Investition obliegt ihnen darüber hinaus ein wesentlich höheres Reproduktionspotenzial. Laienhaft: Während eine Frau nur in längeren zeitlichen Abständen schwanger werden kann, kann der Mann innerhalb kurzer Zeit viele Frauen schwängern.

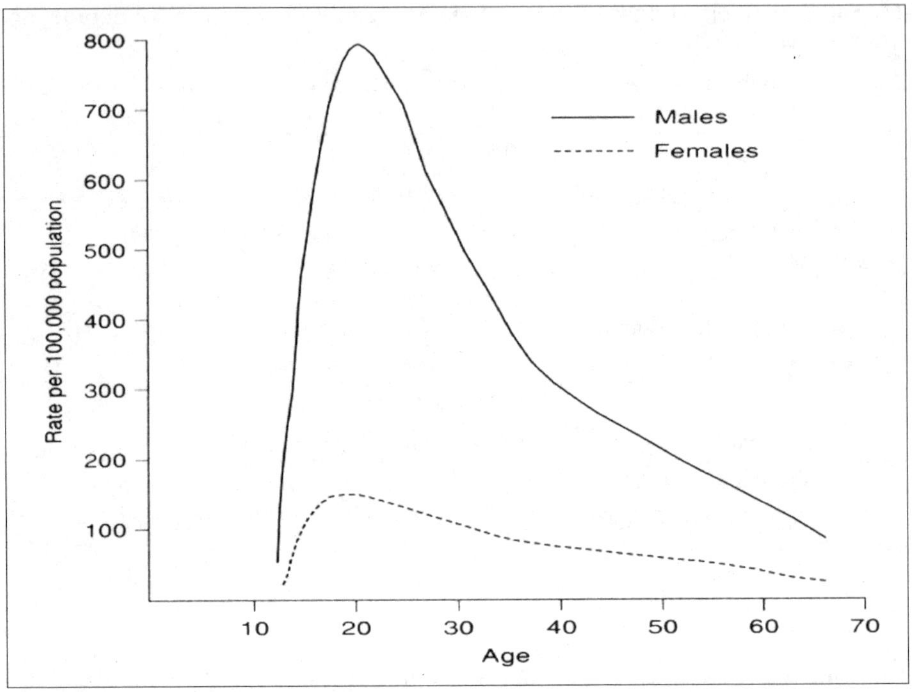

Schaubild: Inhaftierte Straftäter nach Alter und Geschlecht für die USA, 1990 (Courtwright 1990)

Hinzu kommt, dass Frauen im Leben eine kürzere Zeit fruchtbar sind als Männer. Gibt es also (ungefähr) genauso viele Frauen wie Männer, ist das Angebot an fortpflanzungswilligen, und -bereiten Frauen geringer als die Nachfrage der Männer. Marktmäßig gedacht entsteht bei einer Nachfrage, die höher ist als das Angebot, Preiserhöhung, Gerangel und Gedrängel.

Und in der Tat: »Überall auf der Welt ist Sexualität eine Gunst, die Frauen Männern gewähren und für die Männer Leistungen erbringen: Brautpreise hier, Eheversprechen dort, Geld bei Prostitution, Zeit bei der neuen Freundin« (Euler 2006).

Um den Erfolg der Reproduktion zu gewährleisten, ist bei Frauen ein anderes Verhalten zielführend als bei Männern. Frauen wähl(t)en einen Mann also aus, wenn er Ressourcen einbringen konnte, um den Erfolg des Reproduktionsaufwandes zu gewährleisten (z.B. Landbesitz, Reichtum, bestimmte Fähigkeiten, Status, Macht, Ansehen). Der berufliche Erfolg des Partners ist auch heute noch 49% der Frauen wichtig, 45% teilweise wichtig und für 6% nicht wichtig (IGS 2005b). Frauen gewährleisten so für sich eine hohe Sicherheit, dass die Fortpflanzung erfolgreich verläuft.

Männer hingegen müssen die Gunst der Frauen gewinnen. Dafür ist Körpergröße und Kampfbereitschaft ein wichtiger Faktor (gewesen). Diese Faktoren führen zu Dominanz, die in der Folge in einem höheren Maße Fortpflanzung garantiert. Ein Alphatier hat eine größere Chance. So ist zu erklären, dass bei Tierarten mit Harems die Männchen wesentlich größer und aggressiver sind als die Weibchen – im Gegensatz zu monogamen Tierarten. Allerdings führen Dominanz und Aggression zu Gegenaggression. Was wäre also ein reproduktionswilliges Männchen ohne Risikobereitschaft? – Chancenlos und ohne Nachkommen!

Heutige Männer sind die Nachkommen derjenigen, die früher risikofreudig und aggressionsbereit waren.

Frauen hingegen konnten mit Aggressionen die Reproduktion nicht positiv beeinflussen. Es half ihnen nicht, einen »besseren« Mann zu bekommen. Außerdem spielten der Rang, der Einfluss und die Ehre keine Rolle. Aggression war lediglich zur Selbstverteidigung sinnvoll.

Auf dieser Basis sind Unterschiede im Verhalten erklärbar. Es ist für Unternehmen sehr vorteilhaft, wenn diese Unterschiede bei der Personalstrategie berücksichtigt werden, um die Unternehmensziele effektiv erreichen zu können.

Vor diesem Hintergrund sind die unterschiedlichen Kompetenzen ein wichtiger Faktor bei der Gestaltung der Personalstrategie.

4.2 Handlungsfeld: »Personalplanung und Flexibilisierung«

Geschlechtsspezifische Überlegungen zum Personaleinsatz haben in der Praxis an vielen Stellen zu einem höheren Erfolg geführt. Beispielsweise wurde in der Stadtverwaltungen im Ordnungsdienst (Außendienst) die Zusammensetzung der Teams von zwei Männern hin zu gemischten Teams (ein Mann, eine Frau) eingeführt. In der Folge gingen die Eskalationen stark zurück. Frauen haben eine deeskalierende Wirkung, so dass die Angriffe gegenüber den Beamten rückläufig sind. Gleiches ist bei der Polizei zu beobachten. Demgegenüber führen reine Männerteams im Außendienst häufiger zu Gewalttätigkeiten und Aggressionen von Seiten der Zurechtgewiesenen.

Aus diesen Überlegungen ergeben sich Konsequenzen für die Personalplanung. So sind die geschlechtsspezifischen Kompetenzen im Personalbestand abzubilden. Es ist also wichtig, sowohl Männer als auch Frauen für bestimmte Aufgaben zur Verfügung zu haben.

Ein anderer Gesichtspunkt ist die Personalstatistik, die idealerweise geschlechtsbezogen aufgeschlüsselt ist. Beispielsweise können so Bewerbungen im Hinblick auf Ausbildungsberufe und folgende Besetzungen analysiert werden. Hier zeigt sich eventuell ein Überhang von weiblichen Bewerbern, so dass in der Folge vielleicht gezielter junge Männer angesprochen werden müssen, um einen ausgeglichenen Personalbestand zu gewährleisten.

Krankheitsquoten können je nach Alter und Geschlecht differenziert aufgeschlüsselt werden. Beispielsweise lässt sich beobachten, dass Frauen im Alter zwischen 30 und Anfang 40 die höchste Krankheitsquote aufweisen, während Männer mit zunehmendem Alter länger krank sind. Dies kann wiederum dazu führen, dass Maßnahmen der Personalplanung oder des Personaleinsatzes diesen Erkenntnissen angepasst werden.

Viele Erkenntnisse ergeben sich aus den ermittelten Daten. So ist die geschlechtsspezifische Erfassung der Ausgangspunkt für Überlegungen und teilweise in der Praxis zu beobachtende völlig anders ausgerichtete und damit weniger effiziente Maßnahmen.

4.3 Handlungsfeld: »Personalgewinnung«

Gender spielt bei der Personalgewinnung in zweifacher Hinsicht eine Rolle. Einerseits ergibt sich ein Bedarf an geschlechtsbezogen ausgewogener Besetzung von Positionen. Sowohl männliche als auch weibliche Potenzialträger sollten also für das Unternehmen gewonnen werden. Dazu ist eine geschlechtsspezifische Ansprache von potenziellen Bewerbern überlegenswert. Beispielsweise lesen Männer andere Zeitungen als Frauen. Soll also gezielt die Quote von Bewerberinnen gesteigert werden, so ist die Medienauswahl unter Umständen entscheidend. Andersrum kann die Formulierung einer Anzeige bereits darüber entscheiden, ob sich vielleicht mehr Männer angesprochen fühlen und sich bewerben.

Es ist bei der Personalgewinnung darüber hinaus nützlich, sowohl Frauen als auch Männer in die Auswahl von neuen Mitarbeiterinnen und Mitarbeitern einzubeziehen. Frauen bekommen andere Dinge mit, die Männern beispielsweise verborgen bleiben – und umgekehrt. Gerade die oben erwähnten sensibleren Antennen von Frauen für soziale Nuancen und die bessere Dechiffrierung von Gefühlsausdrücken bringen eine zusätzliche Komponente und eine qualitative Verbesserung in die Personalauswahl.

Grundlegend für die Personalgewinnung ist ebenfalls die geschlechtsspezifische Erfassung von Daten – eine über alle Bereiche im Rahmen von Gender Mainstreaming immer wieder erhobene Forderung. Anzahlen von Bewerberinnen und Bewerbern, getroffene Einstellungsentscheidungen, mögliche besondere Qualifizierungsmaßnahmen oder Werbung zur Gewinnung zusätzlicher Auszubildender etc. ergeben sich aus Datenanalysen.

4.4 Handlungsfeld: »Personalentwicklung«

Im Rahmen der Umsetzung der Einzelstrategie Gender Mainstreaming sind Qualifizierungsmaßnahmen unumgänglich. Vor allem die Führungskräfte müssen für das Thema sensibilisiert werden. Die Darstellung des Nutzens für die praktische Arbeit ist ein wichtiger Ansatz- und inhaltlicher Schwerpunkt, damit der dem Konzept zugrundeliegende geschichtlich bedingte Widerstand überwunden werden kann.

Andererseits ist auch von Bedeutung, die Methoden und Techniken, die zur Umsetzung von Gender wichtig sind, zu erlernen.

Folgender Seminarbericht schildert ein mögliches Vorgehen, das sich in der Praxis bewährt hat. Das Seminar wurde für Abteilungsleiterinnen und Abteilungsleiter der Stadtverwaltung Köln durchgeführt.

Seminarziel ist es, Gender so zu positionieren, dass es nicht nur als Frauen förderndes Instrument wahrgenommen wird. Über praktische Anwendungen und Nutzenüberlegungen gelingt es, die Führungskräfte davon zu überzeugen, dass mit Hilfe von Gender eine Möglichkeit besteht, die Effektivität und Qualität der Arbeit zu erhöhen. Die Teilnehmerinnen und Teilnehmer sind in unterschiedlichen Ämtern und mit sehr heterogenen Aufgaben betraut: Angefangen bei öffentlicher Ordnung über Ausländerangelegenheiten bis zur Bauaufsicht.

Die Konzeption und die Zusammensetzung des Moderationsteams sind auf die Erarbeitung eines konkreten Nutzens für die Zielgruppe abgestimmt. Nicht nur, dass als Frau und als Mann Teile gestaltet und moderiert werden. Es ist wichtig, beide Aspekte abzudecken: Die gleichstellungspolitische fachliche Gender-Kompetenz einerseits und die Kompetenz in der Bearbeitung von Führungsfragen andererseits. Auf diese Art und Weise kann das umgesetzt und praktisch aufgezeigt werden, was im Seminar vermittelt wird. Diese Zusammensetzung hat sich als außerordentlich wirkungsvoll erwiesen und kann nur empfohlen werden.

Wie gestaltet sich der Seminarablauf konkret?

Einleitend wurden die Geschichte und die wirtschaftlichen sowie die kommunalen Ansätze dargestellt. Getrennt nach Frauen und Männern folgte ein Planspiel für beide Gruppen mit der Aufgabe »Planen Sie eine Grünanlage!« (s. u. Abbildung 52).

Zweifelsohne haben diese beiden Zeichnungen und der Prozess hierzu zu einem »Bewusstseinskick« beigetragen und Seminar begleitend alle immer wieder beschäftigt. Darüber hinaus haben sie die Erkenntnis reifen lassen, dass die optimale Variante für Mädchen und Jungen, Frauen und Männer die »Mischlösung«, eine von beiden »Geschlechtern« geplante Grünanlage gewesen wäre. Dazu trug auch bei, dass die Bearbeitung der Aufgabe analysiert wurde. Während die Männer die Stifte verteilten und loslegten, fertigten die Frauen einen überlegten Entwurf und übertrugen diesen sorgfältig auf das Flip-Chart. Der erste Satz der Männer war »Dann wollen wir mal!«, während die Frauen sagten »Wir brauchen bunte Stifte!«.

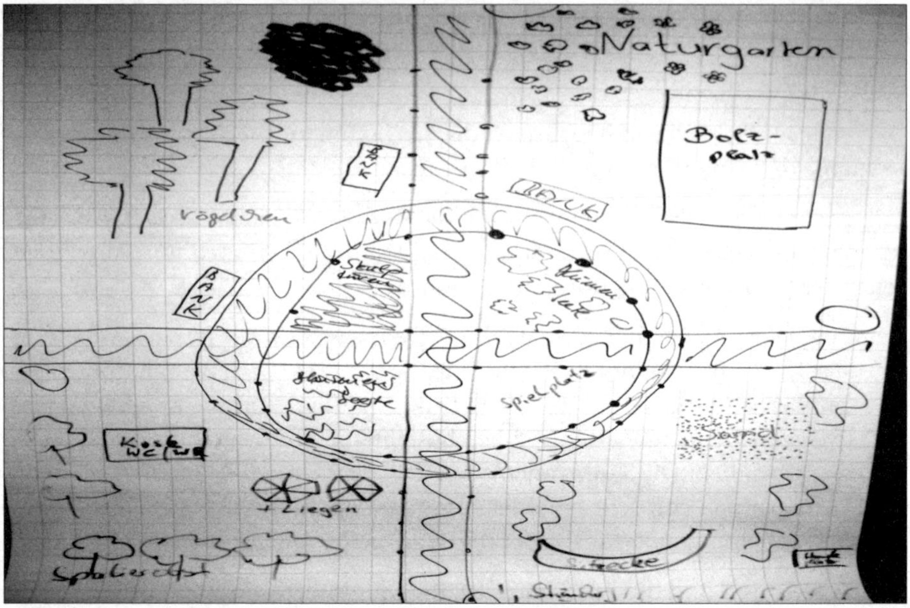

Abb. 52: Planung Grünanlage – Entwurf der Frauen

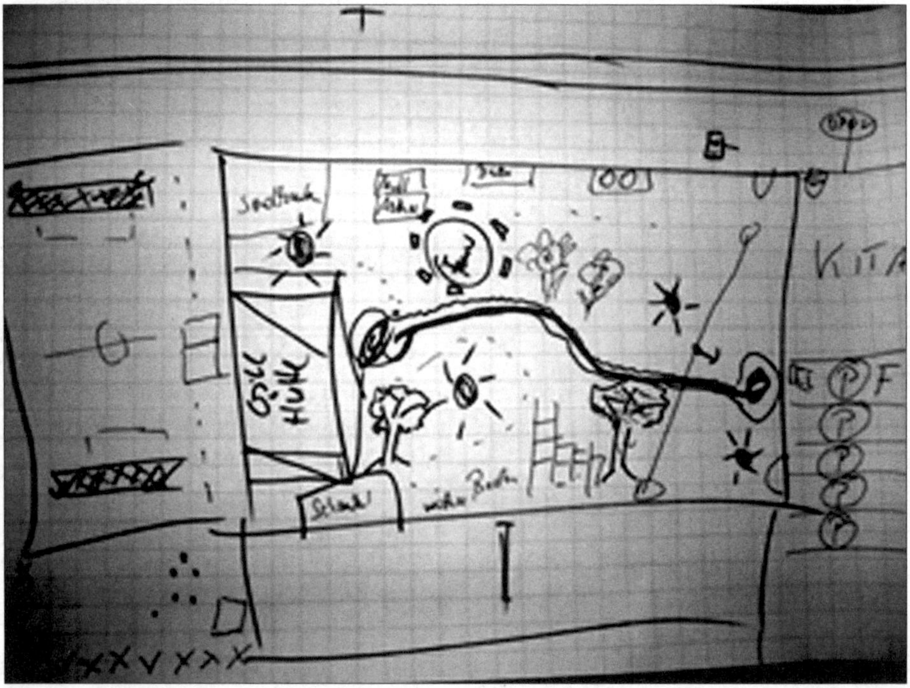

Abb. 53: Planung Grünanlage – Entwurf der Männer

»By doing« konnte so verdeutlicht werden, dass die Nutzung männlicher und weiblicher Potenziale zur Lösung der fachlichen Aufgabe optimal gewesen wäre. Teilnehmerinnen und Teilnehmer nahmen die Übung dankbar an und kommentierten die Analyse mit »Das hätte ich ja nicht gedacht, dass es so unterschiedlich ausfällt.« Auch während des Seminars fiel häufig die Aussage: »Das ist ja wie bei der Grünanlage!« Insofern wurde der praktische Nutzen bei der Bearbeitung von fachlichen Aufgaben direkt zu Beginn der Schulung deutlich.

Mit einem entwicklungspsychologischen Ansatz konnte die Frage erörtert werden, warum Männer und Frauen unterschiedlich denken, fühlen, handeln. Dieser erklärt auf Basis des Ziels der Arterhaltung unterschiedliche Wesenszüge. »Jetzt verstehe ich warum Jungen mehr Schulwegeunfälle aufweisen als Mädchen«, so ein Seminarteilnehmer von der Verkehrssicherheit. So kann Bewusstsein geschaffen werden, dass es nicht um gut oder schlecht, falsch oder richtig geht.

Der zweite Tag startete mit 30 Fragen zur Gleichstellung, dem Gender-Quiz:

Nennen Sie 5 amtierende Staatschefinnen! Oder: Wie viel Taschengeld erhalten Jungen und wie viel erhalten Mädchen zwischen 6 und 19 Jahren? Nicht nur Väter von Töchtern wurden nachdenklich, als sie erfuhren, dass Jungen durchschnittlich 81 und Mädchen 64 Euro bekommen. Auch die Frage »Wie viele Frauen sind Mitglied in den renommierten Kölner Karnevalsvereinen?« trug dazu bei, traditionelle Rollenbilder in einer Diskussion zu hinterfragen.

Die Vorstellung von Gender-Methoden ist auf dieser Basis kein langweiliger Theorieteil. Vielmehr ermöglicht dies, die konkrete Anwendung im eigenen Führungsbereich konkreter zu gestalten.

Darauf aufbauend wurde vom Projektleiter das stadtkölnische Pilotprojekt präsentiert. Hier zeigte sich der praktische Nutzen: die konkrete Anwendung der Methoden, die geschlechterspezifische Aufbereitung von Daten, die daraus resultierenden Maßnahmen. Im Pilotbereich »Ordnungswidrigkeiten« wurden z.B. Alkoholverstöße von Jugendlichen und Geschwindigkeitsüberschreitungen »gegendert«. Wie schaffen wir es, dass Tempolimits von männlichen Jugendliche eingehalten werden? Warum wirken Frauen bei Jugendschutzkontrollen im Außendienstteam deeskalierend? Ist Alkoholmissbrauch bei Jugendlichen auch eine Frage des Geschlechts? Fragen und Analyseergebnisse, die zu manchem »Ohhh, das hätte ich nicht gedacht!« bei den Teilnehmerinnen und Teilnehmern führten.

Den Abschluss bildete die Planung von eigenen Gender-Projekten in den vertretenen Bereichen. Angefangen von dem Vorsatz eines geschlechtsspezifischen Gesundheitsmanagements (Frauen und Männer sind anders krank) bis zur geschlechtergerechten Integration reichten die Projekte. Bereits eine Woche nach der Veranstaltung wurde der Ruf der Teilnehmenden nach einem Follow-up laut, um einen Review zu den Projekten und weitergehende Diskussionen im Team der Führungskräfte umsetzen zu können.

Fazit: Die Bewusstseinsveränderung der teilnehmenden Führungskräfte ist nachweislich erfolgreich gelungen. Mehr noch: Selbst verpflichtende Maßnahmen wurden angegangen, womit Gender Mainstreaming als gewinnbringende Führungskonzeption erkannt ist. Besonders erfreulich war die intensive Diskussion, die alleine für das Moderationsteam schon eine sehr positive Rückmeldung war. Selbstredend, dass die Hinweise auch das Privatleben bereichern können: »Meine 30jährigeTochter hat eine akademische Ausbildung, da kann bei einer Einstellungsentscheidung doch nicht eine eventuelle Mutterschaft Ausschließungsgrund sein?« Für die Seminarteilnehmerinnen und -teilnehmer jedenfalls nicht mehr, denn die eventuelle Vaterschaft des Mitbewerbers einschließlich Elternzeit muss als Lebensphase ebenso akzeptiert werden.

Schlussendlich kann nur empfohlen werden, diese Konzeption im Hinblick auf die Zunahme von gemischten Teams als Teil der Personalentwicklung von Führungskräften aufzunehmen: Denn Männer und Frauen führen (anders). (Schmitz/Kronenberg 2008)

Diese Schilderung verdeutlicht, wie wichtig die Sensibilisierung und auch die Qualifizierung von Führungskräften und denen, die die Umsetzung gestalten sollen, ist. Dabei sollte es nicht darum gehen, Gender zu schulen, sondern eine Konzeption vorzustellen und erlebbar zu gestalten, die einen praktischen Nutzen für die Führungstätigkeit nach sich zieht. Dies ist umso wichtiger, da die Umsetzung von Gender zunächst einen zusätzlichen Aufwand zum Beispiel in Bezug auf die Datenerhebung nach sich zieht. Nur wenn der Nutzen erkennbar ist, wird die Umsetzung in Angriff genommen. Eine effektive Nutzung von männlichen und weiblichen Kompetenzen im Unternehmen erfolgt und der betriebliche Erfolg wird gesteigert.

4.5 Handlungsfeld: »Kulturentwicklung und Bewusstseinswandel«

Wenn Gender flächendeckend in einer Organisation eingeführt wird, geht dies nicht zum »Nulltarif«. Es ist zweifellos Aufwand damit verbunden. Wenn dieser gescheut wird oder als nicht realisierbar erscheint, dann ist eine Erfolg versprechende und der Organisation nutzende Umsetzung nicht gewährleistet. Von daher bedarf es des Auftrags der Geschäftsleitung, um einen Veränderungsprozess zu starten.

Empfehlenswert ist im Nachgang zur Auftragserteilung die Projektkonzeption. Meistens sind die Gleichstellungsbeauftragten auch Projektkoordinatoren. Unbedingt sollten allerdings auch andere Bereiche und Personen vertreten sein, die sich um die Steuerung bemühen.

Ehe alles in einer Organisation »gegendert« wird, ist die Erprobung in einem Pilotprojekt sehr sinnvoll. Die hier gesammelten Erfahrungen können in anderen

Bereichen genutzt werden. Gleichzeitig ist der Erfolg auch eine Möglichkeit, für zusätzliches Marketing innerhalb des Unternehmens zu sorgen. So steigt der Wille, das Thema anzugehen.

Fachliche Schulung ist wie bereits erwähnt zwingend erforderlich. Die Projekte sollten darüber hinaus gecoacht werden, damit sowohl fachliche Hilfe als auch Unterstützung bei der Umsetzung erfolgen kann. Controlling hinsichtlich der erzielten Ergebnisse ist zum Abschluss erforderlich, damit der Erfolg ersichtlich ist. Selbstredend, dass diejenigen, die das Pilotprojekt begleitet haben und sich von daher aus dem praktischen Erleben als sehr überzeugt und überzeugend zeigen können, in die weitere Kommunikation einzubinden sind.

Wichtig ist, die Vorbehalte, die gegen die Gleichstellungspolitik im Unternehmen in den meisten Fällen bestehen, ernst zu nehmen, zu thematisieren und zu diskutieren. Wenn dies begleitend zum Pilotprojekt erfolgt, kann eine »flächendeckende« Umsetzung erfolgen. Voraussetzung dabei ist stets, gegenderte, d.h. nach Geschlecht getrennte Daten zu erheben. Auch der dafür zu betreibende Aufwand muss geklärt sein und befürwortet werden.

Nur wenn dies geschieht, kann eine erfolgreiche Umsetzung in der gesamten Organisation erfolgen.

4.6 Handlungsfeld: »Führung – neue Anforderungen«

Die Veränderung und die Bedeutung von veränderter Führung und den bestehenden neuen Anforderungen an die Vorgesetzten zur Bewältigung des demografischen Wandels und den daraus für die Unternehmen und Bereiche folgenden Veränderungen sind an vielen Stellen in diesem Buch bereits beschrieben. Diese Gesichtspunkte gelten auch für die Umsetzung der Einzelstrategie zur Nutzung spezifischer Ressourcen Gender Mainstreaming.

Gerade die zunehmende Anzahl von gemischten Teams aufgrund einer steigenden Frauenerwerbsquote und den hervorragenden Bildungsabschlüssen von weiblichen Potenzialträgern erfordern ein neues Führungsverständnis und ein verändertes Verhalten. So bildet die Gruppe der deutschen Mädchen (im Vergleich zu deutschen Jungen, Jungen aus Migrationsfamilien und Mädchen aus Migrationsfamilien) die größte Gruppe bei denjenigen, die Abitur machen. Darauf bezogen ist ein gelebtes Konzept unbedingte Voraussetzung für unternehmerischen Erfolg und nicht ein »Nice-to-have«, um im Hinblick auf das Allgemeine Gleichbehandlungsgesetz über eine gute Argumentationsmöglichkeit zu verfügen (Rickens 2008).

Es kommt in immer entscheidenderer Weise darauf an, die Potenziale, die in den einzelnen Führungsbereichen gegeben sind, effektiv zu nutzen. Genau dazu ist Gender ein probates Konzept, die gegebenen Ressourcen zu nutzen.

Gleichzeitig eröffnet das Konzept einen Vorteil für den fachlichen Teil der Aufgabenbewältigung, da Maßnahmen spezieller und wirkungsvoller zugeschnitten werden können und damit effektiver wirken. Somit ist Gender Mainstreaming für die Führungskraft eine Möglichkeit auch um im Hinblick auf die Qualität der Produkte und Dienstleistungen und die Kundenbindung erfolgreich zu agieren. Schließlich ist die Entwicklung des Damenskis oder der Erfolg der SUV-Fahrzeuge gerade bei Frauen auf die Berücksichtigung spezieller körperlicher Gegebenheiten oder von Sicherheitsbedürfnissen zurückzuführen.

Eindrucksvoll lässt sich dieser Unterschied auch an dem Ergebnis eines kommunalen Projektes in Wolfsburg verdeutlichen. Hier wurden die Bedürfnisse von Jungen und Mädchen an die Gestaltung von Spielplätzen untersucht. Heraus kam, dass Jungen eine Drehscheibe, Mädchen indes eine Schaukel bevorzugen. Wenn beide Aspekte berücksichtigt werden, können die »Kundenbedürfnisse« besser befriedigt werden, als wenn diese Unterschiede unberücksichtigt bleiben.

Führungskräfte tun gut daran, diese Unterschiede in die Führung von Frauen und Männern zu integrieren, damit ein höherer Wirkungsgrad des Führungsverhaltens und der getroffenen Maßnahmen erzielt wird.

4.7 Handlungsfeld: »Bindung und Aktivierung«

Arbeitsleistung fällt leichter, macht mehr Spaß und bringt Erfolge, wenn die Potenziale, die ein Mitarbeiter bzw. eine Mitarbeiterin mitbringen, in die Tätigkeit einfließen können. Vor diesem Hintergrund erscheint es nur allzu plausibel, dass gerade die dem sozialen Geschlecht zugeschriebenen Qualitäten eine wichtige Bedeutung erhalten. Gelingt die Einbringung, werden Erfolge und Spaß bei der Arbeit erzielt, gibt es in aller Regel weniger Leidensdruck eine Veränderung im beruflichen Umfeld herbeizuführen. Zufriedenheit mit der beruflichen Aufgabe durch die Einbringung von spezifischen Kompetenzen entsteht und ist ein wichtiger Faktor für Identifikation und Loyalität dem Unternehmen gegenüber. Damit bietet der Gender Ansatz eine Win-win-Situation für Beschäftigte und Unternehmen.

Auf der anderen Seite kann Gender Mainstreaming dazu beitragen, dass spezifische Ressourcen offensichtlich werden, in die Arbeit einfließen können. In der Folge werden bisher kaum zum Tragen gekommen und doch latent vorhandene Fähigkeiten Teil der Tätigkeit. Ressourcen innerhalb des Unternehmens liegen nicht mehr brach, sie werden in den Dienst der Unternehmensziele gesetzt und helfen zu einer qualitativ hochwertigeren Arbeitserledigung.

Damit bietet Gender Mainstreaming sowohl eine erhöhte Bindung durch zufriedenere Beschäftigte als auch eine Aktivierung bisher in aller Regel vernachlässigter und unbewusster Kompetenzen.

4.8 Handlungsfeld: »Alter(n)smanagement und Gesundheitsförderung«

Berufliche Biografien von Frauen und Männern unterscheiden sich. Damit müssen Maßnahmen im Rahmen des Altersmanagements auf diese Biografien abgestimmt werden, damit sie erfolgreich sind. Wie unterschiedlich die Biografien sind, drückt sich beispielsweise darin aus, dass – obwohl ein Kind immer eine Mutter und einen Vater hat – der Anteil der alleinerziehenden Väter bei 15–20% liegt.

Die Unterschiedlichkeit gilt auch für die Gesundheitsförderung. Auch Krankheitsbilder und -quoten unterscheiden sich bei Frauen und Männern. Insofern nutzt die Rückenschule nichts, wenn die Krankheitstage von Frauen in der Hauptsache in das Alter zwischen 30 und 45 fallen. Hier sind vielleicht auch Regelungen im Rahmen eines familienfreundlichen Personalmanagements sinnvoller, als Unterstützung bei der Gesundheit.

Auf der anderen Seite ist auch das Verhalten im Bezug auf Gesundheit zwischen Frauen und Männern unterschiedlich. Beispielsweise nehmen Frauen in der Regel Vorsorgeuntersuchungen in Anspruch, während dies lediglich bei 5% der Männer der Fall ist. Ein betriebliches Angebot für Männer erfüllt somit eine andere Wirkung, als wenn die Vorsorgeuntersuchungen für Frauen angeboten würden, die diese ohnehin in Anspruch nehmen.

Auch im Hinblick auf Überforderung oder Unterstützung ist das Nachfrageverhalten zwischen Frauen und Männern sehr unterschiedlich. So nehmen beispielsweise Frauen zu 67% Kontakt zur Erziehungsberatung auf und holen sich auf diese Weise aktiv Hilfe. Bei Männern ist diese Nachfrage – wie die Evolutionspsychologie aufzeigt – ein Zeichen von Schwäche. Soll also ein Unterstützungsangebot für Männer im Unternehmen etabliert werden, ist eine andere Positionierung als bei den Frauen erforderlich.

Für alle zielgruppengerichteten Maßnahmen ist allerdings die gegenderte Datenerhebung Voraussetzung. Nur so können Erkenntnisse gewonnen und entsprechende Ansatzpunkte abgeleitet werden.

4.9 Handlungsfeld: »Lebensarbeitszeitgestaltung und Vergütung«

Da sich berufliche Biografien zwischen Männern und Frauen unterscheiden, sind entsprechende Gestaltungen der Lebensarbeitszeit oftmals an unterschiedlichen Bedürfnissen auszurichten. Während Frauen vielleicht in der Mitte der Phase der Berufstätigkeit zeitlich kürzer treten möchten, ist dies bei Männern eher zum Ende hin gegeben.

Hier kommt es darauf an, Muster zu erkennen und entsprechende Maßnahmen daraufhin zu entwickeln, damit der gewünschte Erfolg erzielt werden kann.

Bezogen auf die Vergütung ist nach wie vor das drängendste Problem die unterschiedliche Bezahlung bei gleicher Leistung zwischen Frauen und Männern. Eine entsprechende Sensibilisierung ist nicht nur politisch wünschenswert. Innerhalb des Personalmanagements ist die Gerechtigkeit bei der Bezahlung eine Kernforderung, damit keine Demotivationswirkung entsteht. Vor diesem Hintergrund sollten geschlechtsspezifische Unterschiede vermieden werden; denn immer noch liegt der Unterschied im Durchschnittsverdienst zwischen vollerwerbstätigen Männern und vollerwerbstätigen Frauen bei 20%.

4.10 Handlungsfeld: »Berufsaustritt – Know-how-Transfer«

Beim Berufsaustritt sind die Muster zwischen Frauen und Männern sehr unterschiedlich. Während Frauen häufig im Rahmen der Familiengründung aus dem Berufsleben ausscheiden, ist dies bei Männern zumindest derzeit weit weniger der Fall. Von daher müssen Maßnahmen zum Know-how-Transfer auf die unterschiedlichen Austrittsmuster abgestimmt werden. Weiterhin ergeben sich möglicherweise Unterschiede bei Einarbeitungsphasen (Vermutung: Frauen wollen genauer informiert werden und detailorientierter unterrichtet werden als Männer), die sinnvollerweise berücksichtigt werden sollten.

Durch die Berücksichtigung der Unterschiedlichkeit kann die Organisation das zukunftssichernde Wissen erhalten und nutzbar machen.

4.11 Kritische Erfolgsfaktoren: Einzelstrategie spezifische Ressourcen

Zur Umsetzung von Gender Mainstreaming in einer Organisation sind folgende Faktoren erfolgskritisch.

1. Überwindung der Geschichte des Konzeptes. Zur Umsetzung von Gender Mainstreaming als Führungskonzeption in einer Organisation ist es erforderlich, die Geschichte des Konzeptes aus der Frauenbewegung heraus zu überwinden und den sachlichen Gehalt zu bewerten. So können vielfältige Widerstände abgebaut und zielführend eine auf die eigene Aufgabenbewältigung gerichtete Lösung erarbeitet werden.

2. Die Auseinandersetzung mit dem Konzept muss von Seiten der Führungskräfte aktiv und nutzenorientiert erfolgen. Diskussionen müssen geführt, Bedenken vorgebracht und schlussendlich die positiven Aspekte praktisch erfahrbar gemacht werden. Auf diesem Wege können die Führungskräfte hinter der Konzeption stehen.

3. Empfehlenswert ist die Implementierung eines Pilotprojektes, um den Nutzen innerhalb der Organisation aufzeigen zu können.

4. Abkehr von der Vorstellung, dass es Gender Mainstreaming zum »Nulltarif« gibt. Die Konzeption basiert zu einem wesentlichen Teil auf Datenerhebun-

gen, die teilweise nicht im Unternehmen zur Verfügung stehen und erst ermittelt werden müssen. Dies und die anschließende Analyse sind mit Aufwand verbunden. Insofern muss zu Beginn des Projektes deutlich sein, dass eine Einführung und Erfolg versprechende Umsetzung Geld kosten.

Wenn diese Erfolgsfaktoren berücksichtigt werden, können sich über die Umsetzung von Gender Mainstreaming für eine Organisation völlig neue Handlungsoptionen bei der Bearbeitung des Marktes ergeben. Darüber hinaus werden die vorhandenen Potenziale von Frauen und Männern besser eingesetzt. Damit ist Gender Mainstreaming doppelt wirksam bei der Bewältigung demografischer Herausforderungen.

Teil 4 Zum Schluss: Was ist zu tun?

(Ulrich Althauser, Marcus Schmitz, Charlotte Venema)

Die Demografie ist berechenbar. Die Konsequenzen aus der Bevölkerungsentwicklung sind erkennbar und seit langem bekannt. Und trotzdem verhalten sich Unternehmen wie der Frosch im Kochtopf oder handeln weiter nach dem Motto »Die Hoffnung stirbt zuletzt« wie der fallende Fensterputzer.

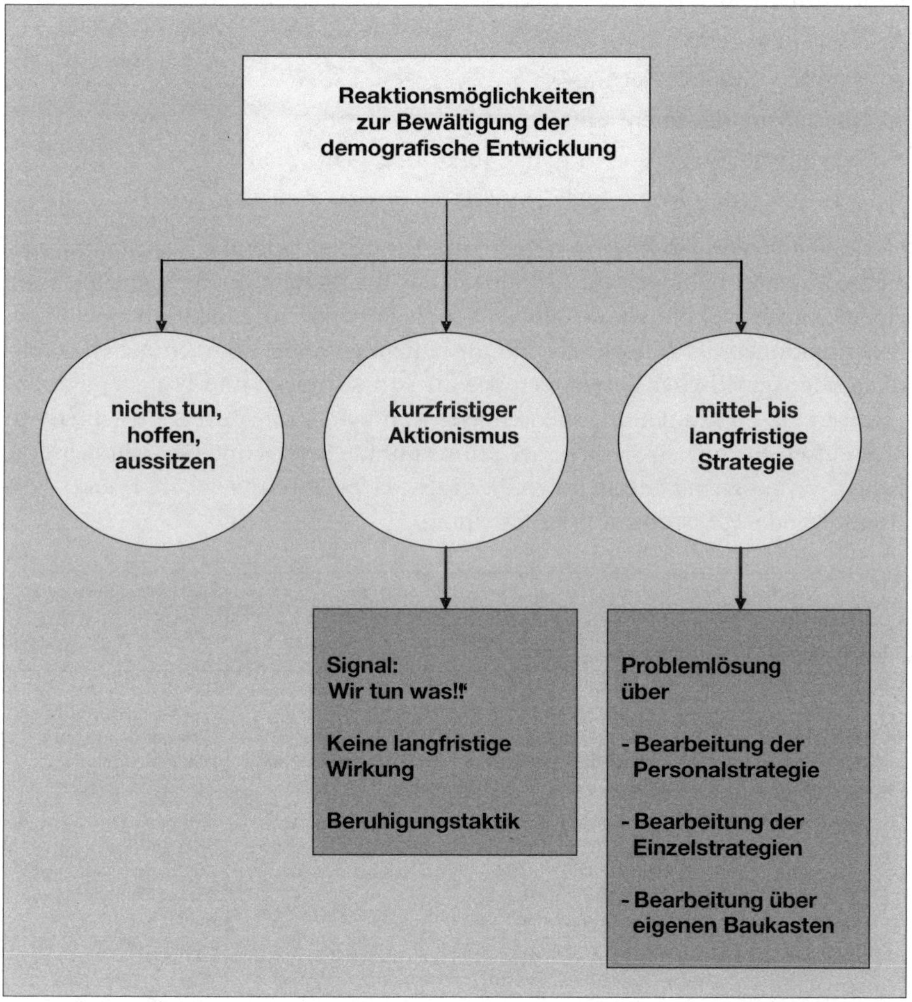

Abb. 54: Möglichkeiten zur Bearbeitung der Demografie-Themenstellung

Die Alternative zum Fensterputzer ist vorausschauend und langfristig die heraneilenden Themen zu erkennen und zu bearbeiten. Umfangreiche Thesen zur Demografie sind die Grundlage für den Aufbau einer unternehmensspezifischen Argumentation für Geschäftsleitung und Personalverantwortliche.

Dafür steht – neben den Thesen – im Teil 2 eine Herangehensweise zur Verfügung. Neun Handlungsfelder helfen, das komplexe Thema in einzelne Kapitel einzuteilen und in Arbeitsschritten anzugehen. Elefanten isst man in Scheiben.

Die Handlungsfelder:

- Personalplanung, Flexibilisierung und Personaleinsatz
- Personalgewinnung – Quellen und Vorgehen
- Personalentwicklung – Qualifizierung, Lernumgebung, »Restaffing«
- Kulturentwicklung – Bewusstseinswandel und Bau einer Wissenskultur
- Führung – neue Anforderungen
- Bindung und Aktivierung
- Alter(n)smanagement und Gesundheitsförderung
- Lebensarbeitszeitgestaltung und Vergütungsprinzipien
- Berufsaustritt – Know-how-Transfer

Neben dieser Vorgehensweise stehen Einzelstrategien über die Bearbeitung spezieller Themenstellungen im dritten Teil des Buches zur Verfügung. Gleichsam einem Baukasten können Aktivitäten auf die Berücksichtigung individueller Lebenssituationen der Mitarbeiter, auf die Nutzung von Ressourcen der Generationen oder spezifischer Ressourcen wie die von Männern und Frauen angegangen werden. So können Sie menschliche Kompetenzen optimal im Unternehmen einsetzen. Suchen Sie sich Ihre Schwerpunkte heraus und bearbeiten Sie die Felder, die in Ihrem Unternehmen die größte Hebelwirkung haben. Dabei ist die nachfolgende Auflistung eine Hilfestellung.

Einzelstrategie / **Handlungsfeld**	**Individuelle Lebenssituationen**	**Ressource: Generationen**	**Spezifische Ressourcen: Gender**
Personalplanung, Flexibilisierung, Personaleinsatz	Personalplanung, die individuelle Lebenssituationen berücksichtigt; individualisierte Personalplanung	lebensphasenorientierte Angebote als Teil der Personalplanung; individualisierte Personalplanung	Berücksichtigung von Geschlechtsspezifika bei Personalplanung und Personaleinsatz
Personalgewinnung	Erleichterung durch Imagegewinn und ausbleibende Fluktuation durch individuelle Lebenssituationen	Generation und Alter als Option zur Rekrutierung neuer Beschäftigter	Kompetenzen von Männern und Frauen als Ansatz für ausgewogene Rekrutierung und Auswahl
Personalentwicklung	sensibilisierte Führungskräfte; Unterstützung für Mitarbeiter in spezifischen privaten Lebenssituationen	Führungskräfte, die den Wert unterschiedlicher Generationen erkennen; Mitarbeiter, die in ihrem spezifischen Lernverhalten »bedient« werden; übergreifende Personalentwicklungssystematik	Führungskräfte, die spezifische Ressourcen optimal einsetzen; durch Sensibilisierung Vorteile für sachliche Aufgabenerfüllung und Führung

Einzelstrategie / Handlungsfeld	Individuelle Lebenssituationen	Ressource: Generationen	Spezifische Ressourcen: Gender
Kulturentwicklung – Bewusstseinswandel	Unternehmenskultur, die die Wahl von Optionen erlaubt	Unternehmenskultur, die Wertschätzung zwischen den Generationen vermittelt	Unternehmenskultur, die den Vorteil von Unterschieden anerkennt und nutzt
Führung	individuelle, mitarbeiterbezogene Führung	Führung, die die Kenntnisse und Fähigkeiten unterschiedlicher Generationen optimal einsetzt und verbindet	Führung, die auf das soziale Geschlecht eingeht
Bindung und Aktivierung	Bindung durch Vereinbarkeit privater und beruflicher Interessen	Bindung und Aktivierung durch aktive Einbeziehung und Berücksichtigung individueller Vorstellungen zur Berufstätigkeit	Bindung durch Zufriedenheit aufgrund Einbringung persönlicher Kompetenzen
Alter(n)smanagement und Gesundheitsförderung	Gesundheitsförderung, die Unterstützung in individuellen Lebenssituationen bietet	generationenspezifische Angebote	Gesundheitsförderung, die die Unterschiedlichkeit der Geschlechter und deren Verhalten berücksichtigt
Lebensarbeitszeitgestaltung und Vergütungsprinzipien	flexible Arbeitszeitmodelle	flexible Arbeitszeitmodelle, die die Bedürfnisse unterschiedlicher Generationen berücksichtigen	flexible Arbeitszeitmodelle, die die Bedürfnisse von Männern und Frauen berücksichtigen
Berufsaustritt und Know-how-Transfer	weniger Berufsaustritte während des Erwerbsalters (z.B. Vermeidung langer Eltern- oder Pflegezeiten)	Nachfolgeplanungen und gleitende Ausstiegsmöglichkeiten	
Anwendungsempfehlung	**viele Mitarbeiterinnen und Mitarbeiter mit Vereinbarkeitsbelangen hinsichtlich Partnerschaft, Kindern, zu pflegenden Angehörigen, persönlichen Situationen**	**unausgeglichene Altersstruktur; Ausgrenzung älterer Mitarbeiter; Jugendorientierung im Unternehmen**	**gemischte Belegschaftsstruktur hinsichtlich Männer und Frauen; Realisierung von Vorteilen durch gemischte Teams**

Abb. 55: Ergebnisse bei der Bearbeitung der Handlungsfelder entsprechend der Einzelstrategie

Vorgehensweise

1. Analysieren Sie Ihren Handlungsspielraum! Können Sie eine Gesamtpersonalstrategie, die auf die demografische Entwicklung ausgerichtet ist, entwickeln und umsetzen? Wenn ja, bearbeiten Sie die Handlungsfelder im Teil 2 und gehen Sie die Checkliste im Gliederungspunkt »Zusammenfassung« durch.

   Wenn nein, gehen Sie wie folgt vor:

2. Analysieren Sie die Situation in Ihrem Unternehmen! Was sind Themenstellungen, die auf Ihr Unternehmen zutreffen? Beispiel: Haben Sie viele Mitarbeiter mit kleinen Kindern und/oder hat die Belegschaft ein Durchschnittsalter von 52 Jahren? Prüfen Sie, ob eine oder mehrere Einzelstrategien für Sie eine Hebelwirkung mit sich bringen. Prüfen Sie dann, welche Handlungsfelder Sie weiterbringen.
3. Beurteilen Sie die Handlungsfelder: In welchem liegt der größtmögliche Nutzen für Ihr Unternehmen!
4. Schätzen Sie den Zusammenhang der Handlungsfelder ein! Was bedingt was?
5. Kreuzen Sie mit einem Textmarker die Handlungsfelder unter den einzelnen Einzelstrategien an, die Sie bearbeiten.
6. Machen Sie sich einen Projektplan!
7. Als Ergebnis haben Sie Ihren Business Case »Demografie«.

Selbstverständlich ist die nachhaltige Bearbeitung der personalpolitischen Themenstellung über den einen oder anderen Weg sinnvoll, je nachdem wie sich im Unternehmensumfeld die größten Effekte erzielen lassen.

Allerdings ist auch kurzfristiger Aktionismus eine – oft zu beobachtende – Alternative. Es wird schnell analysiert, Szenarien entwickelt, Maßnahmen beschlossen und nichts umgesetzt. Möglicherweise werden auch Ideen umgesetzt und angegangen, aber nicht kommuniziert oder langfristig auf eine Veränderung der Organisation ausgerichtet. Diese Vorgehensweise ist lediglich die second best Lösung – sie ist aber immer noch besser, als gar nichts zu tun.

Letztgenannte Möglichkeit steht ebenfalls zur Verfügung. Demografie kann man aussitzen und hoffen, dass nichts passiert. Wer weiß, vielleicht erledigt sich das Thema in den nächsten Jahren doch noch – allen Unkenrufen zum Trotz – auf wundersame Weise. Es ist zu vermuten, dass die demografische Entwicklung Veränderungen in den meisten Lebensbereichen und auf den Märkten mit sich bringt. Und auf den Märkten gilt: Es gibt Gewinner und Verlierer! Die Entscheidung liegt bei Ihnen.

In jedem Fall wünschen Ihnen die Autoren, dass die Entscheidung im Sinne des Unternehmens getroffen wird und dauerhaft Erfolg bringt.

Die Autoren

Dr. Ulrich Althauser bringt seit 25 Jahren seine kreative Unruhe in den unternehmerischen Tanz von Kultur, Struktur, Prozess und Effizienz ein. Seit 2002 ist er selbständiger Unternehmensberater in Kooperation mit Beraternetzwerken im Bereich Human Resources Management, Change- und Integrationsmanagement.

Zwischen 1998 und 2002 verantwortete er als Practice Leader und Mitglied der Geschäftsleitung den Bereich Human Resources und Changemanagement sowie das Intellectual Capital Management von TowersPerrin Deutschland. Zuvor baute er 1992 bis Ende 1998 als Senior Manager bei der KPMG Consulting GmbH den Bereich Human Resources Consulting/Change Management auf. Nach seiner Promotion 1982 arbeitete Dr. Althauser als Personalreferent beim Hessischen Rundfunk und in verschiedenen leitendenden Funktionen bei der Frankfurter Allianz (Leiter des Betrieblichen Bildungswesens), der Alstom GmbH, Schefenacker Gruppe (Head of Global Human Resources & Integrationsmanagement) und SICK AG (Head of Corporate Human and Organizational Development).

Dr. Ulrich Althauser studierte in Mannheim Betriebswirtschaftslehre mit den Schwerpunkten Organisation/Personal und promovierte am Lehrstuhl für Organisation der Universität Mannheim. Er ist zertifizierter ODR Change Management Consultant (Atlanta), NLP-Master und absolvierte diverse Zusatzausbildungen u. a. in Gestalttherapie, Psychodrama, TZI, durchlief eine Ausbildung zum Coach und ist bei LeeHechtHarrison (LHH) als Executive Coach zertifiziert. Regelmäßig referiert und veröffentlicht er zu Personal-Themen sowie zu Organisations- und Personalentwicklung, ist im Human Capital Club sowie in der Initiative »Selbst-GmbH« engagiert und Lehrbeauftragter an der Fachhochschule Wiesbaden sowie der Poensgen Stiftung (DGfP).

Themen aus der Personal- und insbesondere Führungskräfteentwicklung, das Redesign der Personalfunktion (Strategie, Rolle, Strukturen, Prozesse) sowie Veränderungs- und Integrationsmanagement, insbesondere die Planung, Gestaltung und Management von Kulturentwicklungsprozessen in M & A-Fällen bilden neben Prozessbegleitung und Coaching von Führungskräften das Beratungsspektrum.

Kontakt: althauser@hrquadrat.de

Marcus Schmitz, geb. 1969, hat nach seinem Studium der Betriebswirtschaftslehre mit den Schwerpunkten Organisation, Versicherungsbetriebslehre und Wirtschaftsgeografie fünf Jahre bei Gerling, einem internationalen Industrieversicherer gearbeitet. Von 1996 bis 1998 war er als Referent im Bereich Personalentwicklung tätig. Zu seinen Arbeitsschwerpunkten gehörten Personalauswahlverfahren, Qualifizierungsmaßnahmen und die Durchführung von Assessment-Centern im Rahmen der Führungskräfteentwicklung. Von 1998 bis 2001 war er im Bereich Personalpolitik als Referent für Grundsatzfragen für konzernübergreifende Personalprojekte zuständig. Die Einführung der Flexiblen Arbeitszeit und der Telearbeit gehörten dabei zu den Tätigkeitsschwerpunkten. Darüber hinaus beschäftigte er sich u.a. mit der Kostenverrechnung von Personaldienstleistungen und Mitarbeiterbeteiligungsmodellen.

Seit 2001 ist er Gesellschafter und Geschäftsführer der IGS Organisationsberatung GmbH. Er berät Geschäftsleitungen und HR-Bereiche zu strategischen HR-Themen. Gesellschaftliche Veränderungen zu berücksichtigen ist sein Beratungsansatz und ein entscheidender Faktor für Führung und Unternehmenserfolg. Er hält Vorträge zu den demografischen Herausforderungen und deren Auswirkungen auf Unternehmen sowie zu Themengebieten rund um die Mitarbeiterorientierung bzw. die Familienfreundlichkeit von Unternehmen.

Er ist Initiator der Studie »Väter zwischen Karriere und Familie« sowie zahlreicher anderer Studien der IGS Organisationsberatung GmbH. Als Autor hat er viele Fachpublikationen geschrieben und ist Teilnehmer an Expertenrunden u.a. beim Bundesministerium für Familie, Senioren, Frauen und Jugend. Im Prüfungsausschuss für Industriefachwirte der Industrie- und Handelskammer zu Köln ist er Mitglied.

Er ist verheiratet, hat zwei Kinder (geb. 2001 und 2003) und lebt in Köln.

Kontakt: marcus.schmitz@igs-beratung.de
Internet: www.igs-beratung.de

Charlotte Venema, Rechtsanwältin, Jahrgang 1952, Studium der Rechtswissenschaften an der Goethe-Universität Frankfurt am Main, ab 1986 Referentin der Rechtsabteilung von Hessen Metall (Arbeitgeberverband), 1987 2. jur. Staatsexamen, 1994-1998 Bereichsleiterin Bildung- und Öffentlichkeitsarbeit und Leiterin der Außenstelle Frankfurt des Bildungswerks der hessischen Wirtschaft. Seit 1998 Leiterin Personalpolitik der Vereinigung der hessischen Unternehmerverbände und Hessen Metall. Aufgaben: Lobbytätigkeit, Service für Mitgliedsunternehmen und Verbände, Schwerpunkte: Personalmanagement, Aus- und Weiterbildung, Publikationen und Veranstaltungen zu aktuellen politischen und personalpolitischen Themen.

Kontakt: charlotte.venema@gmx.de

Literaturverzeichnis

Althauser, U.: Intergenerative Personalarbeit als Antwort auf veränderte Altersstrukturen, in: Zukunft Hessen, Zukunft Deutschland 2005

Baade, D.: Arbeitsmarkt für Akademiker: Folgen des demografischen Wandels, Berlin 2005

Becker, M.: Optimistisch altern, in: Personal, Nr. 3, 2005, S. 32–35

Berlin Institut für Bevölkerungsentwicklung: Die demografische Lage der Nation – Wie zukunftsfähig sind Deutschlands Regionen?, München 2007

Bertelsmann Stiftung: Bundesvereinigung der Deutschen Arbeitgeberverbände (Hrsg.), Erfolgreich mit älteren Arbeitnehmern. Strategien und Beispiele für die betriebliche Praxis, Gütersloh 2005

Bilen, S.: Väter haben mehr Stress – im Job und zu Hause, in: Handelsblatt vom 2. Juni 2005, S. K02

Bilen, S.: Wenn Frauen die Männer ausgrenzen, in: Handelsblatt vom 12. August 2005 (2005b)

Blöse, J.: Schmitz, M./Thönneßen, J.: Recht und Management von vernetzten Unternehmen, Berlin 2006

BMAS (Hrsg.) – Bundesministerium für Arbeit und Sozialordnung, Telearbeit – Ein Leitfaden für die Praxis, Bonn 1998

BMWI (Hrsg.) – Bundesminsterium für Wirtschaft und Technologie: Ratgeber Demografie – Tipps und Hilfen für Betriebe, Berlin 2007

Boldt, K./Hamel, G.: »Führen nicht folgen«, in: Manager Magazin, 05/2008, S. 100–104

Brust, M.: Chancen jenseits der 50, in: Frankfurter Rundschau, 64. Jahrgang 2008, Nr. 100, R1

Bundesanstalt für Arbeitsschutz und Arbeitsmedizin (Hrsg.): Mit Erfahrung die Zukunft meistern! Altern und Ältere in der Arbeitswelt, Dortmund 2004

BZgA – Bundeszentrale für gesundheitliche Aufklärung: Männer Leben – Eine Studie zu Lebensläufen und Familienplanung, Basisbericht, Köln 2004

Courtwright 1996

DGfP e. V. (Hrsg.): Personalentwicklung für ältere Mitarbeiter – Grundlagen und Handlungshilfen, Praxisbeispiele, Bielefeld 2004 (Schriftenreihe Band 74)

DGfP e. V. (Hrsg.): Retentionmanagement. Die richtigen Mitarbeiter binden, Bielefeld 2004 (2004a)

Destatis (Statistisches Bundesamt): Öffentliche Sozialleistungen – Statistik zum Elterngeld, Anträge von Januar bis Dezember 2007, Wiesbaden 2008

Dettling, W.: Miteinander engagiert – ein neues Leitbild für das Alter, in: Borchard, M. (Hrsg.): Das neue Bild vom älteren Menschen – aktiv in Politik

Deutsche Bank Research: Expedition Deutschland, 23.04.2007, Frankfurt

Doblhofer, D., Küng, Z.: Gender Mainstreaming, Heidelberg 2008

Drewniak, U.: Managing Age Diversity, in: Schwuchow, K.-H./Gutmann, J. (Hrsg.): Jahrbuch der Personalentwicklung und Weiterbildung 2004, S. 256–263

Egenter, H.: Motiviert mitmachen ab 50 Jahren, in: Personalmagazin, Nr. 11, 2006, S. 20–22

Endres, H.: Dschungelkampf, in: Managermagazin, Ausgabe 05/2008, S. 168–174

Euler, H. A.: Riskant zu leben gehört zur Natur des Mannes, Skript zum Vortrag, Gesundheitskongress MännerLeben, Esslingen, 18.03. 2006

Flüter-Hofmann, C.: Projektergebnisbericht Lebenszyklusorientierte Personalpolitik – »Work-Life-Balance«-Modelle und »Demografietools« für die betriebliche Praxis. Studie des Instituts der deutschen Wirtschaft Köln im Auftrag der DekaBank, Köln 2006

Freimuth, J.: Karriereplateaus und der interne Arbeitsmarkt, in: Zeitschrift Führung + Organisation, 60. Jg., Heft 1, 1991, S. 29–34

Friedmann, T. L.: Die Welt ist flach – Eine kurze Geschichte des 21. Jahrhunderts, Frankfurt 2008

Frieling, E. u.a.: Lebensbegleitendes Lernen im Unternehmen, in: Personalführung Nr. 1, 2005, S. 38–46

Geldermann, B.; Geldermann, R.: Aktives Erfahrungslernen im Betrieb. Arbeit mit betrieblichen Lerngruppen am Beispiel des AQUA-Lernarrangements, Leitfaden für die Bildungspraxis Band 9, Schriftenreihe der Beruflichen Fortbildungszentren der Bayerischen Wirtschaft (bfz) gemeinnützige GmbH, Bielefeld 2005

Graf, A.: Lebenszyklusorientierte Personalentwicklung – ein Ansatz für die Erhaltung und Förderung von Leistungsfähigkeit und -bereitschaft während des gesamten betrieblichen Lebenszyklusses, Bern, Stuttgart, Wien 2002

Gray, J.: Männer sind anders. Frauen auch: Männer sind vom Mars. Frauen von der Venus, München 1998

Henry-Huthmacher, C. (Hrsg.): Leise Revolutionen, Freiburg 2002

Henry-Huthmacher, C./Borchard, M. (Hrsg.): Eltern unter Druck – Selbstverständnisse, Befindlichkeiten und Bedürfnisse von Eltern in verschiedenen Lebenswelten, Stuttgart 2008

Hettlage, R.: Familienleben heute – Zur Soziologie des Ehe- und Familienmoratoriums, in: Henry-Huthmacher, C. (Hrsg.): Leise Revolutionen, S. 23–62, Freiburg 2002

Hölldobler-Heumüller, M.: 50 und dann? – Politische Antworten auf die berufliche Ausgrenzung der älteren Generation, in: Hummel, N./Schack, A. (Hrsg.): 50plus – Potenziale für Wirtschaft und Gesellschaft, Heidelberg 2007, S. 181–194

Huntington, S. Ph.: The Clash of Civilizations and the Remaking of World Order, 1996

Hurrelmann, K.: Albert, M.: 15. Shell Jugendstudie. Eine pragmatische Generation, 2006

IGS Organisationsberatung GmbH: MWonline GmbH, Väter zwischen Karriere und Familie, Online-Untersuchung, 2005 (IGS, 2005a)

IGS Organisationsberatung GmbH: MWonline GmbH, Väter zwischen Karriere und Familie – Teil 2: Die Sicht der Mütter, Online-Untersuchung, 2005 (IGS, 2005b)

IGS Organisationsberatung GmbH: MWonline GmbH, Beruf und Pflege von Angehörigen, Online-Untersuchung, 2006

IGS Organisationsberatung GmbH: Profit und Familienfreundlichkeit – Führungskräftebefragung zur Familienfreundlichkeit von Unternehmen, im Auftrag der Vereinigung hessischer Unternehmerverbände e.V., Arbeitgeberverband Hessen Chemie, Arbeitgeberverband Hessen Metall und der hessenstiftung – familie hat zukunft, 2007

IGS Organisationsberatung GmbH: Anforderungen von Vätern an einen familienfreundlichen Arbeitgeber, Online-Untersuchung im Auftrag der hessenstiftung – familie hat zukunft, 2008, (IGS, 2008a)

IGS Organisationsberatung GmbH: Bedürfnisse von Arbeitnehmerinnen und Arbeitnehmern der Generation 50plus, Online-Untersuchung, 2008 (IGS, 2008b)

Ilmarinen, J./Temple, J.: Arbeitsfähigkeit 2010, Hamburg 2002

Institut für anwendungsorientierte Innovations- und Zukunftsforschung e.V. (IAIZ) im Auftrag von berufundfamilie GmbH, Bundesministerium Familie, Senioren, Frauen und Jugend (BMFSFJ), Industriegewerkschaft Metall, Vereinte Dienstleistungsgewerkschaft (ver.di): Betriebs- und Personalräte als Akteure familienbewusster Personalpolitik, Berlin, 2006 (IAIZ, 2006)

Jumpertz, S.: Das Dilemma der Väter, in: manager Seminare, Nr. 8

Karkoschka, U, Schulz, R.: Vom Einstudieren einer neuen Rolle, in: Personalmagazin, Heft 06, Jahrgang: 2004, S. 64–67

Keppelmüller, P.: Intergenerative Personalentwicklung, in: Handbuch Personalentwicklung, Kapitel 4.27, Februar 2004

Knackstedt, J.: Das Beschäftigungspotenzial Älterer – Vorbereitung der Betriebe auf eine zunehmende Anzahl älterer Mitarbeiter, in: Hummel, N./Schack, A. (Hrsg.): 50plus – Potenziale für Wirtschaft und Gesellschaft, Heidelberg 2007, S. 125–138

Knauth, P.: Älter werden im Betrieb – Lebensorientierte Arbeitsgestaltung, in: Hummel, N./Schack, A. (Hrsg.): 50plus – Potenziale für Wirtschaft und Gesellschaft, Heidelberg 2007, S. 29–37

Knobling, C.: Wir werden älter! Auswirkungen des demografischen Wandels auf die Gesellschaft und uns, in: Zeitschrift für Organisationsentwicklung, Nr. 2, 1995, S. 22–31

Kölpien, J./Wambold, G. M.: Personalmanagement im Vorfeld des demografischen Wandels, in: Personalwirtschaft, Nr. 1, 2004, S. 22–26

Kolb, M.: Personalmanagement, 3. Auflage, Berlin 2002

Kotre, J.: Lebenslauf und Lebenskunst. München und Wien 2001
Lademann, J./Mertesacker, H./Gebhardt, B.: Psychische Erkrankungen im Fokus der Gesundheitsreporte der Krankenkassen, in: Psychotherapeutenjournal 2/2006, S. 123–129
Lehr, U.: Der demografische Wandel – eine Herausforderung für den Einzelnen und die Gesellschaft, in: Borchard, M. (Hrsg.): Das neue Bild vom älteren Menschen – aktiv in Politik und Gesellschaft, Konrad-Adenauer-Stiftung, Sankt Augustin/Berlin, 2007, S. 27–39
Manton, K./Gu, X.: Changes in the prevalence of chronic disability in the United Staates black and nonblack population above age 65 from 1982 to 1999, in: Proceedings of the National Academy of Sciences, 2001, Volume 98, Nr. 11, S. 6354–6359
Manton, K./Gu, X./Lamp, V.: Change in chronic disability from 1982 to 2004/2005 as measured by long-term changes in function and health in the U.S. elderly population
Proceedings of the National Academy of Sciences, 2006, Volume 103, Nr. 48, 18374–18378
Middendorf, J./Schmitz, M.: Sicherheit in der Unsicherheit – Orientierung durch Wertereflexion, in: Wirtschaftspsychologie aktuell, 01/2006, S. 43–46
Neubach, B./Schmidt, K.-H.: Geforderte Selbstkontrolle am Arbeitsplatz – ein Risikofaktor für die Gesundheit?, in Wirtschaftspsychologie aktuell 3/2007, S. 50–52
N.N.: Viele Faktoren entscheiden – Beschäftigung älterer Arbeitnehmer, in: Personalführung Nr. 1, 2005, S. 14
Meiß, S./Schmitz, M./Thönneßen, J.: Erfahrung nutzen, in: Personalwirtschaft 10/2005, S. 30–32
OECD/Funk, Seyda: Beschäftigungschancen für ältere Arbeitnehmer – Ein Ländervergleich, in: Prager, Schleifen (Hrsg.): Länger leben, arbeiten und sich engagieren, Verlag Bertelsmann Stiftung, 2006
Pease, A./Pease, B./Giese, A.: Warum Männer nicht zuhören und Frauen schlecht einparken, 2007
Regnet, E.: Karriere 40+, in: Personal, Nr. 4, 2005, S. 42–45
Regnet, E.: Personalentwicklung von Senior Professionals in der Praxis, in: DGfG e. V. (2004), S. 55–67
Reindl, J. u.a.: Für immer jung? Wie Unternehmen des Maschinenbaus dem demografischen Wandel begegnen, Frankfurt 2004
Reppesgaard, L.: Autorität aus Mangel an Souveränität, in: Handelsblatt, Karriere und Management, 10.10.2003, S. 1
Resch, M.: Die Gesundheit erhalten, in: der Betriebsrat, Nr. 5, 2008, S. 10–13
Richenhagen, G.: Altersgerechte Personalarbeit: Employability fördern und erhalten, in: Personalführung Nr. 7, 2007, S. 35–47
Rickens, C.: Geschlossene Gesellschaft, in: Manager Magazin 02/2008, S. 122–127

RKW: Älter werden im Betrieb – Gender Mainstreaming im Arbeits- und Gesundheitsschutz, 2005
Ruess, A.: Männer mit Geschichte, in: Wirtschaftswoche, Heft 13/2006, S. 70–72
Rump, J.: Intergeneratives Wissensmanagement, in: Bildungswerk der Hessischen Wirtschaft (Hrsg.): Trojaner Nr. 8, 2001, Jg. 11, S. 24–27
Rump, J.: Strategien zur Kompetenzförderung Älterer, in: Hummel, N./Schack, A. (Hrsg.): 50plus – Potenziale für Wirtschaft und Gesellschaft, Heidelberg 2007, S. 13–27
Rust, H.: Die Zukunft der Führung und die sanften Managementrebellen, Gastvorlesung, 16.06.2004, http://www.iep.uni-karlsruhe.de/download/SS04_Gastvorlesung_Prof_Dr_Rust_16.06.2004.pdf
Schein, E.: Organisationskultur, Bergisch-Gladbach 2003
Schirrmacher, F.: Das Methusalem-Komplott, München 2004
Schlesinger, C.: Inneres Feuer – In vielen Unternehmen herrscht Fachkräftemangel, in: Capital, Nr. 11, 2004, S. 74–76
Schmid, M.: Best Ager – Erfahrungsträger ohne Lobby, in: Handbuch Personalentwicklung, Köln 2005, Kapitel 7.28
Schmitz, M.: Arbeitszeitkonto in Eigenverantwortung, in: Personalwirtschaft Nr. 6, (Schmitz 2000a), S. 57–63
Schmitz, M.: Eigenverantwortung und Selbstmanagement, Erfahrung mit flexibler Arbeitszeit, in: Versicherungswirtschaft, 15.09.2000, S. 1426–1428 (Schmitz, 2000b)
Schmitz, M.: Väter im Betrieb – teurer als gedacht, in: Personalmagazin Nr. 8, 2005, S. 54–55
Schmitz, M.: Familienfreundlichkeit als Unternehmensstrategie, Symposion Publishing, Düsseldorf 2006
Schmitz, M.: Wettbewerbsfaktor familienfreundliche Personalpolitik: Erkenntnisse aus einer Umfrage unter Vätern, in: Zukunft Hessen, Zukunft Deutschland, Vereinigung der hessischen Unternehmerverbände e.V. (Hrsg.), 2. Auflage, Köln 2007, S. 162–182
Schmitz, M./Kohn, J.: Erfolgsfaktor Familienfreundlichkeit – Nutzen, Strategie, Umsetzung, Vereinigung der hessischen Unternehmerverbände, Hessen Metall, Hessen Chemie, hessenstiftung – familie hat zukunft (Hrsg.), Frankfurt 2007
Schmitz, M./Kronenberg, C.: Männer und Frauen führen anders, in: Personalwirtschaft 06/2008, S. 52–54
Schmitz, M./Thönneßen, J.: Erfahrung führt, in: Weiterbildung 4/2008, S. 37–39
Schumann, J.: Grundzüge der mikroökonomischen Theorie, 5. Auflage, Berlin, Heidelberg 1987
Schwentker, B.: Aussterben abgesagt, in: Die Zeit, 08.06.2006
Seitz, C.: Betrieblicher Dialog zum demografischen Wandel, in: Zukunft Hessen, Zukunft Deutschland, Vereinigung der hessischen Unternehmerverbände e.V. (Hrsg.), 2. Auflage, Köln 2007, S. 183–200

Shoven, J.: National Bureau of Economic Research Working Paper No. 13476, Cambridge USA 2007

Soboczynski, A.: Jung bis ins Rentenalter, in: Die Zeit, 20, Mai 2005

Sprenger, R. K.: Mythos Motivation: Wege aus der Sackgasse, Frankfurt, New York 2002

Sprothen, V.: Privatleben professionalisiert, in: Wirtschaftswoche, Nr. 20, S. 101–104

Stößel, D.: Was Ältere tatsächlich kosten, in: Personal Magazin, Nr. 5, 2008, S. 52–54

Taylor, F.: Die Grundsätze wissenschaftlicher Betriebsführung, Weinheim, 1977, mit Einleitungen von R. Vahrenkamp und W. Volpert (Original 1913)

Umnus-Lackner, D./Schmidt-Kubeneck, S.: Arbeitsfähigkeit stärken – Vom Gesundheitsmanagement zum Alter(n)smanagement, in: Hummel, N./Schack, A. (Hrsg.): 50plus – Potenziale für Wirtschaft und Gesellschaft, Heidelberg 2007, S. 39–54

TNS Infratest/Siemens AG (Hrsg.): Horizons2020 – Ein Szenario als Denkanstoß für die Zukunft, 2004

Venema, C.: Die demografische Entwicklung – Zeit für Entscheidungen, Weiterbildung, 2/2006, S. 30–33

Vereinigung der hessischen Unternehmensverbände e. V. (Hrsg.), Zukunft Hessen, Zukunft Deutschland – Chancen der demografischen Herausforderung, Deutscher Instituts-Verlag, Köln 2005

Watzlawick, P./Beavin, J. H./Jackson, D. D.: Menschliche Kommunikation, Bern 2000

Werle, K.: Die Kinder der Krise, in: ManagerMagazin, Nr. 4, 2005, S. 114–131

Werle, K.: Auf der Langstrecke, in: ManagerMagazin, Nr. 8, 2007, S. 96–102

Wöhe, G./Döring, U.: Einführung in die Allgemeine Betriebswirtschaftslehre, 23. Auflage, München 2008

Wood, G.: 2004, Mit schlechter Führung ins Mittelmaß, in: Personalwirtschaft, 31. Jg., Heft 4, S. 27–29

Zemke, R./Raines, C./Filipczak, B.: Generations at Work: Managing the Clash of Veterans, Boomers, Xers, and Nexters in Your Workplace, 1999

Zweifel, P.: Alter, Gesundheit und Gesundheitsausgaben, GGW1/2001

Stichwortverzeichnis

Hauptfundstellen sind **fett** und *Firmennamen* sind *kursiv* gedruckt